IIN 见识城邦

更新知识地图　拓展认知边界

遗传之书

写在基因里的
进化故事

[英] 理查德 · 道金斯 著
[斯洛伐] 亚娜 · 伦佐娃 绘
风君 译

The Genetic Book of the Dead

A Darwinian Reverie

Richard Dawkins
Jana Lenzová

中信出版集团 | 北京

图书在版编目（CIP）数据

遗传之书：写在基因里的进化故事 /（英）理查德·道金斯著；（斯洛伐）亚娜·伦佐娃绘；风君译 . 北京：中信出版社，2025. 1. -- ISBN 978-7-5217-7071-1

I. Q3-49

中国国家版本馆 CIP 数据核字第 2024JD5401 号

遗传之书——写在基因里的进化故事
著者：［英］理查德·道金斯
绘者：［斯洛伐］亚娜·伦佐娃
译者：风君
出版发行：中信出版集团股份有限公司
（北京市朝阳区东三环北路 27 号嘉铭中心　邮编　100020）
承印者：北京盛通印刷股份有限公司

开本：787mm × 1092mm 1/16　印张：21.25　字数：294 千字
版次：2025 年 1 月第 1 版　印次：2025 年 1 月第 1 次印刷
京权图字：01–2024–5282　书号：ISBN 978–7–5217–7071–1
定价：88.00 元

服务热线：400–600–8099
投稿邮箱：author@citicpub.com

缅怀迈克·卡伦

(Mike Cullen, 1927—2001)

如果你在研究中遇到问题，你很清楚该去找谁寻求帮助，而他就在那里随时恭候。昨日情景还历历在目。我还记得那个穿着红色毛衣的瘦弱身影，他微微驼着背，就像一个蓄满了智慧之力的弹簧，有时还会全神贯注地前后摇晃几下。他那双深邃睿智的眼睛，甚至无须你开口就能洞悉你的意思。在乱蓬蓬的头发下，他的眉毛偶尔会带着怀疑和猜测拧在一起，同时他的大脑飞速运转，迅速地估算、分析。然后，他不得不赶紧离开——他去哪儿都是匆匆忙忙的——他会抓住他那个饼干罐的铁丝把手，然后在你眼前消失不见。但第二天早上，问题的答案就会出现在你的面前。迈克那小巧而独特的字写满了两页纸，那上面通常是一些代数、图表、重要的参考文献，也许还有一段恰当的经典语录或他自己创作的诗句，字里行间充满鼓励之情。

我们可能还认识其他像迈克·卡伦一样聪明睿智的科学家——尽管这样的人并不多。我们也许还认识其他像迈克·卡伦一样慷慨无私的科学家——尽管这样的人少之又少。但我敢说，我们从未见过有谁能像他这样——既能如此慷慨地给予他人支持，又能真正给出如此之多的有效支持。

（摘自 2001 年 11 月在沃德姆学院礼拜堂举行的迈克·卡伦追悼会上我发表的悼词。）

目 录

第1章

阅读动物

你是一本书，是一部未完成的文学作品，也是一份述说历史的档案。你的身体和你的基因组可以作为一份综合档案来加以解读，其中记载了一系列早已消失的多彩世界，那些早已逝去的你的祖先所身处的世界。每个个体都是一本“遗传之书”。对于每一种动物、植物、真菌、细菌，乃至古生物而言，事实莫不如此，但为了避免对各种生物所属类别进行令人厌烦的重复说明，我有时会将所有生物视为“名誉动物”。我对约翰·梅纳德·史密斯（John Maynard Smith）说过的一句话记忆犹新，他在这一点上可以说与我英雄所见略同。当时我们由一位在巴拿马丛林工作的史密森学会科学家带领一同参观丛林，梅纳德说道：“聆听一个真正热爱他的‘动物’的人的介绍真是一种享受。”而他在这里所说的“动物”其实是棕榈树。

从动物的角度来看，根据“未来不会与过去大相径庭”这一合理假设，“遗传之书”也可以被视为对未来的预言书。还有第三种对其加以描述的方式，也就是某种动物（包括其基因组）是过去环境的某种具现化的“模型”，它利用自身这个模型有效预测未来，从而在这场“达尔文主义的游戏”——生存繁衍的游戏，或者更准确地说，基因生存的游戏——中取胜。动物的基因组打赌，它所面对的未来与它的祖先成功应对的过去不会大相径庭。

我刚才说，动物可以被当作一本关于过去世界——它祖先所处的世界——的书来阅读。我为什么不说动物可被当作关于它自身所处生活环境的书来阅读呢？它的确也可以这么解读，但是（一些保留意见有待讨论），动物生存机制的方方面面都是其祖先在自然选择作用下通过基因遗传得到的。因此，当我们解读动物时，实际上是在解读“过去”的环境。这就是为什么英文版书名中包含“dead”（去世的）。我们所谈论的是复原一个远古世界，我们那些早已逝去的祖先在那个世界里生生不息，并由此将塑造我们现代动物的基因代代相传。目前，这种复原还是一项艰巨的任务，但未来的科学家如果面对一种迄今未知的动物，会有能力将其身体和基因作为对其祖先生活环境的详细描述来加以解读。

在书中，我将经常求助于我想象中的“未来科学家”（Scientist Of the Future），她面对的是一具迄今未知的动物的尸体，承担的任务则是读懂它。因为我需要经常提到她，为了简洁起见，我将称她为 SOF。它与希腊语中的“sophos”一词有微妙的共鸣。sophos 意为“智慧”或“聪明”，如在“philosophy”（哲学）、“sophisticated”（见多识广）等词中，它均作为词根出现。为了避免笨拙累赘的代词结构，也是出于礼貌，我武断地假定 SOF 为女性[1]。如果我碰巧是一位女作家，那我就会假定其为男性。

这本“遗传之书”，这本从动物及其基因中“读出”的书，这本对祖先环境的丰富编码的描述，必然是一本“重写本”（palimpsest）。一些古代文献的一部分会被后世叠加其上的文字覆盖，这就是所谓的“重写”。《牛津英语词典》对“重写本”的定义是：“一种将后来的文字叠加在早期（被抹去的）文字之上的手稿。”我已故的同事比尔·汉密尔顿（Bill Hamilton）有一个有趣的习惯，就是以重写本的方式来写明信片，并用不同颜色的墨水来减少混淆。

他的妹妹玛丽 · 布利斯（Mary Bliss）博士好心地把下图借给我当作例子使用。

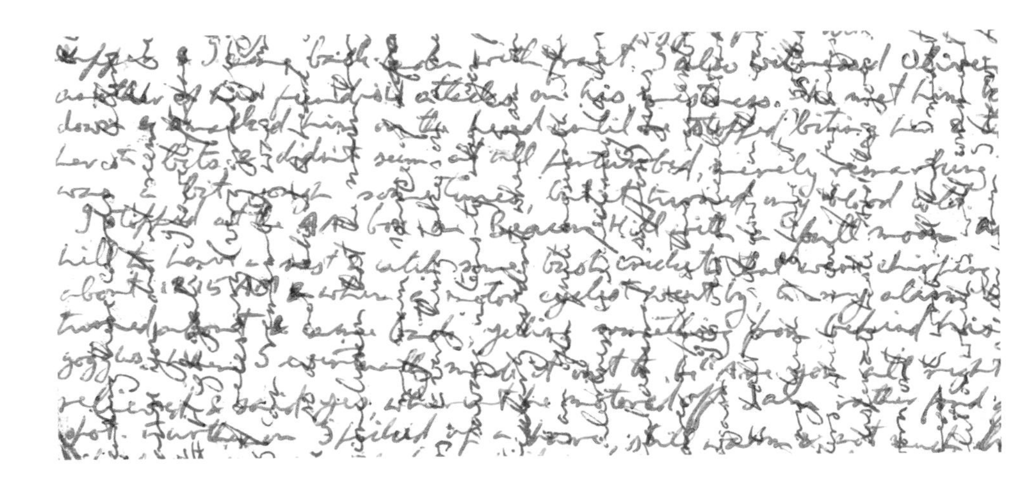

在这里之所以以汉密尔顿教授的明信片为例，除了是因为它本身是一份漂亮的彩色重写本之外，还因为汉密尔顿教授被公认为他那一代人中最杰出的达尔文主义者[2]。罗伯特 · 特里弗斯（Robert Trivers）在悼念汉密尔顿时说："他拥有我所见过的最微妙、最富有层次的思想。他说的话往往有双重甚至三重含义，也就是说，当我们其他人在用单个音符说话和思考时，他却用和弦思考。"[3]或者，在这里应该换个比喻，说他用"重写本"的方式思考。不管怎么说，我想他会喜欢"进化重写本"这个概念的。事实上，他应该也会喜欢"遗传之书"这个概念。

不管是汉密尔顿的明信片，还是我所谓的"进化重写本"，都不符合词典中对"重写本"的严格定义，因为这两个例子中的早期"文字"并没有被不可挽回地抹去。在"遗传之书"中，它们被部分覆盖，但仍然可以阅读，尽管我们必须"透过模糊的玻璃"[4]，或透过一堆后来书写其上的文字，才能对这些原始文字加以窥探。"遗传之书"所描述的环境肇始于前寒武纪的海洋，跨越亿万年，历经无数中间阶段与事物，直至近世以降。据推测，其中的"现代字迹"

与“古代字迹”之间存在某种比例关系。我认为，这并不像某些宗教处理宗教经典中自相矛盾的经文那样遵循一个简单套路——新的总是胜过旧的。我将在第 3 章继续讨论这个问题。

如果你想在这个世界上取得成功，你就必须做出预测，或者表现得好像在预测接下来会发生什么。所有明智的预测都必须以过去为基础，而且许多这样的预测都是统计性的，而不是绝对性的。有时，这种预测是认知性的——“我预见到，如果我掉下悬崖（或抓住那条蛇咔咔作响的尾巴，或吃下那些诱人的颠茄果），很可能会因此遭受痛苦乃至一命呜呼”。我们人类习惯于这种认知性预测，但它们并不是我心目中的预测。我更关心的是无意识的、统计性的“假设性”预测，即对什么可能会对动物未来的生存及其基因副本传递下去的机会有所影响的预测。

右页图中这只栖息在莫哈韦沙漠的角蜥，其皮肤的颜色和花纹酷似沙子和小石头，它的基因预示着它会在沙漠中出生（更确切地说，是孵化）。同样，动物学家在看到这只蜥蜴时，也能将它的皮肤作为对其祖先所生活的沙漠环境中的沙砾的生动描述进行解读。现在我要表述的中心思想是，可以拿来解读的不仅仅是皮肤，动物的整个身体，它的每一个器官、每一个细胞、每一个生化过程，以及每一个动物的每一个细微之处，包括它的基因组，都可以被解读为对其祖先世界的描述。就角蜥而言，毫无疑问，它的整个身体和皮肤一样都是对沙漠的描述。“沙漠”一词将被写入这种动物的每一个部位，但一同被写入的还有更多关于其祖先的信息，这些信息远远超出了当今科学所能获得的范畴。

角蜥从卵中破壳而出的时候，它被赋予的基因预言是，它将发现自己生活在一个阳光普照、遍地沙砾的世界里。如果它违背了自己的基因预言，比如从沙漠误入高尔夫球场，一只路过的猛禽很快就会把它叼走。或者，如果世界本身发生了变化，以至于它的基因预言被证明是错误的，它也很可能会遭到灭顶之灾。所有有用的预测都取决于一点：未来与过去大致相同，至少在统计学意义上是如

此。一个反复无常的世界，一个随机变化、难以预料的混乱环境，将使预测变得不可能，并因此危及生存。幸运的是，这个世界是保守的，基因可以安全地下注，预测任何地方的既有趋势都会一如既往地延续下去。当然，在有些情境下，预测也会失败，比如在灾难性的洪水或火山爆发后，再或者在像小行星撞击导致恐龙悲惨谢幕这样的情况下，这时所有的预测都难免错谬，所有的赌注都被一笔勾销，整个动物群体灭绝。但更常见的情况是，我们面对的不是这样的大灾难：不是动物界中的大量物种被一举消灭，而只是那些预测稍有差错的变异个体，或者相比同类竞争者的预测差错更多的变异个体会遭逢灾厄。这就是自然选择。[5]

重写本最上层的字迹是最近才写就的，是用一种特殊的文字，在这种动物自己的一生中写成的。自动物出生以来，基因对祖先世界的描述就被各种修改和对细节的完善覆盖——动物从经验中学习并据此书写或覆写，其内容或许是免疫系统对过去疾病的深刻记忆，或许是生理上的适应，比如对海拔的适应，甚至可能是通过对未来可能结果的模拟而写就的。这些最新的字迹并不是由基因传递下来的（尽管书写它们所需的设备是），但它们仍然相当于来自过去的信息，也可用来预测未来。只是这些字迹代表的是最晚近的过去，是动物自己一生中经历的过去。第 7 章讲述的便是关于自动物出生以来就被潦草地写进这个重写本里的那些部分。

最近还有一种观点认为，动物的大脑会为变动不居的环境建立一个动态模型，实时预测变化。在康沃尔海岸写下这些文字时，我正羡慕地看着海鸥在利泽德半岛的悬崖峭壁上方乘风翱翔。每只海鸥在飞翔时，其翅膀、尾羽，甚至头部的角度，都在根据不断变化的阵风和上升气流进行灵敏的自我调整。想象一下，SOF，我们未来的动物学家，在一只海鸥的大脑中植入了通过无线电相连接的电极。她可以借此获得海鸥肌肉调整的相关数据，而这将转化为对风涡流的实时连续解析：鸟类大脑中的预测模型可以敏感地微调其飞行面，以便将其带入下一个飞行瞬间。

我说过，动物不仅是对过去的描述，也不仅是对未来的预测，它还是一个“模型”。什么是模型？等高线图是一个国家的地理模型，你可以根据这个模型复原该国地貌，并在其中穿行。计算机中的“0”和“1”组成的列表也是如此，它是地图的数字化呈现，或许还包括与之相关的信息：当地人口数量、种植作物、主要宗教等等。按照工程师的理解，任何两个系统都是彼此的“模型”，只要它们的行为具有相同的基础数学架构。你可以用连接电线的方式组装出一个钟摆的电子模型。钟摆和这个电子振荡器的周期都由同一方程决定，只是等式中的符号所代表的事物不同而已。数学家可以将它们两个中的任何一个，连同写在纸上的相关方程，视为另外那个的“模型”。天气预测者构建的是一个世界天气的动态计算机模型，该模型通过放置在适当位置的温度表、气压表、风速表以及如今最重要的卫星所提供的信息不断更新。这个模型可以运行到未来，对世界上任何选定的地区进行天气预测。

感觉器官并不会将外部世界的“电影”忠实地投射到大脑内的小电影院中。[6] 是大脑构建了外部真实世界的虚拟现实（VR）模型，且这个模型通过感觉器官不断更新。就像天气预测者通过计算机模型预测未来的天气一样，每种动物每时每刻都在用自己的世界模型预测未来，并以此指导自己的下一步行动。每个物种都建立了自己的世界模型，这种模型以对该物种的生活方式有益的形式呈现，对预测其如何生存至关重要。不同物种的世界模型肯定相去甚远。燕子或蝙蝠头脑中的模型必然近似于一个由快速移动的目标组成的三维空中世界。至于这个模型的更新是依据眼睛的神经冲动，还是依据耳朵的神经冲动，也许并不重要。神经冲动就是神经冲动，无论其来源为何。松鼠的大脑必然运行着与松鼠猴相似的 VR 模型。两者都必须在由树干和树枝组成的三维迷宫中穿梭腾挪。牛的模型更简单，更接近二维。青蛙并不像我们理解世界那样塑造整个场景。青蛙的眼睛在很大程度上局限于向大脑报告正在移动的小物体[7]。这种报告通常会引发一连串的刻板行为：转向目标、跳跃以靠近目标，最后将舌头射向目标。青蛙眼睛的预设线路也体现了一种预测，即如果青蛙朝指定方向伸出舌头，就有可能命中食物[8]。

我那生活在康沃尔郡的祖父在马可尼公司成立初期曾受聘于该公司，向进入公司的年轻工程师传授无线电原理。在他的教学辅助工具中，有一根晾衣绳，他会把它摆荡起来，作为声波或者无线电波的模型，因为同样的模型适用于两者。这就是重点所在。任何复杂的波——声波、无线电波，甚至是一波海浪——都可以被分解成正弦波分量，这就是“傅里叶分析”（Fourier analysis）[9]，以法国数学家约瑟夫 · 傅里叶（Joseph Fourier，1768—1830）的名字命名。反过来，这些正弦波又可以再次求和以重建原始复合波，即“傅里叶合成”（Fourier synthesis）。为了证明这一点，祖父会把晾衣绳的两头系在旋转的轮子上。只有一个轮子转动时，绳子会产生近似正弦波的蛇形波。而当两个轮子同时旋转时，绳子的蛇形波变得更加复杂。正弦波的和是对傅里叶原理的一个基本而生动的演示。祖父的蛇形晾衣绳是无线电波从发射机传播到接收机的模型，也可以是一种进入耳朵的声波的模型：大脑在分析这种复合波时，可能会对其进行相当于傅里叶分析的操作，例如，即使是管弦乐队正在演奏，人耳依然能分辨出耳语和烦人的咳嗽声这样的复杂模式。令人惊奇的是，人类的耳朵，实际上是人类的大脑，可以从整个管弦乐队的复合波形中，分辨出双簧管和法国号（圆号）各自不同的音色。

今天，我祖父的同行会用电脑屏幕来代替晾衣绳[10]，先让屏幕显示一个简单的正弦波，然后显示另一个不同频率的正弦波，再将两者相叠加，生成一个更复杂的摆动线，诸如此类。下图是我说出一个英语单词时的声音波形图——高频的气压变化。如果你知道如何分析它，从这张（放大了很多倍的）图片所包含的数值数据就能读出我说了什么。事实上，你需要大量的数学智慧和计算机功率才能破译它。但是，只要把这条摆动线制成老式留声机唱针所扫过的相应唱纹凹槽，由此产生的气压变化波就会轰击你的耳膜，并在与你大脑相连的神经细胞中转化为脉冲模式。然后，你的大脑就会毫不费力地实时进行必要的数学运算，从而识别出“姐妹”（sisters）这个词。

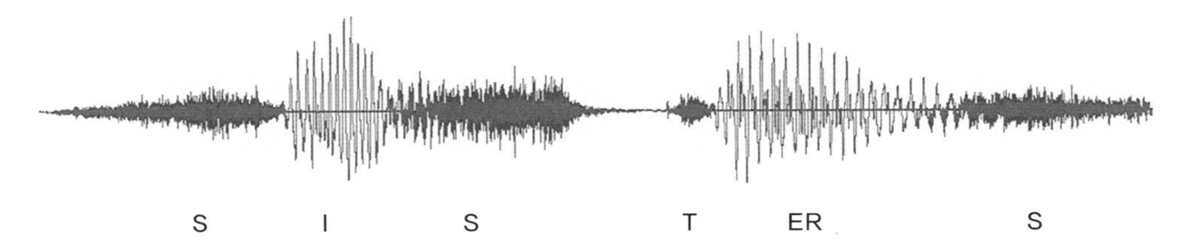

我们大脑中的声音处理软件可以毫不费力地识别口语，但当我们面对记录在纸上、显示在电脑屏幕上的波浪线，或者组成这条波浪线的数字时，我们的视觉处理软件却极难将其破译。尽管如此，所有的信息都包含在这些数字中，无论它们是如何呈现的。要破译它，我们需要借助高速计算机进行明确的数学计算，而且计算难度很大。然而，如果以声波的形式呈现相同的数据，对我们的大脑而言，这种破解却轻而易举。这是一个寓言故事，让我们明白一个道理——这对本书主旨而言至关重要，所以我不惜在此重复一遍——

动物的某些部分比其他部分更难“读懂”。莫哈韦角蜥背上的花纹很容易解读：难度相当于听到“姐妹”的发音。显然，这种动物的祖先是在多沙石的沙漠中谋求生存的。但是，我们也不应在困难的读取任务面前退缩，比如说肝脏的细胞化学。这可能很难，就像在示波器屏幕上看到的“姐妹”对应的波形一样。但这并不能否定一个重点，那就是无论多么难以破译，信息都潜藏在其中。“遗传之书”可能会像线形文字 A 或印度河流域的文字一样高深莫测。但我相信，信息就蕴藏其中。

右侧的图案是一个二维码。它包含一条隐藏信息，人眼无法读取，但你的智能手机却能立即破译。如果你用手机扫描这个二维码，屏幕上会立刻显示出我最喜欢的诗人的一句诗。“遗传之书”是隐藏在动物身体和基因组中的关于其祖先世界信息的重写本。就像二维码一样，它们大多无法用肉眼读取，但未来的动物学家们将能够利用先进的计算机和其他工具来读取它们。

重复一下我的中心论点，当我们观察一种动物时，在某些情况下（莫哈韦角蜥的例子就是其中之一），我们可以立即读出其祖先生存环境的具体描述，就像我们的听觉系统可以立即破译口语中的“姐妹”一词一样。本书第 2 章中就考察了那些几乎是把祖先生存环境直接画在背上的动物。但在大多数情况下，我们必须采用更间接、更困难的方法来获得读数。后面几章将介绍一些可行的方法。但在大多数情况下，这些技术目前尚未得到充分发展，尤其是那些涉及读取基因组的技术。我写本书的部分目的也在于激励数学家、计算机科学家、分子遗传学家以及其他比我更能胜任的学者去开发这样的方法。

首先，我需要消除读者对书名（本书的英文书名可直译作《亡者的基因书》）可能产生的五个误解。第一，令人失望的是，我并未破译这本“遗传之书”的大部分内容，而是寄希望于未来的科学研究。对此我也无能为力。第二，除了一种富有诗意的共鸣之外，我这本书与古埃及的《亡灵书》几乎没有任何联系。古埃及的《亡灵书》都是死者的陪葬品，是帮助他们迈向永生的指导手册。而动物的基因组同样是一本指导手册，为动物在这个世界上生存指明路径，并以这样一种方式将手册（而不是躯体）传递到不确定的未来，即使那并非真正的永生。

第三，我的书名可能会让读者误以为本书是关于“古 DNA”（Ancient DNA）这一引人入胜的主题的。在某些情况下，我们可以获得逝去已久的生物——不幸的是，并不是太久远的生物——的 DNA，但往往是支离破碎的片段。瑞典遗传学家斯万特·佩博（Svante Pääbo）因拼凑出尼安德特人和丹尼索瓦人的基因组而获得诺贝尔奖[11]，若非如此，我们只能从零星化石中对这些物种有所了解，而目前仅发现了丹尼索瓦人的 3 颗牙齿和 5 块骨头碎片。佩博的工作也顺带表明，欧洲人，而非撒哈拉以南非洲人，是智人与尼安德特人的罕见混种的后裔。此外，一些现代人，尤其是美拉尼西亚人，其历史可以追溯到智人与丹尼索瓦人的杂交事件。目前，古 DNA 研究领域正在蓬勃发展。长毛猛犸象的基因组几乎已被我们完全了解，人们对该物种的复活抱有很大期望。其他可能复活的物种还包括渡渡鸟、旅鸽、大海雀和袋狼（塔斯马尼亚狼）。[12]遗憾的是，完整足量的 DNA 最多只能保存几千年。无论如何，古 DNA 虽然饶有趣味，但并不在本书的讨论范围之内。

第四，我不打算比较不同现代人类种群的 DNA 序列，也不打算探讨它们对历史的启示，包括席卷地球陆地表面的人类迁徙浪潮。这些基因研究与语言之间的比较重叠，颇为引人入胜。例如，基因和词汇在西太平洋密克罗尼西亚群岛上的分布情况表明，岛屿间距离和词汇相似度之间存在数学上的规律性关系。[13]我们可以想象，满载着基因和词汇的独木舟在开阔的太平洋上疾行是怎样的场景！但那将是另一本书中的一章。也许那本书的书名就叫《自私的模因》

（*The Selfish Meme*）。

第五，本书的书名不应被理解为现有科学已经可以将 DNA 序列转化为对古代环境的描述。没有人能够做到这一点，我也不清楚 SOF 能否做到这一点。本书的主题是解读动物本身，以及它的身体和行为——表型（phenotype）。过去的描述性信息是通过 DNA 传递的，这是事实。但目前我们是通过表型来间接解读它们的。将人类基因组转化为一具可运作躯体的最简单的，甚至目前唯一的方法，就是将其输入一种名为“女性”的特殊解读装置中。

作为雕像的物种；作为求平均值计算机的物种

堪称博学多才的动物学家、古典学家兼数学家达西·汤普森爵士（Sir D’Arcy Thompson，1860—1948）[14] 曾说过一句话，这句话看似老生常谈，甚至有些同义反复，实际上却引人深思：“万物之所以如此，是因为它成了如此。”太阳系之所以如此，是因为物理规律将一团气体和尘埃发展成了一个旋转的圆盘，后者随后凝结成太阳，再加上在同一平面内沿同一方向旋转的天体，它们标志着最初圆盘的平面。月球之所以如此，是因为 45 亿年前地球遭受了一次剧烈的撞击，大量物质被抛入轨道，然后在重力的作用下被拉扯、揉捏成一个球体。月球的旋转速度慢于其最初速度，这是一种叫作“潮汐锁定”（tidal locking）① 的现象，因此我们只能看到它的一个面。更多的轻微天体撞击使月球表面布满了陨石坑。如果没有侵蚀作用和板块运动，地球表面也会坑坑洼洼。至于雕像，一件雕像之所以呈现如此形态，则是因为一整块卡拉拉大理石得到了米开朗琪罗的精心雕琢。

---

① 天体物理学中的一个现象，指的是一个较小的天体（如卫星）的自转周期与其绕较大天体（如行星）的公转周期达到同步的状态。在潮汐锁定的情况下，较小天体始终以同一面面向较大天体，这种现象是潮汐力导致的。——译者注（以下若无特殊说明，脚注均为译者注）

那为什么我们的身体是现在这个样子？在某种程度上，就像月球一样，我们身上也有着外来损害留下的伤疤——枪伤，决斗者的军刀或外科医生的手术刀留下的纪念性疤痕，甚至是天花或水痘造成的“微小陨石坑”。但这些都是细枝末节而已。身体主要是通过胚胎发育和生长过程形成的。而这些过程又是由细胞中的DNA引导的。那么DNA又是怎么变成现在这个样子的？这下我们说到点子上了。每个个体的基因组都是这个物种基因库的一个样本。基因库经过许多代的进化而形成，其部分是通过随机漂变，但更重要的是通过一个非随机“雕刻”的过程。这位“雕刻家”便是自然选择，它以无形的斧对基因库进行雕琢和修削，直到后者——以及作为其外在和可见表现的躯体——成为现在这个样子。

为什么我说经受“雕刻”的是物种基因库，而不是个体的基因组呢？因为，与米开朗琪罗的大理石不同，个体的基因组不会改变。个体基因组不是雕刻家雕刻的实体。一旦受精，基因组就会固定下来，从卵子到胚胎发育，再历经童年、成年和老年，一成不变[15]。在达尔文式斧凿下发生变化的是物种的基因库，而不是个体的基因组。[16]将这种变化称为“雕刻”是恰如其分的，因为由此产生的典型动物形态呈现出一种演进趋势。所谓演进，并不一定意味着其形态像罗丹或伯拉克西特列斯的作品那样更加美丽（尽管通常如此）。这只是意味着动物在生存和繁殖方面表现得更好。有些个体能存活下来繁衍后代，另一些则英年早逝；有些个体有很多配偶，另一些则孑然一身；有些个体子嗣断绝，另一些则膝下儿女成群。性重组确保了基因库被不断搅动和震荡。基因突变则将新的基因变异投入混杂的基因库中。而自然选择和性选择会使世代相传的物种平均基因组的塑造朝着建设性的方向演变。

除非我们是群体遗传学家，否则我们无法直接看到被雕刻的基因库发生的变化。相反，我们观察到的是物种成员平均身体形态和行为的变化。每个个体都是从现有基因库中提取的基因样本，并通过合作的方式培育出来的。一个物种的基因库就是一块不断变化的大理石，自然选择这套精细、锋利、精巧、深入的斧凿在这块大理石上切削雕琢着。

地质学家观察一座山脉或一个山谷，然后对其加以“解读”，复原其从远古到近代的历史。山脉或山谷的自然雕琢可能始于火山喷发，或地质构造的俯冲和隆起，然后再经历风霜雪雨、河流冰川的侵蚀凿刻。而当生物学家观察化石历史时，她看到的不是基因，其目之所能及的，是平均表型的渐进变化[17]。但是，真正经历自然选择雕刻的实体却是物种基因库。

有性生殖的存在赋予了“种”（species）一个非常特殊的地位，这是分类学中其他单位——属、科、目、纲等——所不具备的。为什么？因为基因的有性重组——洗牌——只发生在种内。这正是“物种”的定义。这就引出了本节标题中的第二个隐喻：物种是一台求平均值的计算机。

“遗传之书”是对祖先个体所处世界的书面描述，其中没有哪一个个体相比另一个更为突出。这本书是对塑造了整个基因库的环境的描述。我们今天所研究的任何个体，都是从被洗牌、被振荡、被搅动后的基因库中提取的样本。而每一代的基因库都是统计过程的结果，是物种内所有成功和失败的个体的平均值。所以说，物种就是一台求平均值的计算机，而基因库就是它赖以工作的数据库。

第2章

“绘画”与“雕像”

就像上一章中的那只莫哈韦角蜥一样，当一种动物的背上描绘着它祖先的家园时，我们的眼睛就能立刻毫不费力地读出它祖先所在的世界，以及它们曾经历的危险处境。右页图中有另一种高度伪装的蜥蜴[1]，你能在树皮背景下找到它吗？你能找到，是因为这张照片是近距离、在强光下拍摄的。你就像一个幸运的捕食者，在理想的观察条件下偶然发现了一个受害者。正是这种近距离的相遇施加了选择压力，使猎物的伪装日臻完善。但是，伪装的进化是如何开始的呢？四处游荡的捕食者，闲散地用眼角余光扫视，或在光线不足时进行捕猎，这些行为给出了选择压力，令被捕食者开始了朝向树皮拟态的进化过程。最初的模仿较为稚嫩，尚不值一提。迈向完美伪装的中间阶段依赖于某种中间态的观察条件。从“身在远处、光线不足、眼角余光瞥见或不经意间看到”一直到“近距离、光线充足、正面看到全貌”，这些可进行观察的条件是一个连续的梯度。今天我们看到的蜥蜴背上有一幅生动细致、高度精确的“树皮画”，这幅画是由在基因库中幸存下来的基因绘制的，而这些基因之所以

幸存，便是因为它们所绘制的画越来越精确。

我们只要看一眼下图中的这只青蛙，就能“读”出它祖先所处的环境中生长着丰富的灰色地衣。或者，用第1章的另一种说法，就是这只青蛙的基因对地衣“下注”。我所说的“下注”和“读”都接近其字面意思。这种“读”不需要复杂的技术或仪器，只需要一双动物学家的眼睛。达尔文对此给出的理由是，这幅画是为了欺骗捕食者的眼睛而存在的，而捕食者的眼睛与动物学家自己的眼睛显然具有相同的工作原理。这只青蛙的祖先之所以能够存活下来，是因为它们成功地欺骗了捕食者的眼睛，就像欺骗动物学家的眼睛——或者是你们，身为脊椎动物的读者的眼睛——一样。

在某些情况下，在体表涂上其祖先所处世界的颜色和图案的不是猎物，而是捕食者，它们这么做，是为了能更不易被察觉地接近猎物。老虎的基因打赌，老虎生来就处在一个明暗相间、布满垂直茎条的世界里。动物学家在检视雪豹的身体时，可能会打赌它的祖先生活在一个布满嶙峋岩石的斑驳世界，也许是山区。而它的基因则将未来的赌注押在了同样的环境上，以此作为后代的掩护。

顺便说一句，大型猫科动物的哺乳类猎物可能比我们更容易被它的伪装迷惑。我们猿类和旧世界猴[1]拥有三色视觉，视网膜上有三种对颜色敏感的细胞，就像现代数码相机一样。而大多数哺乳动物都是二色视觉动物，它们是我们所说的红绿色盲。这可能意味着，它们比我们更难将老虎或雪豹从背景中分辨出来。自然选择将老虎的条纹和雪豹的斑点“设计”成这样，以欺骗它们典型猎物的眼睛。当然它们也很擅长欺骗我们的三色视觉眼睛。

此外，我还注意到十分令人惊讶的一点，那就是原本伪装得非常出色的动物却因为一个致命的缺陷——对称性——而功亏一篑。下图中这只猫头鹰的羽毛很好地模仿了树皮。但是，对称性暴露了它，伪装就这样失败了。

---

① 旧世界（Old World）也称“旧大陆”，在地理学中和“新世界”（New World）相对。这两个术语最初是用来区分欧洲人所知的大陆区域的。旧大陆包括欧洲、亚洲和非洲，新大陆通常指美洲。旧世界猴和新世界猴是灵长目的两大主要分类，它们之间有许多显著的区别，如解剖学特征、行为习性以及地理分布。

我不得不怀疑，一定有某种深层次的胚胎学限制，使得生物难以摆脱这种左右对称。或者说，对称性是否会在社交场合带来某种我们难以理解的优势？也许这是为了恐吓竞争对手？猫头鹰转动脖子的角度比我们大得多，也许这可以缓解面部对称带来的问题。这张特别的照片让人猜测，自然选择可能会偏爱其闭上一只眼睛的习性，因为这会降低对称性。不过，我想这是奢望。

与“绘画”略有不同的是“雕像”。在这种情形下，动物的整个身体就像一个独立存在的别样物体。像断树桩的茶色林鸱，小树枝模样的枯枝毛虫，形似石头或干土块的蚱蜢，模仿鸟粪的毛虫，这些都是动物“雕像”的例子。

“绘画”和“雕像”的区别在于，一旦动物离开自然背景，“绘画”就不再具有欺骗性，而“雕像”则不然。如果将一只“彩绘”的桦尺蛾从与它体色类似的浅色树皮上移开，并置于任何其他背景上，它都会立即被捕食者发现并被捕获。右页上图的背景是工业区中一棵被煤烟熏黑的树，这对同种蛾的黑色变异体来说再合适不过了，你在它旁边时可能不会一下子就注意到它[2]。右页下图由阿尼尔·库马尔·维尔马（Anil Kumar Verma）在印度拍摄。照片中，这条尺蠖置于任何背景之中，都很有可能被误认为一根棍子，从而被捕食者忽视。这使其成为一个优秀的动物“雕像”。

虽然“雕像”与自然背景中的物体相似，但其效果并不像“绘画”那样依赖于在特定的背景中呈现。相反，它在相似背景下可能面临更大的危险。草坪上，一只孤零零的竹节虫可能会被当作掉落

的树枝而被忽视。一只被真正树枝环绕的竹节虫，反而可能因其不同之处而更容易被发现。当叶海龙独自漂流时，它那酷似一团海藻的外形可能会保护它，至少让它比其表亲海马要安全得多，因为后者的外形丝毫不似海藻。如果这座“雕像”依偎在遍布真正海藻的海床上时，它的安全性会因此降低吗？这还真是一个悬而未决的

问题。

本页下图左下方的生物为淡水贻贝心形美丽蚌（*Lampsilis cardium*），其幼虫以吸食鱼鳃中的血液为生。为了把幼虫放进鱼的体内，这种贻贝会通过一个“雕像”来欺骗鱼。[3]心形美丽蚌的外套膜边缘有一个育雏袋，用来装微小的幼虫。育雏袋是对一对小鱼的高度模仿，配有假眼，还会做出鱼游泳般的假动作，令人印象深刻。雕像是不会动的，所以用“雕像”这个词形容这个部位不太合适，不过没关系，你明白我是什么意思就行。大鱼会靠近这对假鱼并试图捕食。可实际上，大鱼吃到的是对它没有任何好处的贻贝幼虫。

再来看看这条来自伊朗的高度伪装的蛇，其尾部末端配有一只假蜘蛛[4]。从静态图片上看，它这种拟态的效果可能只是让人半信半疑。但是，这条蛇移动尾巴的方式会令其看起来非常像一只四处乱窜的蜘蛛。这确实非常逼真，尤其是当蛇隐藏在洞穴中，只有尾尖探出洞口的时候。当鸟儿扑向“蜘蛛”时，其葬身蛇腹的结局便已注定。通过自然选择进化出这样的把戏堪称非凡壮举，值得思考的是，其中间阶段是什么样的，进化序列又是如何开始的。我猜想，在蛇的尾尖看起来像蜘蛛之前，简单地摆动尾尖便会对鸟类有一定的吸引力，因为鸟类会被任何移动的小物体吸引。

“绘画”和“雕像”都是对祖先世界（祖先生存的环境）的易解读描述。枯枝毛虫是对过往存在的细枝的详细描摹，而林鸱则是被遗忘已久的树桩残段的完美模型。只不过，树桩并没有真正被遗忘。树桩本身就是记忆。过去时代的细枝将自己的模样刻在了枯枝毛虫的伪装上，而各个时代的细沙也在下页上图中这只蜘蛛的表面画上了它们的集体自画像，让你难以发现蜘蛛的存在。

“旧岁之雪又在何方？”[5] 自然选择将它们冻结在柳雷鸟的冬羽中。

叶尾壁虎让我们不禁想象它的祖先栖息在枯叶中的情景，虽然它自己不会有此回想。它所体现的是对一代又一代落叶的达尔文式

“记忆”，这些落叶早在人类来到马达加斯加并看到这种壁虎之前就已经落下了，也许早在人类出现在世界上任何一处之前就已经落下了。

右图中的绿蛔蛔（长角蚱蜢）并不知道自己的身形体现了其祖先曾在

绿色苔藓和叶片上穿行而留下的基因记忆。但我们一看便知。上页左下角那只可爱的越南苔蛙[6]也是如此。

动物雕像并不总是模仿细枝、鹅卵石、枯叶或残枝等无生命的物体。有些模仿者会将自己模拟成某种有毒或令人生厌的生物，但它们本身并非如此。乍一看，你可能会以为下图是一只黄蜂，犹豫着要不要把它清理掉。可实际上，这是一只无害的食蚜蝇。从它的眼睛就能看出它与黄蜂的不同。蝇的复眼比黄蜂的大，这一特征可能已经写在了重写本的底层文本中，且出于某种原因很难被覆写。蝇和黄蜂在解剖学上最大的区别是前者有两只翅膀而不是四只翅膀（蝇类属于“双翅目”）——这一点可能也很难被覆写。不过，也许这条潜在的线索很难被注意到，毕竟哪个捕食者会花时间去数猎物的翅膀呢?

真正的黄蜂，也就是食蚜蝇模仿的原型，并没有试图隐藏自身。它们是伪装的对立面。它们腹部鲜艳的条纹在高喊着：“小心！别惹我！”食蚜蝇也在叫嚣同样的话语，但那不过是谎言。它没有螯针，只要捕食者敢攻击它，它就会成为美味的食物。它是一座雕像，而不是一幅绘画，因为它的（假）警告并不依赖于背景。以本书中的观点

来看，我们可以读出它的条纹是在告诉我们，它的祖先所处的环境中存在着危险的黄黑条纹生物，以及惧怕此类生物的捕食者。食蚜蝇的条纹是对过去黄蜂条纹的模拟，是自然选择涂抹在它的腹部上的。昆虫身上的黄黑条纹是一种可靠的警告信号——无论真假——它在警告攻击者，攻击它会造成可怕的后果。右上图中的甲虫是另一个特别生动的例子。

如果你与下图中的生物面对面，而它正透过灌木丛窥视着你，你会以为它是一条蛇因而畏缩不前吗?

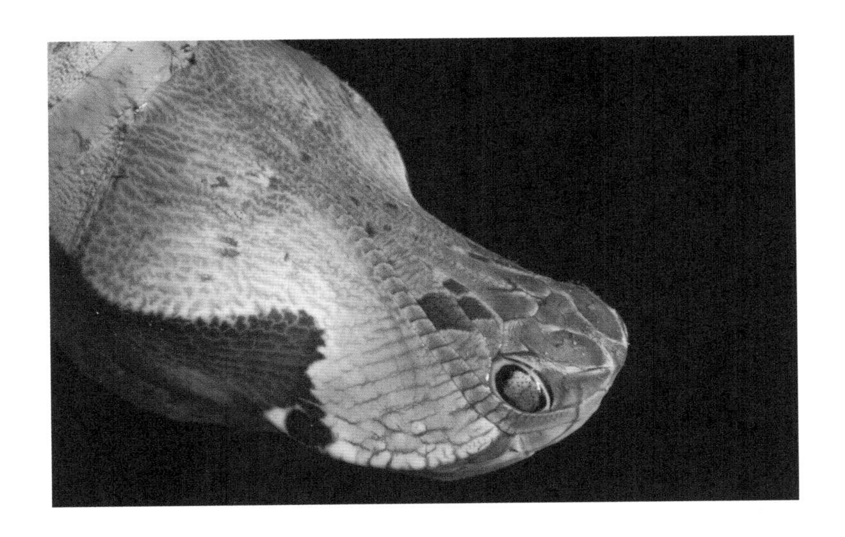

其实它并没有窥视你，它也不是一条蛇。这是一种蝴蝶，即王朝环蝶（*Dynastor darius*）的蝶蛹，而蝶蛹是不会窥视你的。它将自己巧妙伪装成蛇的头部，看起来经过精心设计，恐吓效果不错。当然，如果我们以理性态度对其多加考量，就会发现作为一条危险的蛇，它的体型实在是太小了。不过在一定的距离外，蛇确实看起来就是那么小，且仍然足以让人担惊受怕。更何况，惊慌失措的鸟儿可没时间三思，它只会惊叫一声，然后振翅飞走。而对于研读“遗传之书”的达尔文主义者，只要有更多的思考时间，就可以把毛虫的祖先世界解读为“有危险的蛇类栖息”。有些毛虫的尾部也会玩这种模拟蛇的把戏，它们甚至会移动肌肉，让假眼睛看起来时闭时睁。不能指望那些潜在捕食者知道蛇是不会这样做的。

眼睛本身就很可怕。这就是为什么有些飞蛾的翅膀上有眼斑，当它们被捕食者吓到时会突然露出这些斑纹。如果你有充分的理由害怕老虎或其他猫科动物，那么如果突然之间面对这种产自东南亚的所谓猫头鹰蛾（上图），你会不会惊慌失措地后退呢?

在一定危险距离内，老虎或豹子在视网膜上呈现的图像与特定种飞蛾翅膀上的图像一样大。好吧，在我们看来这并不像猫科动物种任何一个特定成员的眼睛。但有大量证据表明，不同种类的动物会对与实物粗略相似的仿制品产生反应——稻草人就是一个熟悉的例子，此外还有很多相关的实验证据。黑头鸥会对木棍末端的海鸥头模型做出反应，就好像它是一只完整的真海鸥[7]。而捕食者一次惊恐的退缩也许就能让上页下图中的这只飞蛾幸免于难。

听说画在牛屁股上的眼睛可以有效地阻止狮子捕食[8]，这让我忍俊不禁。

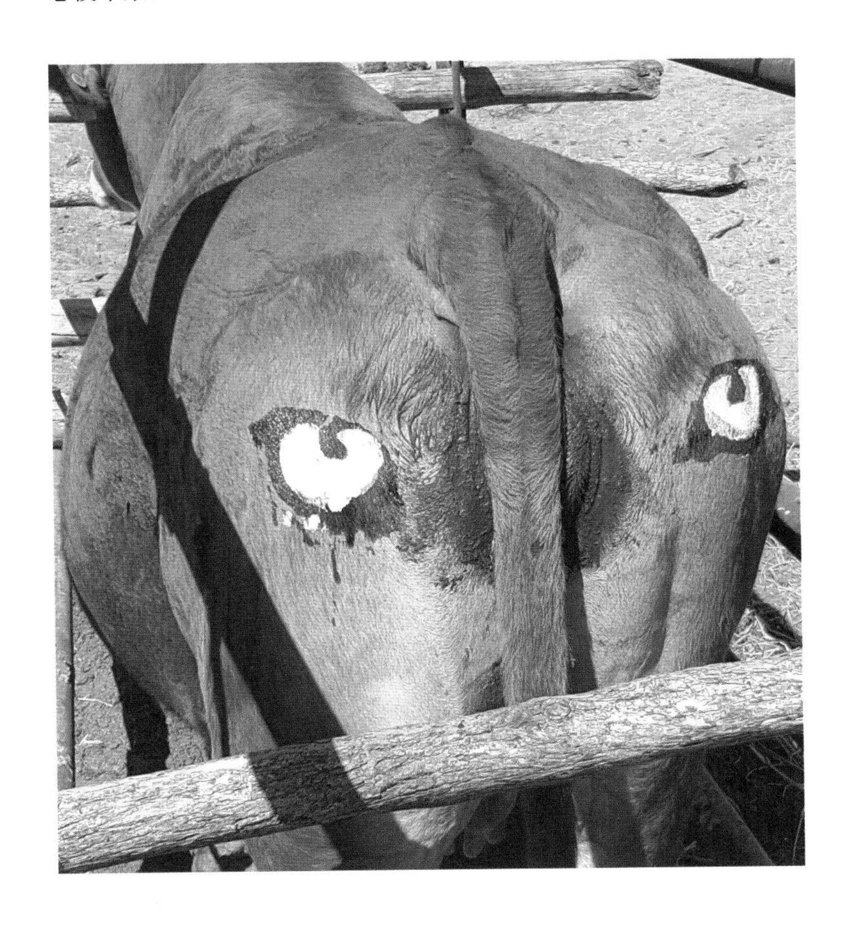

我们可以称之为“巴巴效应”（Babar effect），以让·德·布吕诺夫（Jean de Brunhoff）笔下可爱而聪明的大象之王命名，它在大象士兵的屁股上各画了一双可怕的眼睛，从而赢得了与犀牛王国的战争。[9]

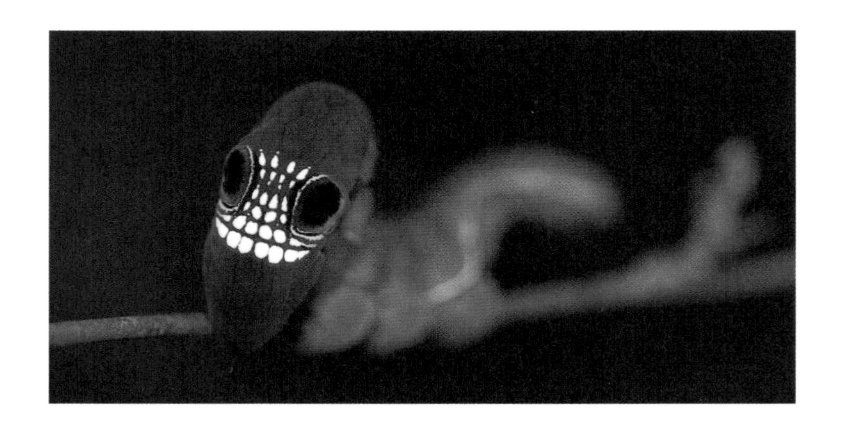

上图中的东西到底是什么？龙？梦魇魔鬼马？事实上，它是一种澳大利亚蛾——粉红色后翅蛾——的幼虫。当它静止时，它是不会展现这令人生畏的眼睛和牙齿图案的，因为幼虫的皮肤褶皱会将其挡住。而当受到威胁时，这种动物就会拉开皮幕，露出它的“眼睛和獠牙”，对此我只能说，如果我是捕食者，我绝不会无动于衷[10]。

右下图由侯赛因·拉蒂夫（Hussein Latif）摄

如果让我选出我所知的最可怕的假脸，可以看看上页左下图中的章鱼[11]和上页右下图中的兀鹫[12]。章鱼的真眼睛就在那双突出的大假眼的“眉毛”内侧上方。如果你能先找到这只高山兀鹫的喙，然后定位它真正的头部，就能找到它真正的眼睛。章鱼的假眼大概是为了威慑捕食者，而兀鹫似乎会用它的假脸恐吓其他兀鹫，以便在围着尸体的鹫群中开辟出一条道路。

有些蝴蝶的翅膀后面有一个“假头”[13]。这能给它带来什么好处呢？人们提出了五种假说，其中最有望达成共识的是“偏转假说”：人们认为鸟类会去啄食不那么脆弱的假头，而让真正的头部逃过一劫。我则更倾向于第六种观点，即捕食者会因此对蝴蝶的飞行方向做出错误预测。我为什么偏爱这种观点呢？也许是因为我坚信动物是通过预测未来生存的。

旨在愚弄捕食者的这些绘画和雕像在任何一本“遗传之书”中都是最接近于其字面意义的解读，是对其祖先世界的切实描述。这里，我想强调的是其惊人的准确性和对细节的关注。下页图中的这只叶背螳螂甚至还模仿了叶片边缘的瑕疵。而枯枝毛虫（例如第 19

页下图中的那种）身上还有假芽。

对于这本“遗传之书”中不那么直观易懂、不那么显而易见的部分，我们也没有理由不予以同样细致的关注。我相信，在内部器官、大脑行为回路、细胞生物化学以及其他更间接或更深层次文本的解读中，也潜藏着同样的完美细节。这些细节等待着我们去发现，只要我们能够开发出以此为目标的工具。自然选择怎会只针对动物的“外表”而不顾其他呢？要知道，内部细节，甚至可说“所有”的细节，对于动物的生存同样至关重要。它们同样会成为对过去世界的书面描述，尽管这种描述是用一种不那么一目了然的文字书写的，也比本章中这些流于表面的绘画和雕像更难解读。对于我们来说，这些绘画和雕像之所以比“遗传之书”的内页更容易阅读，原因并不难找。它们瞄准的目标是眼睛，尤其是捕食者的眼睛。而且，正如我已经指出的那样，捕食者的眼睛，至少是脊椎动物的眼睛，与我们的眼睛的工作方式相同。难怪在“遗传之书”呈现的所有页面中，给我们留下最深刻印象的是拟态伪装以及其他形式的绘画和雕像。

我相信，动物体内埋藏的对祖先世界的描述也会像我们在其外部看到的绘画和雕像一样细致完美。为什么不呢？只是这些描述不那么直白，更隐晦，需要更复杂的解码方式。正如我们的耳朵对第1章中的“姐妹”发音的解码一样，本章中的绘画和雕像也是“遗传之书”中不费吹灰之力就能读懂的书页。但是，正如代表“姐妹”的波形以二进制数字的形式呈现——一开始它可能令人无从下手，但最终在分析之下无所遁形——动物及其基因中那些并非显而易见，也不似皮毛颜色般浅显的细节一样会在穷究之下露出真容。“遗传之书”将被我们阅读，甚至深埋在每个细胞中的微小细节也概莫能外。

这正是我要表达的中心思想，在此我要不厌其烦地重复一遍。自然选择的精雕细琢不仅作用于动物的外表，一如我们可以用肉眼读出的枯枝毛虫、树栖蜥蜴、叶背螳螂或茶色林鸱的样貌。这位遵循达尔文主义的雕刻者手中锋利的斧凿能深入动物体内的每一个角落，直探亚显微的细胞内部和其中高速运转的化学机制。不要因为那些埋藏更深的细节更难以辨认而对其置若罔闻。我们完全有理由认为，不管是身披绘画的蜥蜴或飞蛾，还是雕刻成形的林鸱或毛虫，都不过是一座巨大而隐蔽的冰山露出海面的可见尖端而已。达尔文用他最雄辩的语言表达了这一点。

> 可以说，自然选择每时每刻都在审视世界每一处发生的每一种变异，哪怕是最微小的变异也逃不过它的法眼；它弃绝坏的，保留并增加一切好的；无论何时何地，只要有机会，自然选择就会潜移默化地改善每一个有机生物与其所处的有机和无机生活环境的关系。我们对这些缓慢的变化进程一无所知，直到时间之手在漫长的岁月中留下些许痕迹，我们对过往悠久地质年代的观察是如此不完善，以至于我们只能看到现在的生命形式不同于以往。

第3章

深入重写本底层

我可以说，动物是对过去环境的读出，但我们能追溯到多远的过去呢？每一次腰痛都是在提醒我们，我们的祖先在600万年前是用四肢行走的。[1]我们哺乳动物的脊柱是在数亿年的水平生存过程中形成的，在此期间，动物的身体“靠”它来维持运作。这里的“靠”是字面意义上的，即动物的身体挂靠在脊柱上。人类的脊柱并不是“注定”垂直于地面而立的，因此它有时用疼痛对此加以抗议也是可以理解的。在我们人类自身的重写本上，“四足”二字醒目，然后在其之上，基因用潦草又艰涩的字迹覆写了“两足”这一新的描述。两足动物在进化之路上只是姗姗来迟的新贵。

第1章中登场的莫哈韦角蜥的皮肤向我们展示了一个遍布沙砾的沙漠样貌的祖先世界，但那个世界应该也距我们并不遥远。我们能从这些重写本中读出什么关于更早期环境的信息呢？让我们从更遥远的过去开始解读。与所有脊椎动物一样，蜥蜴胚胎中的鳃弓向我们诉说着其祖先在水中生活的故事。碰巧，有些化石告诉我们，包括蜥蜴在内的所有陆生脊椎动物的“水生字迹”都可以追溯到泥盆纪，然后再回探到生命的海洋起源。经常有人诗意地指出，我们的含盐血浆是古生代海洋的遗迹——我会由此联想到那位极富海洋气息、具有传奇色彩的知识分子 J. B. S. 霍尔丹（J. B. S. Haldane）[2]。霍尔丹在 1940 年发表的一篇名为《作为海兽的人类》（Man as a Sea Beast）的文章中指出，我们的血浆在化学成分上与海水相似，但被稀释了。他认为这表明古生代海洋的含盐量低于今天的海洋，但在我看来，要说这是一个有力证据有点勉强（不过“勉强”还能接受，因为我喜欢这个观点）：

> 由于海水总是从江河中摄取盐分，只是偶尔将其沉积在干涸的潟湖中，因此海水的含盐量逐年增加，而我们的血浆向我们讲述了一段昔日时光，那时海水的含盐量不到现在的一半。

“向我们讲述了一段昔日时光”这句话与本书的书名可谓不谋而合。霍尔丹接着写道：

> 我们生命中最初的 9 个月是作为水生动物度过的，悬浮在含盐的液体介质中并受到其保护。我们的生命起始于咸水动物。

无论霍尔丹关于海水盐度变化的推论是否可信，不可否认的是：所有生命都起源于海洋。生物重写本的最底层讲述的便是一个关于水的故事。经过数亿年的时间，植物和各种动物迈出了进取的一步，踏上了陆地。按照霍尔丹的绮想，我们可以说，它们将一份独私的海水融入自己的血液中，从而缓解了这段旅途的压力。独立迈出这一步的动物群体包括蝎子、蜗牛、蜈蚣和千足虫、蜘蛛、甲壳动物（如潮虫和陆地蟹）、昆虫（它们后来又向空中飞跃了一大步）以及一系列至今仍未远离潮湿之处的蠕虫。所有这些动物都将“旱地”一词刻写在了自己重写本中最底层的海洋文本之上。作为脊椎动物，我们特别感兴趣的是今天以肺鱼和腔棘鱼为代表的肉鳍鱼类，这些鱼是从海里爬上岸的，也许最初只是为了到别处寻找水源，但最终却在旱地上定居下来，其中一些动物的栖息地甚至极其干燥。[3]位于中间层的重写本文字讲述的是一种幼体在水中生活（如蝌蚪），成体出现在陆地上的生活方式。

这一切都说得通。陆地上也有生机。太阳向陆地洒下的光子不比洒在海面的少。能量唾手可得。既然如此，为什么植物不能通过绿色“太阳电池板”来利用它，然后动物又通过植物来对其加以利用呢？不要假设是某个突变个体突然间发现自己在基因上完全具备了在陆地上生活的能力。更有可能的情况是，那些富有进取心的个体首先走出了自己的舒适区。这一举动可能让它们获得了某种新食物来源。我们可以想象，它们学会了从水中爬上陆地，进行一番短暂的狩猎尝试。自然选择将青睐那些特别擅长学习新策略的个体。一代又一代的个体会变得越来越善于学习陆地捕猎，于是待在海里的时间会越来越少。

这种习得行为融入基因之中的现象，通称“鲍德温效应”（Baldwin Effect）[4]。虽然我不会在这里进一步讨论它，但我猜想它在重大创新的进化过程中有举足轻重的作用，其中也许包括在飞行中克服重力的第一步。就在大约4亿年前的泥盆纪时期离开水的肉鳍鱼类而言，已有各种各样的理论来解释这一幕是如何发生的。我比较偏爱的一个假说是美国古生物学家A. S. 罗默（A. S. Romer）提出的。他认为经常性的干旱会使鱼类搁浅在不断缩小的池塘里，自然选择有利于那些能够离开一个注定干涸的池塘，爬过陆地去寻找另一个池塘的个体。对这一理论非常有支持力的一点是，池塘之间的距离有一个连续的范围分布。在进化的初期，一条鱼可以通过爬到离它不远的邻近池塘来自救，而在后来的进化过程中，它可以到达更远的池塘。所有的进化都必然是渐进的。让离水便会窒息的鱼获得利用空气的能力，需要做出生理上的改变。重大修改不可能一蹴而就。这样的飞跃实属不可思议，必须有一个循序渐进、步步为营的过程。而池塘之间的距离梯度，正是实现进化所需要的。我们将在第6章以及维多利亚湖丽鱼的惊人快速进化这一主题中再次探讨这一点。不幸的是，罗默在陈述他的理论前引用了泥盆纪特别容易发生干旱的证据，而当这一证据受到质疑时，罗默的整个理论都遭到了怀疑[5]。其实这个前提本无必要。

无论动物踏上陆地的这一步以何种方式迈出，对其身体进行深度重新设计都是必要的。水中环境与充满空气的陆地是截然不同的。对于动物来说，离开水伴随着身体构造和生理机能的根本变化。位于重写本底层的“水生文字”必须被完全覆写。更令人惊讶的是，大量的动物群体后来又反其道而行之，将它们得来不易的装备抛诸脑后，又成群结队地回到水里。一些无脊椎动物，如田螺、潜水钟蜘蛛和水甲虫，重返淡水；一些脊椎动物，特别是鲸（包括海豚）、海牛、海蛇和海龟，则直接回到了它们的祖先费尽周折才离开的含盐海洋世界。

海龟

海豹、海狮、海象和它们的近亲，还有海鬣蜥，只是部分返回大海觅食。它们仍然在陆地上度过许多时间，并在陆地上繁殖。企鹅也是如此，它们在海里的矫健身姿是以在陆地上笨拙可笑的步伐为代价换来的。你不可能样样精通。海龟会费力地爬到陆地上产卵。若非如此，它们就算是完全回归大海了[6]。小海龟一旦在沙地中孵化出来，就会不失时机地从海滩奔向大海。众多其他陆地脊椎动物也会时不时进入淡水中活动，包括蛇、鳄鱼、河马、水獭、树鼩鼱、马岛猬、啮齿动物（如水田鼠和河狸）、麝鼹、蹼足负鼠以及鸭嘴兽。它们大部分时间仍在陆地上活动，去水中主要是为了觅食。

你可能会认为，那些重返水中的动物会揭开它们重写本的底层，让那些曾在它们的祖先身上运行顺畅的设计重见天日。可为什么鲸和儒艮没有鳃？它们的胚胎，就像所有哺乳动物的胚胎一样，甚至有鳃的雏形。掸去旧文字上堆积的灰尘，让它重新发挥作用，这似乎是最自然不过的安排。但事实并非如此。就好像这些动物既然已费尽心力进化出了肺，就不愿意放弃它，即使你可能会认为鳃对它们更有用。有了鳃，它们就不必总要浮到水面上呼吸了。但是，它们并没有恢复鳃的功能，而是忠实地保留了肺，甚至不惜对自己的整个呼吸系统进行重大改造，以适应回到水中活动的需求。

它们以极端的方式改变了自己的生理结构，以至于在某些情况下，它们可以在水下停留一个多小时。当鲸浮出水面时，它们可以用一次咆哮式呼吸快速交换大量空气，然后再次潜入水中。这一切很容易让人想到，有一条普遍规则规定，位于重写本底层的旧文字不能重新焕发活力。但我不明白为什么这条规则在一般情况下是有效的。一定有更具说服力的原因。我猜想，在已经将胚胎学机制用于制造呼吸空气的肺之后，鳃的重新使用将是一次更彻底的胚胎学剧变，这比通过改写表层文字来修改呼吸器官更难实现。

海蛇没有鳃，它们通过头部异常丰富的血管从水中获取氧气。再一次，它们寻求新的方法解决问题，而不是重操旧业。有些海龟通过泄殖腔（排泄物处理通道加生殖通道）从水中获取一定量的氧气，但它们仍然必须浮出水面，以将空气吸入肺部。

右页图：大海牛

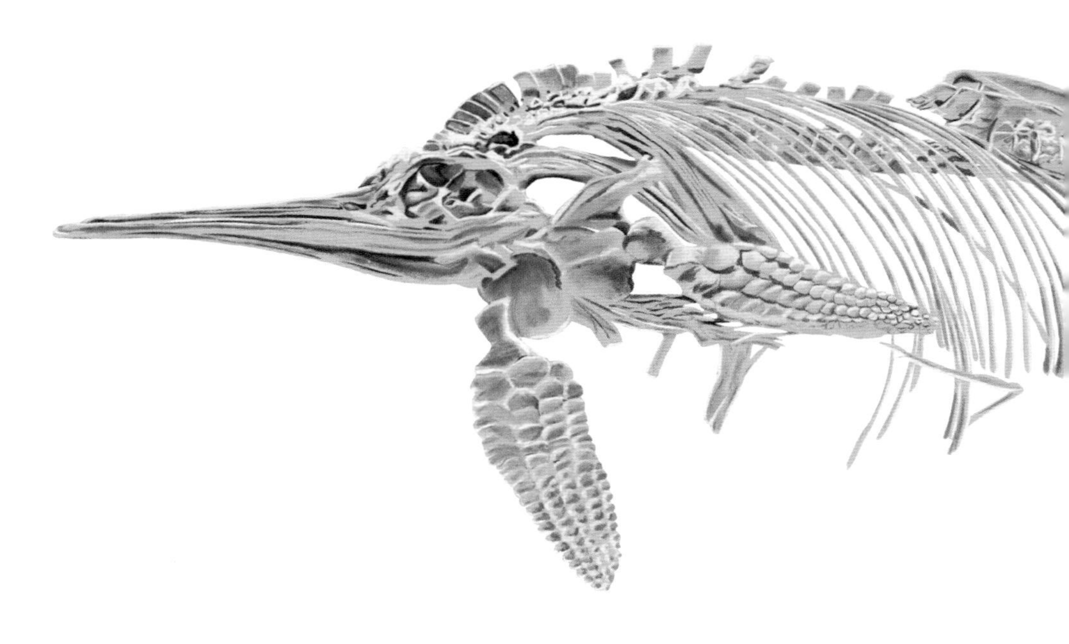

由于始终有水的浮力支持，鲸可以自由地朝着与其陆生祖先截然不同的方向进化。蓝鲸可能是有史以来体型最大的动物。大海牛（第37页）是儒艮和海牛的已灭绝的亲缘动物，体长达11米，体重达10吨，比小鳁鲸（也称“小须鲸”）还大。18世纪，在其发现者斯特勒第一次看到这种海牛后不久，它们就被猎杀至灭绝。和鲸一样，海牛也是呼吸空气的，因为它们未能成功地重新发掘出任何与它们早期祖先的鳃相当的东西。出于刚才讨论过的原因，“未能成功”这个说法可能不太恰当。

鱼龙是与恐龙同时代的爬行动物，有鳍和流线型的身体，有力的尾巴是它们的主要推进力，这一点和海豚很像，只不过鱼龙的尾巴是左右摆动，而不是上下摆动。鲸和海豚的祖先已经熟练掌握哺乳动物在陆地上的奔跑步态，海豚尾叶的上下摆动自然也是由此而来。海豚是在水中“驰骋”，而不似鱼龙那样像鱼一样游动。除此之外，鱼龙看起来很像海豚，它们的生活方式也可能和海豚差不多。它们会不会像海豚一样摇着尾巴（只不过是左右摇摆），兴高采烈地跃入空中？这是个奇妙的想法。它们有一双大眼睛，由此我们可以猜测，它们可能不像小眼的海豚那样依赖声呐。我们从一具不幸

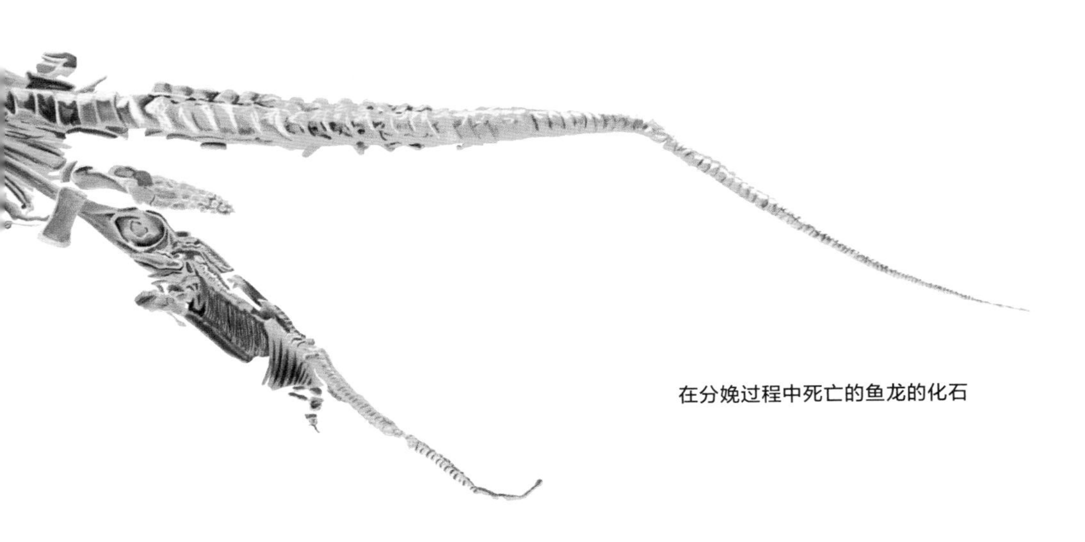

在分娩过程中死亡的鱼龙的化石

在分娩过程中死亡的鱼龙的化石中得知，鱼龙会在海里生下活的幼体（见上图）。与海龟不同，但与海豚和海牛一样，鱼龙完全摆脱了陆地动物的遗产。蛇颈龙也是如此，有证据表明它们也是胎生动物。据权威人士估计，陆地爬行动物的胎生能力至少经历了 100 次独立进化。因此，考虑到海龟在水里可以自在漂游，在陆地上却笨重不堪，可它们仍然爬上沙滩产卵，这似乎令人吃惊。而它们的孩子在孵化出来后，不得不一路拍打着桨状四肢，在海鸥、军舰鸟、狐狸甚至螃蟹的围攻下，极其艰险地奔向大海。

海龟返回陆地，在沙滩上挖洞产卵。这是一项艰巨的任务，因为它们离开水后的行动能力很差。海豹、海狮、水獭以及我们稍后要讨论的许多其他哺乳动物，有一部分时间是在水中度过的，它们适应游泳而不是行走，这使得它们在陆地上行动笨拙，尽管比起海龟还是要轻巧一些。如前所述，企鹅也是如此，它们是水中的王者，但在陆地上却笨拙得滑稽。海鬣蜥是技能娴熟的游泳健将，但它们在陆地上躲避蛇类时又能以惊人的速度转弯。所有这些动物都向我们展示了在成为鲸、儒艮、蛇颈龙和鱼龙等专职海洋生物的过程中，进化的中间物种可能是什么样子。

海龟与陆龟——曲折的轨迹

从重写本的角度来看，海龟和陆龟特别有趣，值得加以特别研究。但首先，我必须消除英语中一个令人困惑的怪癖。在英国人的习惯用法中，海龟（turtle）是纯粹的水生动物，陆龟（tortoise）则完全是陆生的。美国人把它们都叫作龟（turtle），至于陆龟则是指那些生活在陆地上的龟。在接下来的内容中，我将尝试使用明确的语言指代，以免让两个“被共同语言隔开”[7]的国家的读者感到困惑。我有时会用“龟鳖类”（chelonians）来指代整个群体。

正如我们将要看到的那样，陆龟几乎是独一无二的，因为在漫长的进化过程中，它们的重写本上记录下了双重的回归。它们的鱼类祖先，以及包括我们在内的所有陆地脊椎动物的祖先，在大约4亿年前的泥盆纪离开了海洋。在陆地上生活了一段时间后，它们又像鲸和儒艮，以及鱼龙和蛇颈龙一样，回到了水中。它们变成了海龟。最后，堪称独特的情况是，一些水龟又回到了陆地上，变成了现存的旱地龟（在某些情况下它们的栖息地确实非常干燥）。这就是我说的“双重回归”。但我们是如何知道这一点的呢？我们又是如何破解陆龟这一独特而复杂的重写本的呢？

我们可以利用包括分子遗传学在内的所有现有证据，绘制现存龟鳖类动物的系统树。下页上图改编自沃尔特·乔伊斯（Walter Joyce）和雅克·戈捷（Jacques Gauthier）的论文。图中蓝字为水生类群，红字为陆生类群。当某个“祖先”的大多数后代群体都是水生龟鳖时，我就冒昧地把它的名称也涂成蓝色。今天的陆龟构成了一个单一分支，镶嵌在由水龟组成的众多分支中。

这张图表明，现代陆龟与大多数陆地爬行动物、哺乳动物不同，它们的鱼类祖先（也是我们的祖先）从海中上岸后，并没有一直待在陆地上。陆龟的祖先和鲸、儒艮一样，也曾回到水中。但与鲸和儒艮不同的是，它们后来又重新回到了陆地上。我想，这意味着我应该勉强承认美国学者惯用的术语有其优点。事实证明，英国人所

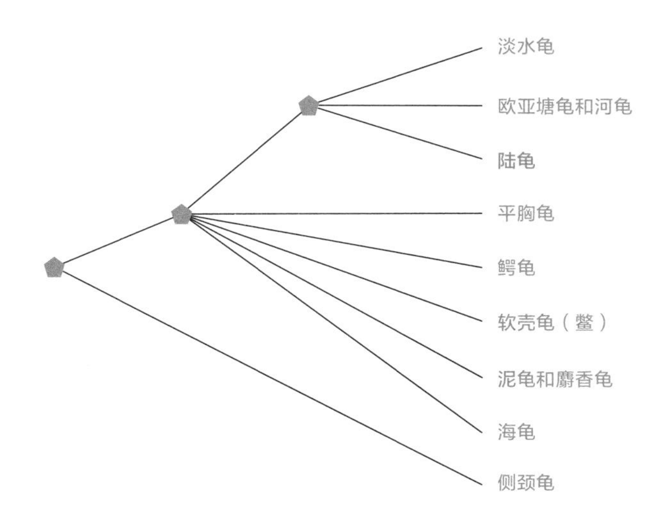

说的陆龟也只是一种海龟而已，是先变成海龟后又回到了陆地上的海龟。它们是“陆生海龟”。好吧，我用不来这个称呼。我所受的教育让我继续称它们为陆龟，但我会克制自己对“沙漠海龟”这样的短语的畏缩情结。无论如何，从“遗传之书”的角度来看，有趣的是，就反转次数而言，陆龟似乎拥有最复杂的重写本，拥有数量最多的看似有悖常理的反转。

现代陆龟

此外，现代陆龟似乎并不是其同类中第一个实现这种非凡的双重回归的生物。更早的案例似乎发生在三叠纪。龟鳖类中有两个属，原颚龟属（*Proganochelys*）和古龟属（*Palaeochersis*），它们的历史可以追溯到恐龙的第一个大时代，实际上比侏罗纪和白垩纪那些更庞大、更著名的巨型恐龙的现身之日还要早。它们似乎生活在陆地上。我们是怎么知道的呢？这是一个很好的机会，可以让我们的“未来科学家”（SOF）去面对未知的动物，请她从骨骼“解读”该生物的生存环境。化石给我们带来了严峻的挑战，因为我们无法观察它们在环境中如何生活——无论是游泳还是行走。

原颚龟

那么，对于那些神秘的化石——原颚龟和古龟的化石，SOF 又该如何评价呢？它们的足看起来不像用于游泳的鳍肢。但我们能不能更科学地看待这个问题呢？我们之前提到的乔伊斯和戈捷使用的方法，可以为任何想要定量破译“远古遗传之书”的人[8]指明方向。他们选取了 71 种已知栖息地的现存龟鳖类物种，对它们的臂骨——肱骨（上臂）、尺骨（两块前臂骨中的一块）和手（爪）骨——进行了三项关键测量，并将其占臂长的百分比绘制成图表。他们将这些数据绘制在三角形图纸上。这一三角形绘图法方便地利用了欧几里得几何中的一个定理：从等边三角形内的任意一点出发向三边作垂线，三条垂线长度之和为定值。当三个变量的比例相加等于一个固定数字（如 1）或百分比相加等于 1 时，这种绘图就为显示三个变量提供了一种有用的技巧。图中每个彩色点（小三角形或星形）代表 71 个物种中的一个。一个点与大三角形每一条边的垂直距离代表其三项骨骼测量的结果。当你根据这些物种是生活在水中还是陆地上对其进行颜色编码时，一些重要的东西就会跃然纸上。这些彩色的点会优雅地展示其意义。蓝色点代表生活在水中的物种，黄色点则代表生活在陆地上的物种。至于绿色点，代表的则是在两种环境中都会度过一定时间的物种，它们十分合理地占据了蓝色点和黄色点之间的区域。

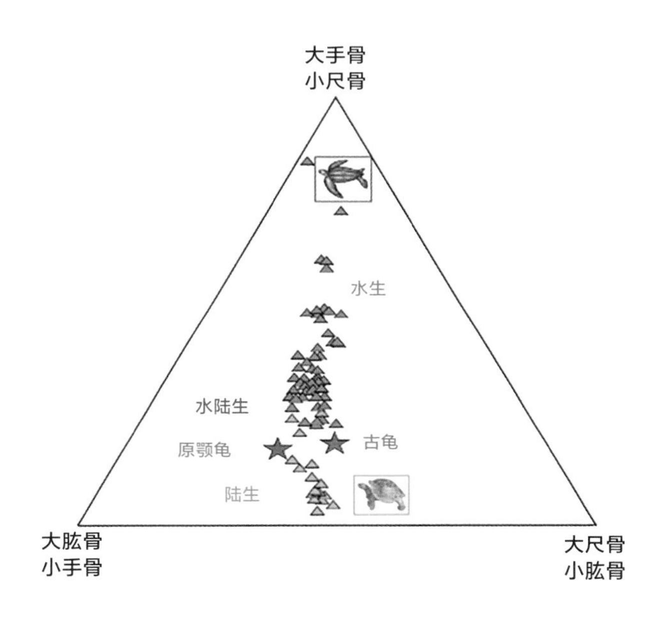

现在有个有趣的问题，原颚龟和古龟这两组古老的化石物种属于哪一类？图中的两颗红星代表它们。毋庸置疑，红星落在黄点之间，而黄点代表旱地上的现代陆龟。所以它们应该是陆龟。不过这两颗星星离绿点区域相当近，所以它们可能并没有远离水域。这种方法展示了一种“破译”途径，我们假想的 SOF 可以用其来“读取”任何动物身处的环境，从而读取其祖先所在的被自然选择的环境。SOF 无疑将有更先进的方法，但像这样的研究可能会为她指明方向。

那么，古龟和原颚龟就是陆地动物了。但是，自它们的（也是我们的）鱼类祖先爬出大海后，它们就一直待在陆地上吗？还是说，它们像现代陆龟一样，以海龟为自己的祖先？为了帮助确定这个问题的答案，我们来看看另一块化石。半甲齿龟（*Odontochelys semitestacea*）生活在三叠纪，与古龟和原颚龟类似，但时间更早。

它大约有半米长，这个长度包括它的长尾巴，这是现代龟鳖类所没有的。学名中的“odonto”告诉我们它是有牙齿的，这与所有现代龟鳖类不同，后者的嘴更像是鸟喙。而“semitestacea”这个种名则表明它只有半个壳。它有一个“腹甲”，即保护所有龟鳖类腹部的硬壳，但它的背部没有拱形的上壳。不过，它的肋骨是扁平的，就像支撑普通龟壳的肋骨一样。

这组化石是由李淳领导的科学家小组在中国发现并研究的。他们认为，齿龟或类似动物是所有龟鳖类的祖先，龟壳是“自下而上”进化而来的。他们参考了乔伊斯和戈捷关于龟鳖类臂骨比例的论文，得出的结论是齿龟是水生动物。如果你想知道那半边壳有什么用，可以想想鲨鱼（早在这个故事之前很久就已经存在了），鲨鱼经常从这些动物的下方攻击，所以用装甲包裹腹部可能是为了防鲨。

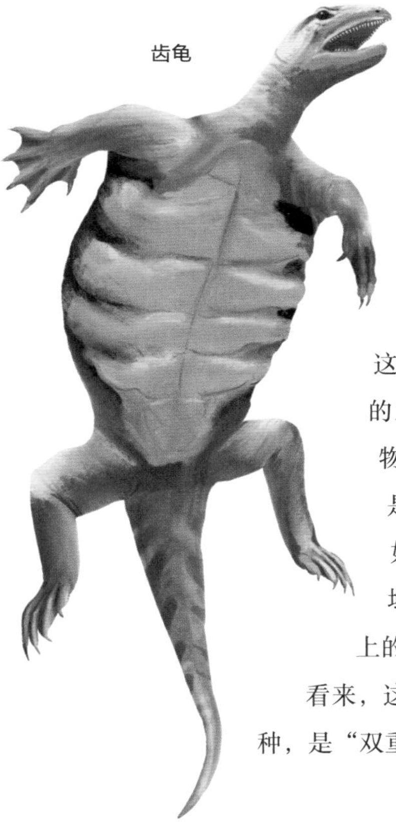

齿龟

如果我们接受这种解释，那么它再次表明龟壳是在水中进化而来的。在对付陆地捕食者时，我们不会认为腹甲会是最先进化出来的盔甲，而是与此相反。齿龟很可能是一种会游泳的蜥蜴，类似于海鬣蜥，但却有巨大的腹部护甲。

尽管存在争议，但中国科学家倾向于这样一种观点，即像齿龟这样拥有一半壳的水龟是龟鳖类的祖先。像所有的爬行动物一样，它的祖先是陆生的蜥蜴类，也许是类似于罗氏祖龟（*Pappochelys*）的物种。如果他们是对的，龟壳是在鲨鱼出没的水域自下而上进化而来的，那么我们对陆地上的古龟和原颚龟又该作何评价呢?

看来，这些陆龟似乎代表了较早从水中上岸的物种，是“双重回归”的陆龟的早期化身，可以类比今

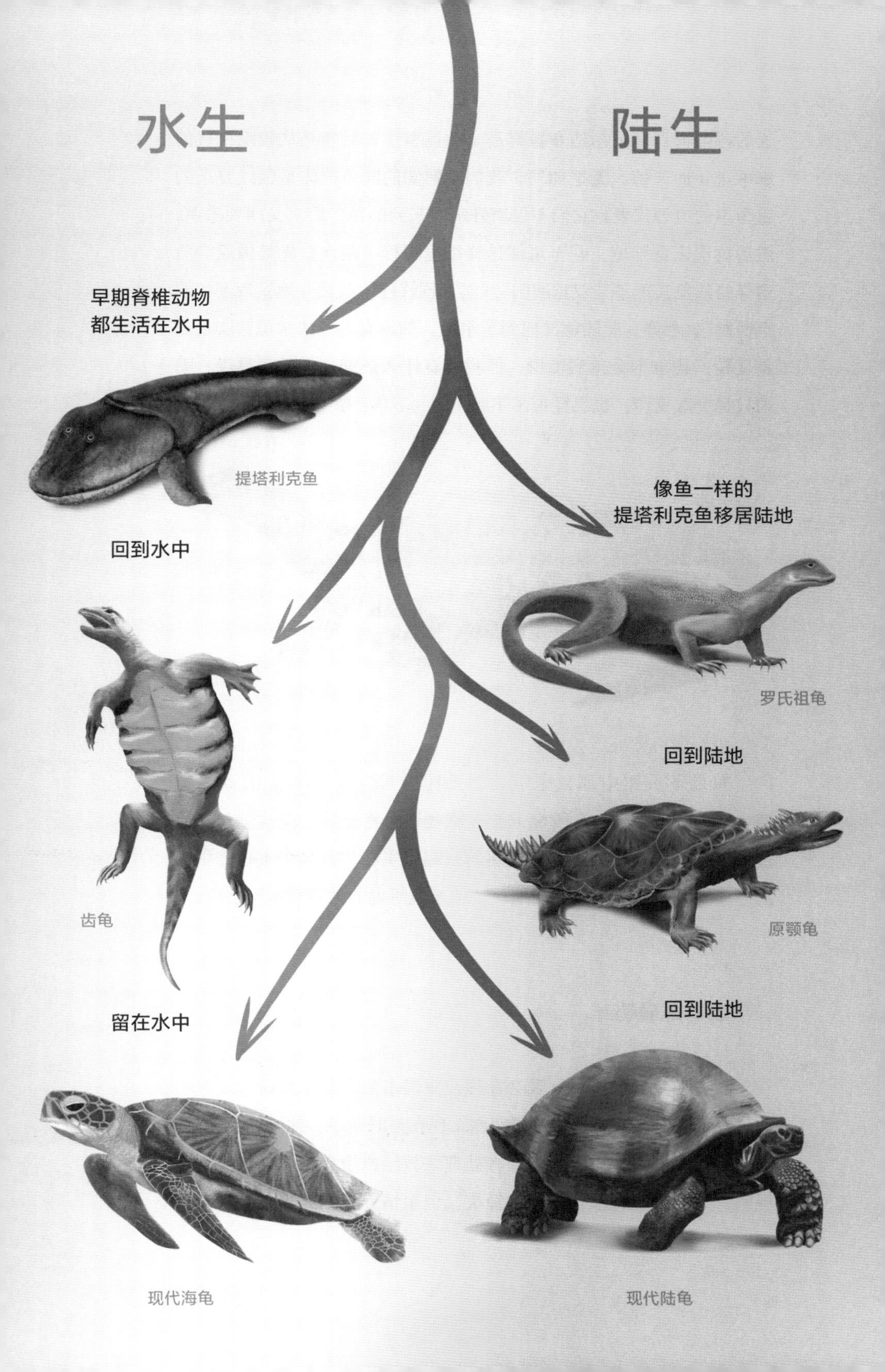
水生
陆生
早期脊椎动物
都生活在水中
提塔利克鱼
像鱼一样的
提塔利克鱼移居陆地
回到水中
罗氏祖龟
回到陆地
齿龟
原颚龟
留在水中
回到陆地
现代海龟
现代陆龟

天的科隆群岛和阿尔达布拉群岛上的巨型龟，后者是从较晚世代的水龟进化而来的。无论如何，我们所熟知的陆龟群体是精致复杂的重写本的典型代表。它们不仅离开水域来到陆地，后来又回到水中，然后再次来到陆地，甚至可能这样往复实行了两次！先是像原颚龟这样的陆龟实现了“双重回归”，然后现代陆龟又独立地实现了“双重回归”。也许有些陆龟又回到了水里。如果有一些淡水龟曾实现三重反转，我也不会感到惊讶，但我没有什么证据。不过我得说，哪怕只是一次反转，也已经很了不起了。

罗氏祖龟

如果下页图中那只象龟能够吟唱一部关于其祖先的荷马史诗[9]，那么它的DNA所标记的奥德赛远航将起始于泥盆纪鱼类的古老传说，到二叠纪陆地上游荡的蜥蜴类生物，再到中生代海龟回到海洋，最后第二次来到陆地。这就是我所说的“重写本”之意！

谁唱得最响

我在第1章中说过，我会在涉及重写本的章节重新讨论现代字迹与古代字迹之间的相对平衡问题。现在是时候了。你可能会猜想，这种重写本也有类似于某些宗教处理宗教经典中自相矛盾的经文的规则：后来的经文取代先前的经文。但事情并非如此简单。在“遗传之书”这本重写本中，更古老的文字相当于“对完美化的制约”[10]。

象龟

著名的进化设计失误案例，如脊椎动物视网膜从前向后倒装，或喉返神经的迂回浪费（见第49页图），都可以归咎于对完美化的制约中的一类——历史性制约。

> “你能告诉我去都柏林的路吗？”
> “嗯……我不会从这里出发。”

这个笑话已经老掉牙了，但它却直指重写本中“何者优先”这个问题的核心。工程师可以回到绘图板从头设计，而进化则不能，它总是要“从这里出发”，无论“这里”是一个多么不利的起点。试想一下，如果喷气发动机的设计者不得不在绘图板上从螺旋桨发动机开始，然后一步一步地修改，直到把它变成喷气发动机，那样修改来的喷气发动机会是什么样子？如果工程师有幸从空白的绘图板开始工作，那么他就不会设计出“感光细胞”朝后的眼睛，也不会设计出输出“导线”必须穿过视网膜表面并最终通过视网膜的盲点才能到达大脑的眼睛。这个盲点着实不小，不过我们并没有注意到它，因为大脑在建立受限的虚拟现实世界模型时，会巧妙地为视野上缺失的那块填补一个看似合理的替代品。我想，如果在关键时刻，某个危险视觉信号恰好落在盲点上，那大脑这样靠猜测进行填补的做法可能会招致危险。但是，这种糟糕的设计在胚胎发育机制中已经根深蒂固。要想改变它，使最终产品更加合理，就必须在神经系统胚胎发育的早期大动干戈。而在胚胎发育中，越是早期的修改，就越是与生俱来，也就越是难以实现。即使这样的变革最终能够实现，在通往最终改进的道路上，中间的进化阶段也很可能比现有的安排差得多，毕竟现有的安排运行得还不错。那些为实现最终改进而开始漫长进化跋涉的突变个体，会被那些能够充分应对现状的对手淘汰。事实上，在改造视网膜这一假想情况下，进行重大变革的个体很可能会完全失明。

如果你愿意，你可以把向后设置的视网膜称为“糟糕的设计”。它是历史遗留下来的，是一种遗物，是重写本上被部分改写过的更古老的字迹。另一个例子是人类和其他类人猿的尾巴，其在胚胎时期很突出，成年后则收缩到尾骨。此外，我们稀疏的毛发也是在重写本中被模糊地书写的部分。毛发曾经起到隔热保温的作用，但现在已经变成了一种遗物，在寒冷或情绪激动的情况下，它仍然保留着几乎毫无意义的立起特性。

哺乳动物或爬行动物的喉返神经作用于喉部。但它并不是径直到达目的地，而是从喉部旁边穿过，顺着颈部进入胸部，在那里绕过一条大动脉，然后一路从颈部折回喉部。如果把它看作设计的话，这显然是一种烂透了的设计[11]。巨型恐龙腕龙的喉返神经迂回长度约为 20 米[12]。在长颈鹿身上，它的迂回长度仍然令人瞠目，这是我亲眼所见。当时我为英国广播公司第四频道拍摄一部名为《解剖巨型动物》(*Inside Nature's Giants*)的纪录片，协助解剖一只不幸在动物园里去世的长颈鹿。谁知道这种绕道所造成的传输延迟可能会导致什么样的效率低下或彻头彻尾的错误呢？但是，自然选择并不会盲目愚蠢的。在我们的鱼类祖先中，当相关神经直达其末端器官——不是喉部，因为鱼类没有喉部——时，这原本不是一个糟糕的设计。鱼也没有脖子，当它们的陆栖后代的脖子开始变长时，与彻底改革胚胎发育以沿着“合理”的路径（即动脉的另一侧）重新布线连接神经所付出的重大成本相比，每次小幅度延长迂回路线的边际成本要小得多。[13]那些在胚胎学上开启喉返神经改道的激进进化之旅的突变个体，会被那些安于现状的竞争对手淘汰。连接睾丸和阴茎的管道路线也是一个非常相似的例子[14]。它没有选择最直接的路线，而是绕过了连接肾脏和膀胱的管道：这显然是一段毫无意义的弯路。再一次，糟糕的设计成为深埋于胚胎发育和历史中的制约因素。

“深埋于胚胎发育和历史中”的另一种说法便是“深埋于重写本中更新近的文字层之下”。与部分宗教经典隐含的“后胜于先”的规则不同，我们可能会倾向于认为基因重写本采纳的是“先胜于后”这一相反规则。但这也是说不通的。对我们的近代祖先进行筛选的选择压力可能至今仍然在发挥作用。因此，如果把我们此处的比喻从“一本书”换成“各种嘈杂的声音”，那么其中最年轻的声音，因为说话者年轻气盛，可能会有一些固有的优势。但这并不是压倒性的优势。我更倾向于以下更谨慎的说法，即“遗传之书”是由从非常古老到非常年轻的字迹共同构成的“重写本”，还包括所有的中间阶段的文本。如果这些或古老或年轻，或介于两者之间的文字的相对重要性确实存在某种一般规则，那这些规则也须留待日后的研究来揭晓。

生物学家很早就认识到，动物的形态学特征保守地存在于重写本的基底层。脊椎动物的骨骼就是一个例子：一条背向放置的脊柱，两端是颅骨和尾巴。脊柱由连续分节的椎骨组成，身体的主干神经穿行其中。然后是从脊柱伸出的四肢，每个肢体由一根典型的长骨（肱骨或股骨）组成，连接着两根平行的骨头（桡骨 / 尺骨，胫骨 / 腓骨）；然后是一簇较小的骨头，最后是五个趾 / 指。在胚胎时期总是有五个趾，尽管在成年后，一些趾可能会减少甚至完全消失。马已经失去了中间趾以外的部分，而这根中间趾还承载着蹄子（这是我们指 / 趾甲的巨型

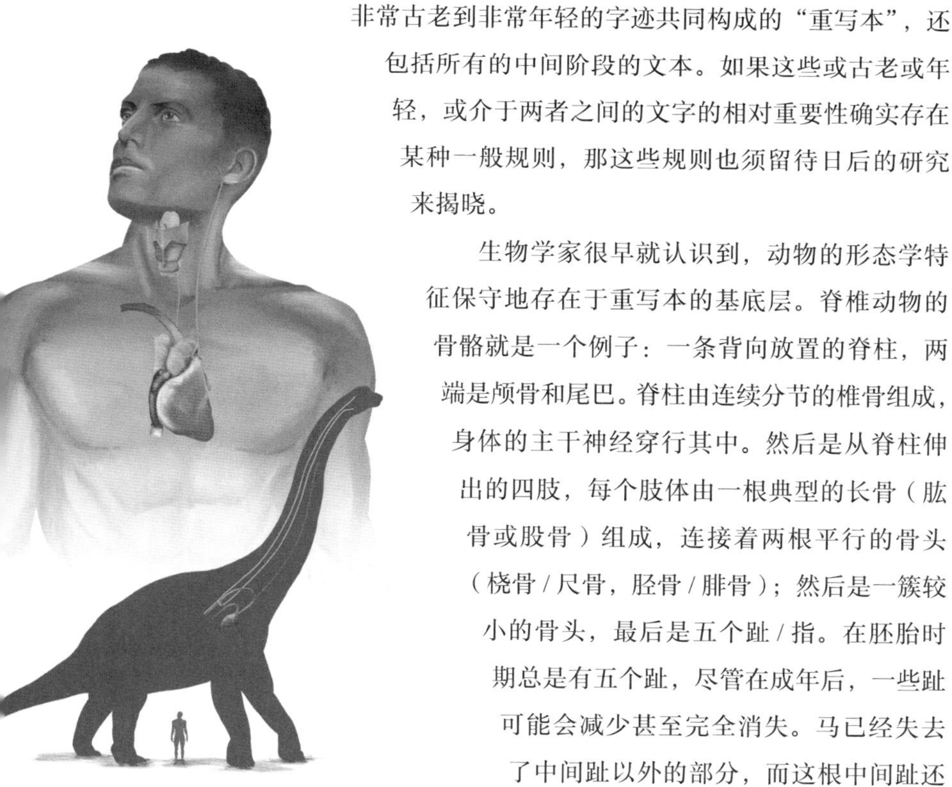

喉返神经

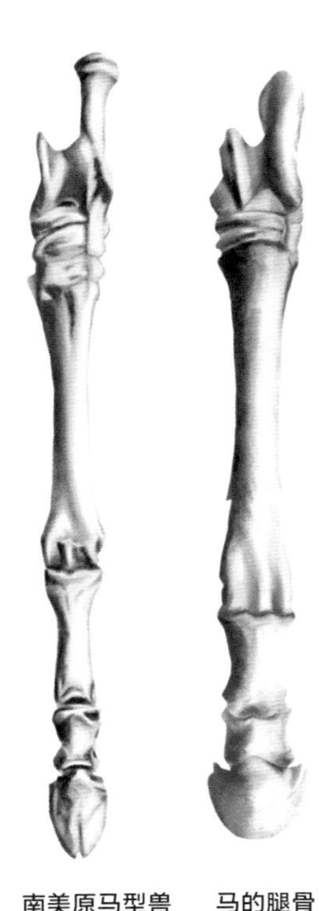
南美原马型兽的腿骨　马的腿骨

放大版）。一类已灭绝的南美食草动物，即滑距骨目[15]中的一些物种，如南美原马型兽（*Thoatherium*），它们独立地进化出了与马几乎完全相同的有蹄肢体。为了便于比较，我们将这两种动物的肢体骨骼画成了相同的大小，但南美原马型兽比一般的马要小得多，大约和一只小羚羊差不多。你可以把图片中骨头所属的马想象成设得兰矮马！

节肢动物有不同的“基本构造型”（Bauplan，原意为建筑计划或身体蓝图）[16]，尽管它们与脊椎动物相似，都有前后串联重复的分节模式。蚯蚓、沙蚕和沙蠋（海蚯蚓）等环节蠕虫也有分节的身体结构，它们与节肢动物一样，主要神经位于腹侧。身体主要神经位置的这种差异引发了一种具有启发性的猜测，即我们脊椎动物可能是一种蠕虫的后代，这种蠕虫养成了倒着游泳的习惯，今天的丰年虾（卤虫）重拾了这种习惯。如果真是这样，那么脊椎动物的“基本构造型”可能并不像我们想象的那么基本。

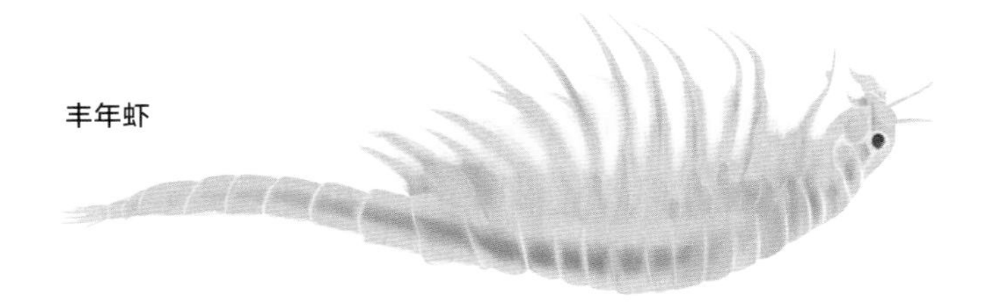
丰年虾

不过，尽管这些形态学构型非常重要，甚至堪称鸿篇巨制，但在解读生物重写本的较低层文本以复原动物谱系时，形态学的光芒已被分子遗传学的光芒掩盖。这里有一个有趣的小例子。南美洲的树上栖息着两个属的树懒，即二趾树懒和三趾树懒。还有一种大地懒，大约在 1 万到 1.2 万年前灭绝，这个时间离我们刚好够近，足以让分子生物学家获取其 DNA。由于这两种现存树懒在解剖学和行为学上都非常相似，人们很自然地认为它们是近亲，都是某种树栖祖先的后代，而与大地懒的亲缘关系较远。然而，分子遗传学研究表明，二趾树懒与重达 4 吨的大地懒的亲缘关系比二趾树懒与三趾树懒的亲缘关系更近。

早在现代分子分类学问世之前，大量的形态学证据就向我们表明，海豚是哺乳动物，而不是鱼类，尽管它们的外表和行为都很像大型鱼类——鲯鳅有时确实被称为“海豚鱼”，甚至就叫“海豚”。尽管科学界早就知道海豚和鲸是哺乳动物，但分子遗传学家在 20 世纪末释放的重磅炸弹仍然让所有动物学家在这方面大跌眼镜，因为前者不容置疑地证明，鲸是从偶蹄类（即偶蹄目，二指 / 趾或四指 / 趾的有蹄动物）中分离出来的[17]。我在读动物学本科时曾被教导过河马的现存最近亲缘物种是猪。但实际上并非如此，它们的近亲是鲸。鲸可没有可以劈开的蹄子（没有分蹄），事实上，它们在陆地上的祖先可能都没有蹄，而是像今天的河马一样，长着宽大的四趾足。尽管如此，它们仍然是偶蹄类的正式成员。它们甚至不是有蹄类谱系中游离在外的旁支，而是这些动物中的亲密一员，它们与河马的亲缘关系之近，胜过河马与猪或其他实际上有分蹄的动物的亲缘关系。这是一个出乎所有人预料的惊人发现[18]，而分子基因测序可能还会给我们带来其他冲击性结论。

就像计算机硬盘上到处都是过期文件的碎片一样，动物基因组中也到处都是闲置基因，这些基因肯定曾经有其用武之地，但现在却不再被读取。它们被称作“假基因”（pseudogene）——虽然不是个好名字，但我们还是用了它。它们有时也被称为“垃圾基因”，但它们并不是毫无意义的“垃圾”[19]，它们其实充满了意义。如果它们被翻译出来，其产物就会是真正的蛋白质。但它们并没有被翻译出来。对此我所知的最显著例子是人类的嗅觉。与狩猎的猎犬、捕食海豹的北极熊、嗅食松露的母猪或大多数哺乳动物相比，人类的嗅觉出了名地差。我们的祖先嗅觉敏锐，如果我们能回到过去体验一下，一定会大吃一惊。而事实是，我们身上仍携带着实现敏锐

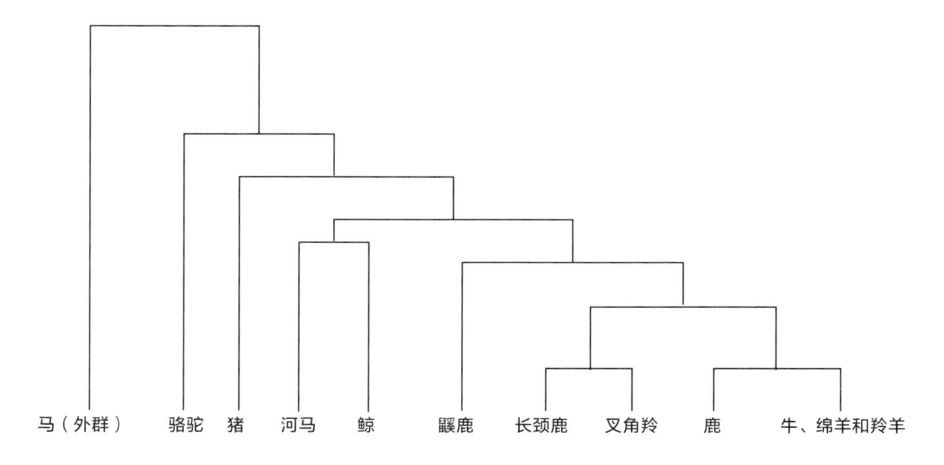

比起其他有蹄动物，河马与鲸的亲缘关系更近

嗅觉所必需的基因，只是它们不再被读取，被转录，被转化为蛋白质。它们被当作假基因而受冷落[20]。这些DNA重写本中的古老文本不仅存在，它们还可以被清晰地辨认、读取[21]。但只有分子生物学家才能读懂它们。我们的细胞的自然阅读机制对它们视而不见。如果我们能找到一种方法，开启那些仍然潜伏在我们体内的古老基因，那我们差得令人沮丧的嗅觉可能会就此脱胎换骨。想象一下，那些经历基因突变的葡萄酒鉴赏家会释放出多么天马行空的想象力。相比之下，“黑樱桃的香气被新刈的干草抵消，令人愉悦的余味中带有铅笔芯的味道”之类的描述将是多么平淡乏味啊。

基因组和计算机硬盘之间的相似之处比我们通常认为的更多。如果我让计算机列出硬盘上的文件，我看到的是有序排列的信件、文章、书籍章节、电子表格、音乐、假日照片等。但是，如果我要读取的是硬盘上的原始数据，我面对的将是一个由杂乱无章的碎片组成的迷离情景。硬盘中看似连贯的一本书中的章节，其实是由散落在硬盘各处的片段拼凑组成的。我们之所以认为它是连贯的，只是因为系统软件知道该去哪里寻找下一个片段。当我删除一个文档时，我可能会天真地想象它已经消失了。其实不然。它还在原来的位置。为什么要浪费宝贵的计算机时间来删除它呢？当你删除文档时，系统软件不过是在硬盘上标记出它的位置，以便在需要空间时将其他内容覆盖其上。如果不需要该区域，它就不会被覆盖，原始文件或其中的一部分将继续存在——可读但不再真正被读取——就像我们仍然拥有但并不使用的嗅觉假基因一样。这就是为什么如果你想从计算机中删除罪证文件，你必须采取特殊措施才能将其彻底删除。常规的“删除”并不能抵御黑客的窃取。

假基因是来自过去的清晰信息，是“遗传之书”的重要组成部分。SOF 会从基因组中遍布的死亡基因墓地中得知，我们的祖先生活在一个气味丰富得超乎我们想象的世界里——其实其他线索早已足够让她推断出这一点。DNA 墓碑不仅存在，且上面的字迹也清晰可辨。顺便说一句，这些分子墓碑对神创论者来说是一个巨大的尴尬存在：造物主究竟为什么要在我们的基因组中胡乱添加一些从未被使用过的嗅觉基因呢?

本章主要关注的是重写本的底层，即更古老的历史遗产。在接下来的四章中，我们将转向其更接近表面的文本层次。这相当于对自然选择力量的一种审视，考察其力量是否能凌驾于底层的历史遗产之上。研究这个问题的一种方法是找出无亲缘关系动物之间的相似之处。另一种方法则是“逆向工程”。接下来我们就来谈谈后一种方法。

第 4 章

逆向工程

本书的中心思想之一——动物的外表所展示的一丝不苟的完美也渗透到其整个身体内部——显然是建立在一种假设之上的，即首先有某种接近完美的东西存在。从达尔文的观点来看，这种完美是存在的，也是可以预期的。这个假设受到了批评，我需要对此进行辩护，这也是接下来三章的目的。

在所谓的“适应主义”（adaptationism）的批评者中，最著名的是哈佛大学的理查德·列万廷（Richard Lewontin）和斯蒂芬·古尔德（Stephen Gould），他们在各自所在的遗传学和古生物学领域都堪称杰出人士。列万廷将适应主义定义为“进化研究的一种方法，这种方法在没有进一步证据的情况下，便假设生物体的形态、生理和行为的所有方面都是对于问题的适应性最优解决方案”[1]。我想我比许多生物学家都更接近于适应主义者。但我确实在《延伸的表型》一书中用了一章来讨论“对完美化的制约”。我在那一章里区分了六类制约因素，这里我将提到其中的五类。

1. 时间滞后（动物已经“过时”，尚未跟上不断变化的环境）。人类骨骼中的四足动物遗迹就是一个例子。

2. 永远无法纠正的历史性制约因素（如喉返神经、前后倒置的视网膜）。

3. 缺乏可用的遗传变异（即使自然选择青睐长翅膀的猪，但必要的变异从未出现过）。

4. 成本和材料的制约（即使猪可以用翅膀，即使它们可以获得必要的变异，但长出翅膀花费的成本也会使其得不偿失）。

5. 环境的不可预测性或“恶意”所导致的错误（例如，当知更鸟给杜鹃雏鸟喂食时，从知更鸟的角度来看，这是一种不完美，是杜鹃的自然选择造成的）。

如果允许并承认这类制约因素，我想我可以被公允地称为适应主义者。还有一点，很多人会想到，某些“生物体在形态、生理和行为方面”可能过于微不足道，以至于自然选择不会注意到它们。它们会躲过自然选择的监控。如果我们谈论的是分子遗传学家眼中的基因，那么大多数突变可能确实没有被自然选择注意到。这是因为基因突变并没有使蛋白质生成发生变化，因此生物体内没有发生任何变化。按照日本遗传学家木村资生①的说法，这些突变是中性的[2]，根本不是功能意义上的突变。这就像把印刷字体从新罗马体（Times New Roman）换成赫维提卡体（Helvetica），变异后的“含义”与变异前的完全一样。但列万廷在指定“形态、生理和行为”的作用领域时，就已明智地排除了这种情况。如果突变影响了动物的形态、生理或行为，那么它就不是微不足道的“改变字体”意义上的中性。

---

① 木村资生是著名群体遗传学家和进化生物学家，以其提出的分子进化中性理论而闻名。该理论认为，在分子水平上，大多数进化变化不是由自然选择引起的，而是通过那些对选择呈中性或近中性的突变等位基因的遗传漂变引起的。这一理论强调，尽管自然选择在决定适应进化中很重要，但在DNA层面上，大部分变异是表型表达上缄默的，即对生存和繁衍没有直接影响。

尽管如此，一些人仍然有一种直觉，认为许多突变即使真的影响了动物的形态、生理或行为，也可能是微不足道的。即使动物的躯体确实发生了可见的变化，但对于自然选择来说，这难道不是不足挂齿的吗？我父亲曾经试图说服我，树叶的形状，比如橡树叶和榉树叶形状的区别，不可能会造成什么不同。我不这么认为，这也是我倾向于与列万廷等怀疑论者分道扬镳的地方。1964年，阿瑟·凯恩（Arthur Cain）写了一篇挑起论战的论文，他在该论文中有力地（有些人可能会说其太过用力）论证了他所谓的"动物的完美性"。关于这些特征"微不足道""无用"的说法，他认为，在我们看来微不足道的东西可能只是反映了我们的无知。他的口号是"动物之所以如此，是因为它需要如此"，他既把这句话应用于所谓的无用特征上，也应用于与其相对的基本特征上，比如脊椎动物有四肢，而昆虫有六肢。我认为，在所谓的无用特征方面，他的立场更为坚定，下面这段令人难忘的文字便体现了这一点：

> 但是，对某个"无用"特征最非凡的功能解释，可能要数曼顿（Manton）对倍足类节肢动物土线（*Polyxenus*）的研究了。她在研究中表明，这种动物有一个以前被形容为"装饰品"的特征（还有什么比这听起来更无用呢？），却几乎是其生命的重中之重。[3]

即使是非常接近于真正无用的特征，自然选择也可能是比人眼更严格的评判者。在我们眼中微不足道之物可能仍然会被自然选择注意到，用达尔文的话说就是，"时间之手在漫长的岁月中留下些许痕迹"。霍尔丹做了一个相关的假设计算[4]。他假设存在某种有利于新突变的选择压力，这种压力非常微弱，以至于看起来微不足道：每1 000个携带该突变的个体存活下来，就会有999个未携带该突变的个体存活下来。这种选择压力太微弱了，即使是在这一领域工作的科学家也根本无法察觉。根据霍尔丹的假设，该群体需要多长时间才能使其半数成员拥有这种新突变？他的答案是：如果新突变是显性基因，只需要11 739代；如果是隐性基因，则需要321 444代。对于许多动物来说，按照地质学的标准，达到这个世代数不过是弹指之间的事。与此相关的一点是，无论其导致的变化看起来多么微不足道，突变基因都有大量机会来改变现状——通过将自身纳入地质年代中出现的成千上万个个体体内。此外，尽管一个基因可能只有一种近端效应①，但由于胚胎学的复杂性，这个主要效应可能会产生连锁反应。因此，该基因似乎会在身体的不同部位产生许多看似互不关联的效应。这些不同的效应被称为多效性，这种现象就是“基因多效性”。即使一个突变的效应真的可以忽略不计，它的所有多效性也不可能都是如此。

在充分承认对完美化的各种制约的前提下，我认为一个合理可行的假设恰是列万廷自己曾出人意料地表达过的，诚然，这是早在他开始攻击适应主义之前发表的：“我认为所有进化论者都同意的一点是，在某生物体所栖身的环境中，没有什么能比这个生物体表现得更好。”[5]

一些生物学家更愿意说，自然选择产生的动物只是足够好，而不是最优的。他们从经济学家那里借用了“满意”（satisficing）这个术语，这是一个他们喜欢提及的行话。但我不喜欢这个词。竞争是如此激烈，任何动物如果仅仅止步于“满意”，很快就会被比“满意”更胜一筹的竞争对手超越。不过，现在我们必须从工程师那里借用“局部最优”（local optima）这个重要概念。现在想象一种以地形景观呈现的“完美化”，在这个比喻中，攀登山峰就象征朝着完美改进，自然选择会倾向于把动物困在离它最近的相对较低的山顶上，这个小山包与象征完美的高峰之间，横亘着一条不可逾越的山谷。“下到山谷”这个比喻所对应的是，在你变得更好之前暂时变得更糟。生

① 在遗传学和分子生物学领域，“近端效应”（proximal effect）这个术语被用来描述基因对表型的直接生物学影响，通常涉及基因表达的直接产物，如蛋白质或功能性RNA分子，以及这些产物如何直接影响细胞的生物学过程。这个概念与“远端效应”（distal effect）相对，后者指的是基因变化通过一系列下游效应最终对生物体表型造成的影响。

物学家和工程师都知道，“登山者”有各种各样的方法可以摆脱局部最优状态，从而到达“广阔的、阳光明媚的高地”，尽管不一定要登临所有山峰的最高峰。这个话题在本书中就到此为止了。

工程师们认为，某个人为达成某种目的而设计的机制，从其运行本质上讲会暴露这个目的。我们可以对该机制进行“逆向工程”，以找出那名设计师心中隐藏的目的。

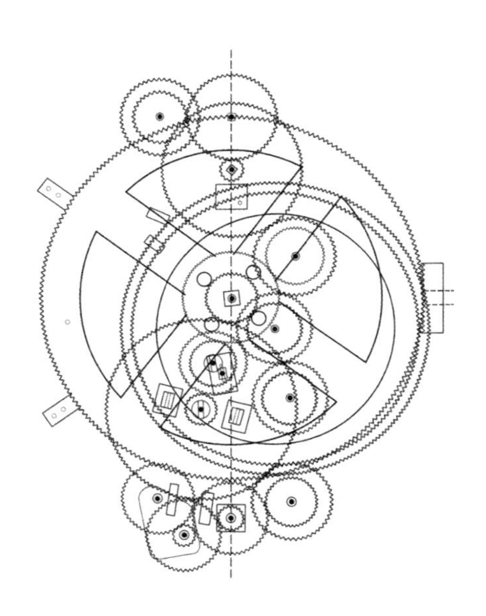

逆向工程是科学考古学家用来探寻安提基特拉机械（Antikythera mechanism）用途的方法[6]，该装置是在一艘古希腊沉船中发现的齿轮结构，年代可追溯到公元前80年左右。通过X射线体层扫描（也称“层析X射线透照术”）等现代技术，这一复杂齿轮传动装置的结构得以被揭示。通过逆向工程，研究人员确信它是模拟计算机的古代等同物，它的原始用途是根据本轮系统——后与托勒玫的理论相联系——模拟天体的运动。

逆向工程假设我们所面对的研究对象在其设计师心中是有目的的（这名设计师应胜任其工作），且这个目的是可以猜测的。逆向工程师根据一名明智的设计师可能想到的目的建立一个假设，然后检查机械装置，看它是否符合假设。逆向工程既适用于研究人造机器，也适用于研究动物身体。只不过前者是由有意识的工程师刻意设计的，而后者则是由无意识的自然选择“设计”的，这两者之间的差异出奇地小：神创论者很容易利用这种混淆的可能性，因为他们急切地欲将两者混为一谈。捕猎过程中，老虎和它的猎物所表现出的优雅，似乎难以被超越：

> 是怎样的神手或天眼
> 造出了你这样令人畏惧的对称？①

事实上，动物有时似乎被“设计”得过于对称，这对它们自身反倒是不利的：还记得第 17 页的猫头鹰吗?

达尔文的《物种起源》中有一节名为“极其完美和复杂的器官”。我认为，这些器官正是进化军备竞赛的最终产物。“军备竞赛”一词是由动物学家休 · 科特（Hugh Cott）在他于 1940 年第二次世界大战期间出版的《动物色彩》(*Animal Coloration*) 一书中引入进化论文献的。作为在第一次世界大战中服役于正规军的一名前军官，他所处的视角能很好地注意到现实中的战争与进化军备竞赛的相似性。1979 年，约翰 · 克雷布斯（John Krebs）和我在英国皇家学会的一次演讲中重新提出了进化军备竞赛的观点[7]。个体捕食者与猎物之间的竞赛是实时的，而军备竞赛则是在生物进化过程中，在生物世系之间进行的。一方的每一次改进都会引起另一方的反制性改进。就这样，军备竞赛不断升级，直到被叫停，叫停原因也许是压倒性的经济成本，就像现实军事领域中的军备竞赛一样。

活下来的羚羊总是能跑得比狮子快，反之亦然，但如果为此在腿部肌肉上投入太多的“资本”，而牺牲了对其他方面的投资——比如产奶——结果只会适得其反。如果“投资”这个词听起来过于拟

---

① 诗句摘自英国诗人威廉 · 布莱克的诗篇《老虎》(The Tiger)，此处中文翻译参照郭沫若译本，但根据上下文有所调整。

人化，那么让我来翻译一下上面的话。奔跑速度出众的个体会被速度稍慢的个体超越，因为后者将资源更有效地从强壮腿部转移到增加产奶上。反过来，过度产奶的个体则会被那些节约产奶并将省下来的能量用于提高奔跑速度的竞争对手打败。引用经济学家的陈词滥调就是，天下没有免费的午餐。权衡在进化中无处不在。

我认为，军备竞赛是每一种生物设计的肇因，用大卫·休谟笔下的克利安提斯（Cleanthes）的话来说，这足以让“所有欣赏过它们的人都为之倾倒”[①]。对冰期或干旱的适应，以及对气候变化的适应，相对来说比较简单，不那么容易让人为之倾倒，因为气候并不是用来对付你的，捕食者才是。猎物也是如此，从间接意义上说，猎物躲避捕捉的成功率越高，它们的潜在捕食者就越容易挨饿。气候不会因为生物的进化而发生可怕的变化，捕食者和猎物却会，寄生虫和宿主也会。正是军备竞赛中的相互升级将生物进化推向了克利安提斯所推崇的高度，比如我们在第 2 章中看到的拟态伪装的高超技巧，或者将在第 10 章中让我们大开眼界的杜鹃的阴险诡计。

现在我们来谈一个乍一看似乎很消极的观点。虽然动物的外表看起来设计精美，但只要我们把它们切开，就会有截然不同的印象。一个没有学习过相关知识的观众在观看哺乳动物的解剖时，可能会觉得动物内部就是一团糟。肠子、血管、肠系膜、神经似乎长得到处都是。这与豹子或羚羊等动物筋骨分明的优雅外形形成了明显的对比。从表面上看，这似乎与第 2 章的结论相矛盾。那一章的核心观点是，动物外部的完美必然渗透到内部的每一个细节。现在，把你的心脏和村里的水泵做个比较，后者似乎简洁明了，符合要求。诚然，心脏是两个泵合二为一，一方面为肺部服务，另一方面为身体的其他部分服务。如果你好奇为什么当初生物没有设计一个更简洁优雅的泵，那也情有可原。

---

① 引自哲学家大卫·休谟的代表作《自然宗教对话录》。克利安提斯是古希腊哲学家，斯多亚学派的第二任领袖。休谟在著作中借克利安提斯之口探讨并批判了宇宙设计论的观点。

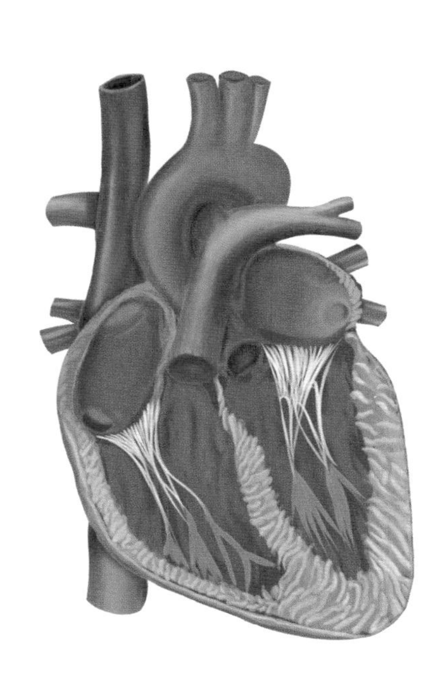
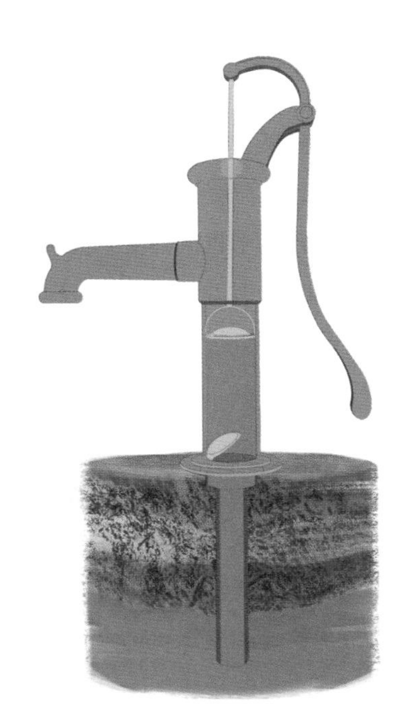

两种泵

每只眼睛都会向对侧的大脑发送信息。身体左侧的肌肉由右侧大脑控制，反之亦然。为什么会这样？我想，我们这又是在面对长期埋藏在重写本底层的古代文本了。在这种深层次的制约之下，自然选择忙于修补表层的文本，以尽可能弥补深层次文本不可避免的缺陷。脊椎动物视网膜的后向布线通过事后弥补得到了很好的补偿。你可能会认为，“这样扭曲拙劣的开端，不可能产生什么典雅的东西”[8]。据说伟大的德国科学家赫尔曼·冯·亥姆霍兹（Hermann von Helmholtz）曾说过，如果一个工程师为他制作了这双眼睛，他会把它退回去。然而，经过电影制作人口中所谓的“后期”调整，脊椎动物的眼睛也可以成为一件精美的光学装备。

为什么动物的可见外表看起来显然设计得体，而内部观感却显然差上一等呢？线索是否就在“可见”这个词上？就第 2 章中涉及的伪装以及孔雀尾羽这样的华丽装饰而言，人类的眼睛在欣赏动物的外表，雌孔雀或捕食者的眼睛则在对动物的外表进行自然选择：

在这两种情况下，观察者的眼睛都是差不多的脊椎动物眼睛，难怪外表看起来比内部细节更完美地符合“设计”。内部细节也同样受到自然选择的影响，但它们的观感并不显而易见，因为它们不是通过观察者眼睛受到选择作用的。

这样的解释对于冲刺中的猎豹或同样身形优雅的猎物汤氏瞪羚来说是行不通的。这些美丽的动物并不是为了取悦人的眼睛而进化成这样的，它们是为了满足求生所需的速度要求。在这里，我们眼中的优雅似乎只是物理定律的附带产物：就像快速喷气飞机的空气动力学所体现的优雅一样。美学和功能性汇于同一种优雅格调。

我承认，我发现身体内部结构复杂得令人眼花缭乱，我甚至可能违背自身信念地认为它是一团糟。但在内部解剖学方面，我只是个幼稚的业余爱好者。我曾咨询过一位外科顾问（还能咨询什么顾问呢？），他毫不含糊地向我保证，在他训练有素的专业眼光看来，身体内部解剖结构非常优雅，每件东西都各安其位，一切都井然有序。我猜想“训练有素的眼睛”正是关键所在。在第 1 章中，我就介绍过耳朵可以毫不费力地分辨出“姐妹”这个词，而眼睛却对示波器上任何简单波浪线以外的内容都无力分辨的事实。我的眼睛只能看到动物外表

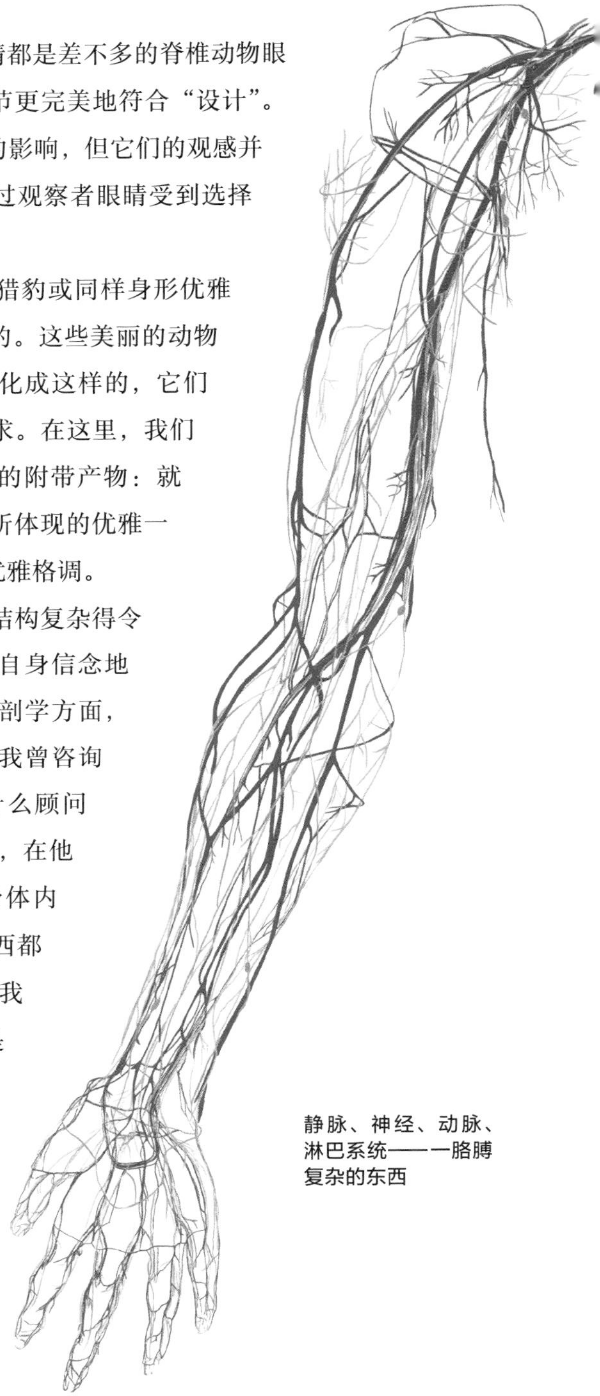

静脉、神经、动脉、淋巴系统——一胳膊复杂的东西

的优雅。当我解剖一只动物时，我那业余的眼睛看到的是一片狼藉，而训练有素的外科医生看到的则是表里一致的优雅完美。这至少在一定程度上是第 1 章中关于分辨“姐妹”一词的例子的重演。然而，关于胚胎学，我还有更多要说的。

怀疑论者会大声质疑，手臂上的这根血管是从上方穿过那根神经，还是在那根神经下面，是否真的会对其功能产生影响。也许从这个意义上来说，空间关系并不重要，如果能用一根魔杖逆转两者之间的位置关系，这个人的生活可能并不会受到影响，甚至还会有所改善。但我认为，从另一个意义上来说，这确实很重要，而这就是解开喉返神经之谜的意义所在。每一根神经、血管、韧带和每一块骨骼都是在个体发育的胚胎学过程中形成的。一旦它们的最终路线确定下来，究竟哪条在上面，哪条在下面，对它们的有效运作可能有影响，也可能没有影响。但我猜想，如果要改变上下位置，就必须对胚胎发育过程大改，而这所带来的问题或代价足以压倒其他考虑因素，尤其是在大改必须在胚胎发育较早阶段进行的情况下。胚胎组织折叠和内陷的复杂程序遵循严格的顺序，每一个阶段的完成都会触发其后续阶段。谁又能说得清，如果这个顺序发生改变——比如，改变血管的路径所必需的那种改变——会给发育的下游阶段带来什么样的灾难性后果呢?

此外，也许是达尔文主义的进化力量影响了人类的感知力，使我们更善于欣赏外在表象而非内在细节。无论如何，我还是满怀信心地回归第 2 章的结论。既然自然选择的斧凿如此精巧地完善了动物的外部结构和可见的外观，那么这斧凿为何只在皮肤上浅尝辄止，而不是继续深入动物内部进行艺术加工呢? 这种假设完全不合理。同样的完美标准必须渗透到生物体的内部，即使这种完美在我们眼中并不那么显而易见。因此，解剖那些并不“显见”于我们的眼睛的事物，并使其清晰可见，将是未来动物学逆向工程师的工作，我在此向他们发出呼吁。

理想情况下，逆向工程是一个系统的科学项目，可能涉及第 1

章所讨论的数学模型。不过更普遍的情况是，至少目前，它涉及直观的合理性论证。如果我们正在探讨的对象，其结构中有一个暗室，前面有一个镜头，将清晰的图像聚焦在暗室后面的感光单元矩阵上，那么任何在照相机发明之后的有生活经验的人都能立即推测出其进化目的。但是，还有许多细节问题，需要复杂的逆向工程技术，包括数学分析。在本章中，我们的逆向工程主要是直观的、常识性的，就像上述眼睛和照相机的例子一样。

这种逆向工程还可以通过跨物种比较加以补充。如果 SOF 面对的是一种迄今未知的动物，她既可以通过纯粹的逆向工程（“工程师设计的用于达成这样或那样目的的装置很可能看起来很像这个”），也可以通过与已知物种的比较（“这个器官看起来像我们已经知道的某某物种的一个器官，它很可能有同样的用途”）对其加以解读。

逆向工程的一个间接版本可用于推断那些动物无法为我们“所见”的方面，例如，当我们手中只有化石时。我们没有关于恐龙心脏的化石证据。但现存化石告诉我们，一些蜥脚类恐龙，如雷龙（*Brontosaurus*）[9] 和更巨大的波塞冬龙（*Sauroposeidon*）的脖子特别长。电影《侏罗纪公园》的 CGI（计算机生成影像）设计师完美地展现了一种主流观点，即这些恐龙可以伸长脖子吃高大树木上的叶子。它们就像长颈鹿，甚至它们的脖子能伸得更长。现在，工程师介入，并援引简单的物理定律来说明，当动物从高树上采食树叶时，心脏必须产生非常高的压力才能将血液泵送到动物大脑的高度。你不可能通过一根超过 10.3 米的吸管来吸水，即使你的吸力足以使这根吸管内部产生完美的真空。波塞冬龙的头部可能真比心脏高出这么多，这就表明其心脏必须产生极大的压力才能将血液推向头部。在没有看到波塞冬龙心脏化石的情况下，工程师推断其心脏一定产生了特别大的压力。要么是这样，要么就是它们根本不会伸着脖子去够高处的树叶。

我不禁想到，把血液泵到如此高的头部可能有一定的难度，这也是那些大型恐龙将一些大脑功能外包给骨盆中的第二个“大脑”的部分原因。在此，我要不失时机地引用伯特·莱斯顿·泰勒（Bert Leston Taylor）的诙谐诗句：

看看这只强大的恐龙，
在史前的传说中威名赫赫，
不仅因为他力量强大，
也因为他敏慧过人。
你可以从这些遗骸中观察到，
这种生物有两套“大脑”——
一套在他的头部（通常的位置），
另一套则坐落于脊柱底部，
因此，他既能“先验”推理，
也能“后验”推理。
任何问题都难不倒他，
他可以头尾兼顾。
他是如此睿智，如此聪慧，如此庄严，
每一个念头都只填满一节脊柱。
如果一个大脑发现压力很大，
它就会传递一些想法给另一个。
如果有什么从他前面的脑子里溜了出来，
后面的脑子也能兜回来。
如果他犯了错误，被抓了现行，
他还有一个“事后”的挽救余地。
因为他说话前会考虑两遍，
所以他思绪严谨，几无错判。
这样，他思考起来毫不费力，
对每一个问题都可以“面面”俱到。
哦，看看这只模范的巨兽吧，

他至少已经消失了一千万年。

恐龙骨盆“大脑”的高度与心脏差不多，比其头部低得多。

唉，可惜我们无法找来一只蜥脚类恐龙来验证这种猜测，因此只能将就一下，找个替代品，那就是长颈鹿。长颈鹿的头部高度虽然不能与巨型恐龙相提并论，但也相当高，足以让其血压明显高于普通哺乳动物的正常水平。下面的图表就证明了这一点。

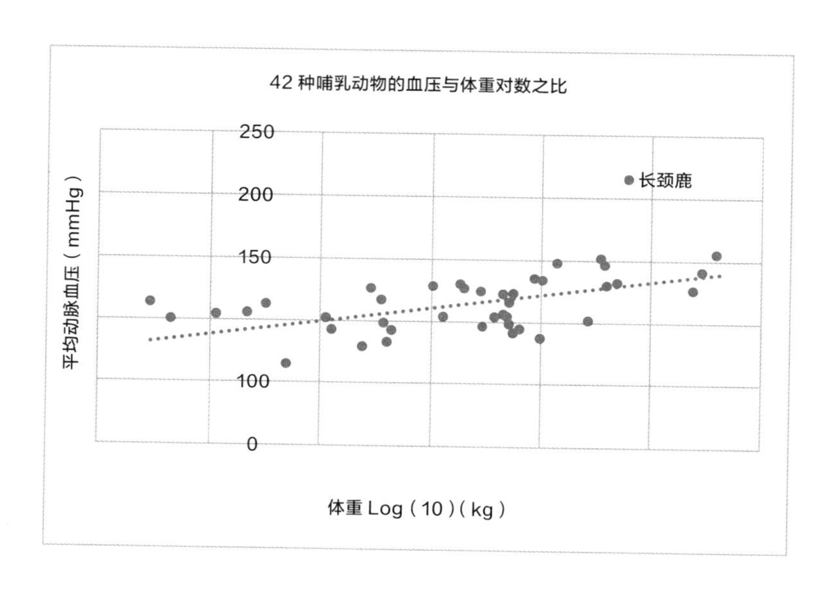

我绘制了从小鼠到大象等一系列哺乳动物的平均动脉血压与体重对数的关系图[10]。这里最好使用体重对数——否则很难将小鼠和大象放在同一页上，那样体重位于它们之间的动物的点就很容易散开[11]。图中虚线是最拟合数据的直线。这条线向上倾斜，表示体型较大的动物血压往往较高。代表大多数物种的点都非常接近这条线，这意味着它们的血压接近其体重对应的典型值。但长颈鹿是个显著例外，它远远高于这条线。也就是说，它的血压远远高于同体型动物的“应有”水平。令人惊讶的是，有其他证据表明，长颈鹿的心脏并不是特别大[12]。在进化过程中，长颈鹿的心脏需要与其巨大的食草用内脏共用体腔，这似乎阻碍了心脏的增大。长颈鹿以另一种方式实现了超高的血压，即提高心肌细胞的密度，这种改进可能需要付出代价。虽然没有亲眼看过雷龙的心脏，但我们可以预测代表雷龙的点也会远远高于爬行动物的相应图表中的线。

未知动物的牙齿能说明很多问题。我们还能看到这些牙齿化石堪称幸运，因为牙齿必须足够坚硬才能咬碎食物，也因为足够坚硬，它们才能在化石记录中独当一面。一些重要的灭绝物种的相关信息只能从其牙齿中窥得一二。在本章接下来的内容中，我们将以牙齿和其他生物用到的食物加工装置为例。看看右图中这个古老的头骨吧。你首先会注意到它那可怕的犬齿。你可能会通过逆向工程推导出这些牙齿被用于与对手搏斗或刺死猎物并牢牢咬住它们。为了进一步证明这一点，你可能会观察下颌后部附近的其他牙齿，也就是臼齿。它们不像我们或马的同种牙齿那样表面啮合，而是在下颌闭合时像剪刀一样相互剪切。它们似乎是用来切割而不是用来研磨的[13]。这说明它们是“食肉动物”。嗯，这很明显。但之所以明显，是因为我们擅长直观的逆向工程，并且我们有狮子和老虎这样的现存大型食肉动物作为对比。把推理过程说清楚并没有坏处。

剑齿猫科动物的头骨化石

也许是因为动物本身就是肉构成的，所以它们发现肉类相对容易消化，由此导致食肉动物的肠子往往相对短一些。当你把一只未知动物交给 SOF 调查时，如果这只动物的肠子很长，那就是在暗示她这是一只“食草动物”。我会稍后再谈这个问题。另外，肉类在消化前需要用牙齿进行的预处理相对较少。切下大块的肉，整吞下去就足够了。植物性食物因不会逃跑而更容易获取，但加工起来却很难，这也是植物的一种弥补方式。植物细胞与动物细胞不同。它们的细胞壁很厚，由纤维素和硅组成[14]。由于这个原因——还有其他一些原因——食草动物需要在食物进入肠道之前把它们磨成小块，以便在肠道中通过化学反应将其进一步分解成更小的碎片。食草动物的牙齿是磨石，就像上帝的磨坊一样，磨得很慢，但磨得非常细。食肉动物的牙齿不像磨石，也不会研磨，它们负责的是切割、剪断纤维组织。

通过观察上页图中头骨的后齿，我们证实了先前从其匕首状犬齿中得出的初步推断，并令人信服地对我们这个可怕的标本进行了逆向工程，识别出了它所讲述的关于食肉动物祖先的故事。再来看看头骨的其他部分，我们注意到下颌的关节只允许颌部上下运动，适合剪切食物，而不允许其进行碾磨食物所需的左右运动。说“上下运动”显得过于温文尔雅了，因为颌部张开时，这张血盆大口足以令人生畏。你一定猜到了，这是一只剑齿猫科动物的头骨，剑齿猫科动物通常被称为剑齿虎，不过也可以被称为剑齿狮。这是一种大型猫科动物，学名刃齿虎（*Smilodon*），与任何一种现代大型猫科动物都不相似。在刃齿虎的时代，美洲曾有真正的狮子，不过已经灭绝，这种狮子比刃齿虎大，也比现存的非洲狮大。

刃齿虎如何使用这些可怕的獠牙？值得注意的是，在现代食肉动物中，猫科（Felidae）的犬齿比犬科（Canidae）的长得多[15]，尽管这些牙齿被称为“犬齿”。一个合理的解释是，犬科动物大多是追逐者，它们会将猎物追得精疲力竭。当它们最终追上猎物时，可怜的猎物已经无力逃脱，杀死猎物不成问题，只要开始大快朵颐就行了！而另一边，猫科动物往往是跟踪者和伏击者。当它

云豹

们第一次扑向猎物时，猎物还精力充沛，而且有很强的逃脱能力。因此猫科动物希望要么迅速给猎物致命一击，要么牢牢咬住猎物令其无法逃脱，而具有穿透力的长犬齿能同时满足这两种需求。在现存的猫科动物中，云豹的犬齿最接近刃齿虎的。云豹大部分时间都待在树上，俯冲扑向猎物。这种长而锋利的“匕首”特别适合用来以居高临下的方式出击，并以出其不意的方式制服猎物，而非在激烈的追逐中耗尽猎物的体力[16]。

再看看这个刃齿虎头骨的其他部分，我们注意到它的眼窝朝向前方，这表明刃齿虎具有双眼视觉，这对扑杀猎物很有用，但不利于发现从背后悄悄靠近的危险。不过刃齿虎不需要看向背后。食草动物的祖先之所以能传下血脉，是因为它们能注意到那些潜在的杀手，它们的眼睛往往是侧视的，几乎有 360° 的视野，可以发现从任何方向潜行而来的捕食者。

现在，再来看看下面这个头骨。它显然与刃齿虎的头骨截然不同。它的眼窝朝向一侧，好像在扫视四周是否有危险，而不是特别关心前方是什么。这可能是一种害怕被捕食的动物。前面的门齿看起来很适合切割草类。而最引人注目的是后齿。它的后齿是宽大的磨齿，而不是锋利的切齿，当下颌闭合时，它们可以与相对应的牙齿精确地啮合。它们的整体形状和衔接方式非常适合将植物性食物磨成碎块，这再次证实了人们的猜测，即这种动物的基因存在于富含草类或其他植物性食物的世界中。与刃齿虎不同，它的下颌除了可以上下运动，还可以左右横向运动，这是一种很好的碾磨动作。这块化石来自上新马（*Pliohippus*），一种生活在上新世的已灭绝马类，它对刃齿虎可能深怀恐惧。

上新马的头骨化石

肉食性剑齿虎和草食性马的头骨形成了鲜明的对比。有一种名叫剑齿类龟兽（*Tiarajudens*，也称“提氏齿兽”）的动物，我们过去称此类动物为似哺乳类爬行动物（现在我们称它为早期哺乳类），它们大约在 2.8 亿年前，在恐龙的伟大时代到来之前繁盛一时。它有令人印象深刻的剑齿式犬齿，这表明它的食谱类似于刃齿虎这种可怕的猫科动物。但它的后齿表明，和其他与它有亲缘关系的动物一样，它实际上是一种食草动物。于是，我们遇到了一个不匹配的问题。为什么有着碾磨式后齿的动物会有像刃齿虎那样的犬齿呢？也许剑齿类龟兽是一种食草动物，之所以装备匕首般的犬齿，是为了抵御捕食者。或者，也许就像现代海象一样，这对牙齿是为了对抗同类的竞争对手，就像大象使用巨大的象牙所做的一样（不过大象的象牙是增大的门齿，而不似海象那般是犬齿）。

海象

人们曾看到海象用它们的獠牙（上犬齿）将自己从水里“撬”出来，或在冰上打洞。无论如何，剑齿类龟兽仍是一个警示，告诫人们不要过分热衷于盲人摸象式的武断逆向工程，不过在这个例子中，我们“摸”的是犬齿。

一些哺乳动物以昆虫为食，如鼩鼱和小蝙蝠，海豚则吃鱼为生。虽然从理论上讲它们是肉食性的，但这些食物对牙齿的要求是不同的。食虫动物的牙齿既不是磨具，也不是切割刀，而是穿刺器。它们往往有锋利的尖端，非常适合刺穿昆虫的外骨骼。如果 SOF 手中的未知标本长着像这只刺猬的牙齿一样的穿刺牙齿，她就会怀疑它的祖先是以昆虫和其他节肢动物为食的。没错，但它们也喜欢吃蚯蚓，特殊情况下也会吃点蚂蚁和白蚁（见下文）。

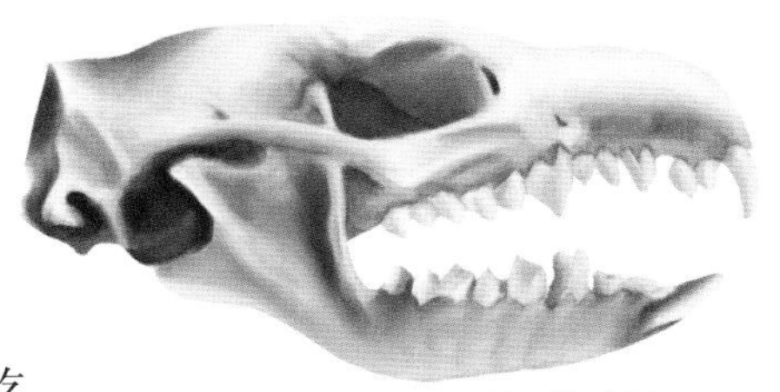

刺猬的头骨

下图是海豚和印度鳄的头骨，展示了典型的食鱼动物的牙齿和下颌。这两种食鱼动物，一种是哺乳类，一种是鳄目类，两者独立进化出了几乎相同的牙齿和下颌形状，这就是趋同进化的一个例子（这是第5章的主题）。对于这种趋同相似性，用逆向工程如何解释呢？食鱼动物与狮子等动物不同，它们的体型通常比猎物大得多。它们不需要研磨、切割或刺穿猎物。它们的猎物足够小，可以整个吞下[17]。长排的小尖牙可以很好地锁住软滑的鱼，防止其逃脱。细长的下颌则可以紧紧咬住鱼，而不会因为捕食者自己喷出一股水流使猎物脱离险境。

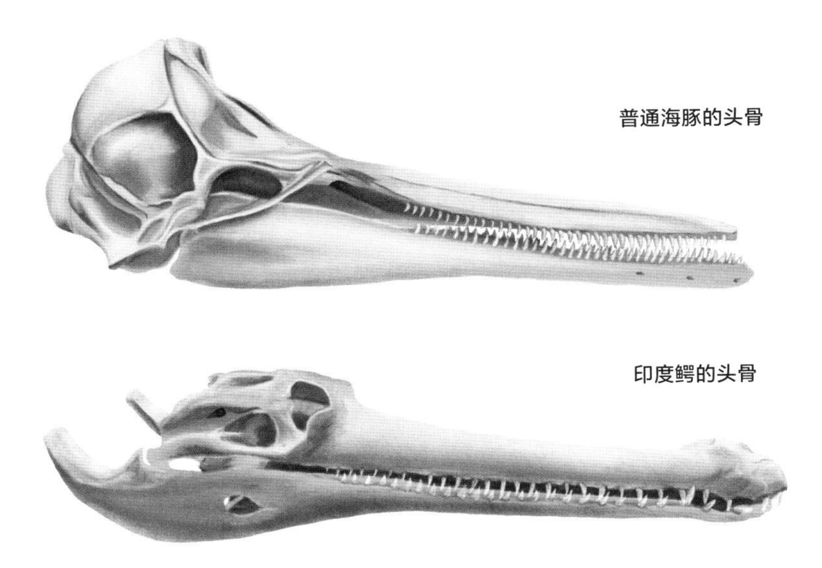

普通海豚的头骨

印度鳄的头骨

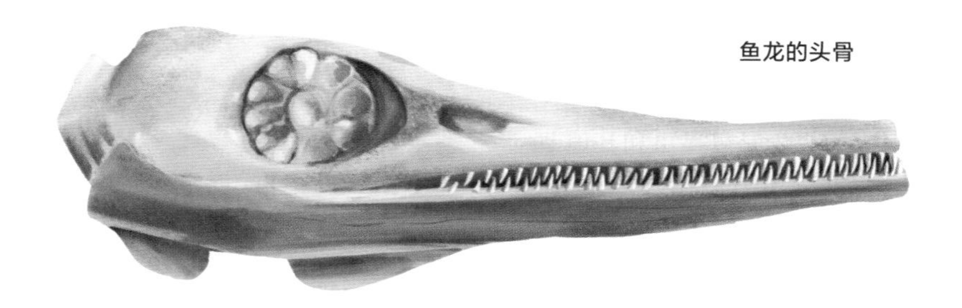

鱼龙的头骨

如果你有幸偶然发现了像上图这样的化石，你就可以学以致用，推测这是一种食鱼动物。这就是我们在第 3 章中见过的鱼龙，它是恐龙的近亲，是比最后一种恐龙更早灭绝的一大类群中的一员。不管是逆向工程，还是其与海豚和印度鳄头骨图片的对比都清楚地告诉我们：它的祖先以鱼为食。

虎鲸和抹香鲸可以被看作巨型海豚。它们也吃比自己小的猎物，也有一排长长的像海豚一样的牙齿，但尺寸要比海豚的大得多。抹香鲸的牙齿只长在下颌（很少长在上颌，我们可以把其上颌的牙齿看作一种残留的遗迹）。虎鲸上下颌部都有牙齿。所有其他大型鲸类，即所谓的须鲸，都是滤食性动物，筛滤磷虾（甲壳类）等为食。它们根本没有牙齿（不过，有趣的是，它们的胚胎有牙齿，但从未使用过）。它们巨大的须状过滤器由角蛋白构成，类似蹄、指甲和犀牛角的成分。逆向工程师可以毫不费力地解析出须鲸类似拖网渔船的捕猎机制。实际上，它们比拖网渔船更厉害，因为它们会瞄准一大群磷虾，把它们与大量的海水一起吞下去，然后通过鲸须把海水排出来，把磷虾困在自己的消化道内。

蚂蚁和白蚁数量巨大。这意味着那些能够穿透蚁巢坚固防御的行家可以攫取到刺猬这样的普通食虫动物难以获取的大量食物。这些动物的牙齿都相应地特化了。顺便说一句，白蚁并非真蚁，但喜欢吃蚂蚁和 / 或白蚁的哺乳动物都被称为食蚁兽。南美洲有 3 种食蚁哺乳动物，即大食蚁兽、小食蚁兽和侏食蚁兽，它们的英文名字里都有 anteater（食蚁兽）。

大食蚁兽

大食蚁兽的拉丁属名是“*Myrmecophaga*”，这个词在希腊语中就是“食蚁兽”的意思。你一定已经得出结论，既然还有其他哺乳动物专门吃蚂蚁，那么“食蚁兽”并不是一个分类群的好名字[18]。我将用首字母大写的该单词表示南美洲的三种食蚁兽，而用全小写单词表示其他吃蚂蚁（或白蚁）的哺乳动物①。

南美食蚁兽将食蚁的习性发挥到了极致。下页顶部展示了其中两种食蚁兽——小食蚁兽和大食蚁兽的头骨。请注意，它们的口鼻部（吻部）极度延长，而且完全没有牙齿。你几乎看不出大食蚁兽的头骨是一种头骨。其他“食蚁兽”也都表现出同样的特征，只是程度较轻。穿山甲没有牙齿，口鼻部长度中等。犰狳的口鼻部较长，牙齿较小。非洲的土豚有后齿，但其长长的口鼻部的大部分部位没

① 在译文中，不带引号的“食蚁兽”指南美洲的三种食蚁兽，带引号的“食蚁兽”则表示其他食蚁（以及白蚁）哺乳动物。

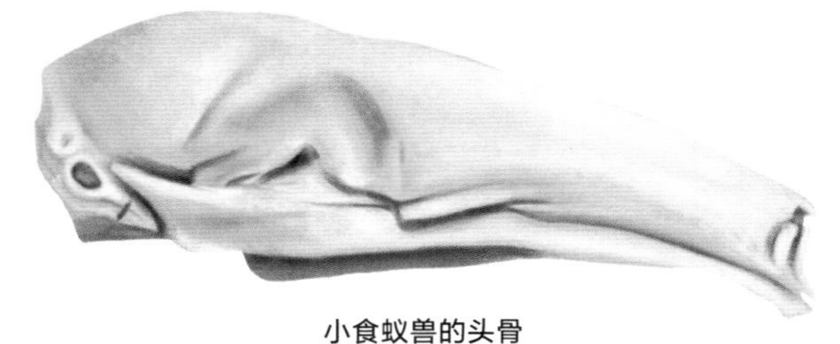

小食蚁兽的头骨

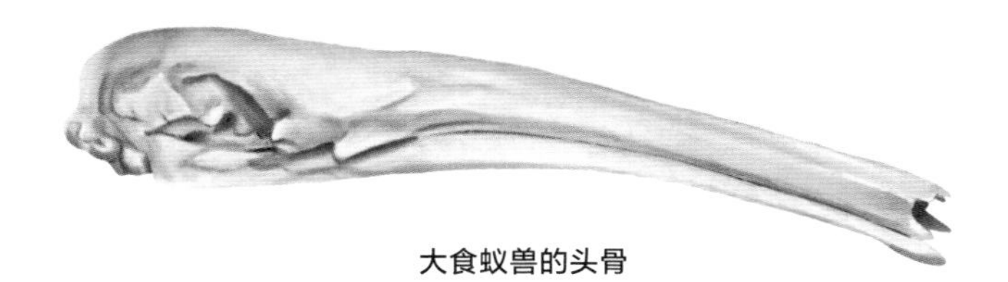

大食蚁兽的头骨

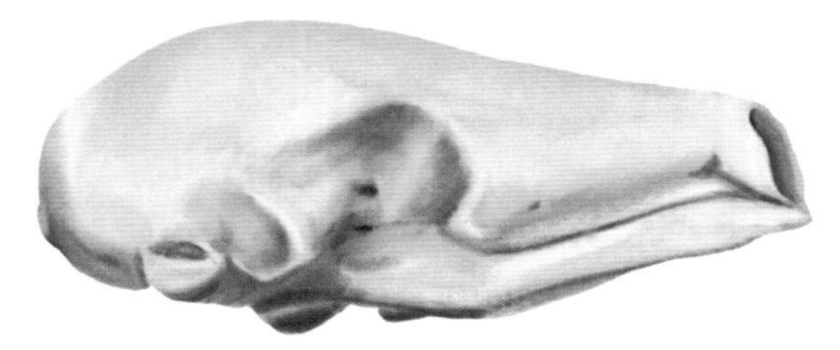

穿山甲的头骨

犰狳的头骨

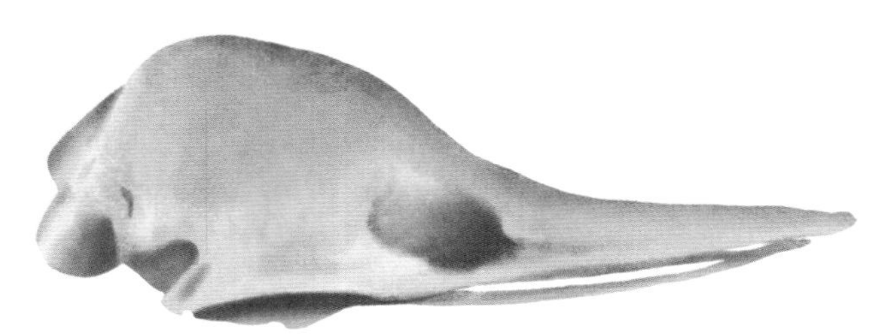

针鼹的头骨

有牙齿。澳大利亚的“袋食蚁兽”（*Myrmecobius*）有一个又长又尖的头。它有牙齿，但除了在幼年期外不用牙齿来吃东西。成年“袋食蚁兽”似乎只用牙齿移动和准备筑巢材料。

分布于澳大利亚和新几内亚的针鼹（*Tachyglossus*）是一种与上述所有动物都相去甚远，但仍属于哺乳动物的“食蚁兽”。它和鸭嘴兽一样是卵生哺乳动物，是冈瓦纳古陆[19]上的似哺乳类爬行动物的孑遗。虽然针鼹和鸭嘴兽有着许多共同的深层重写本特征，但与鸭嘴兽不同的是，正如针鼹的英文名字“spiny anteater”（带刺食蚁兽）所暗示的那样，它以蚂蚁和白蚁为食。它那看起来相当怪异的头骨，的确有细长的口鼻部，而且没有牙齿。不过，我们也不要因此就妄下结论。与其有亲缘关系的长吻针鼹（*Zaglossus*）也有一个偏长的鼻子，而长吻针鼹除了蚯蚓几乎什么也不吃。由此可见，在我们贸然得出“长鼻”一定意味着“食蚁”的结论之前，我们必须小心谨慎。“食蚁”并不是唯一一种能够在重写本中写下“长鼻”这一特征的习性。

SOF 还能用什么来断定一种动物是食蚁动物呢？我们已经见过南美洲的大食蚁兽那极度细长的头骨，它还有一条硕大的有黏性的舌头，当它用可怕的爪子扒开蚂蚁或白蚁的巢穴时，舌头可以伸出 60 厘米长。大量昆虫会被粘在舌头上[20]，并在舌头收回后、再次伸出之前被吸进食蚁兽的消化道。尽管它的舌头很长，但能以每秒两次以上的高频伸出和收回。虽然没有一种动物的舌头能与食蚁兽的相提并论，但在土豚和与土豚无亲缘关系的土狼身上也可观察到值得称道的长而富有黏性的舌头，它们的进化过程是趋同的。与鬣狗科的其他成员不同，土狼喜食白蚁。穿山甲也进化出了长长的黏性舌头。大穿山甲的舌头长达 40 厘米，附着在骨盆附近，而不是像我们一样附着在喉咙的舌骨上。穿山甲的舌头可以伸到蚂蚁窝深处，娴熟地穿过迷宫般的隧道，左右腾挪，不放过任何一个可以探索的地下通道。小食蚁兽也有一条长长的黏性舌头，但在这一例子中，它们的进化并不是独立于大食蚁兽的。这两者肯定是从同样身为“食蚁兽”的共同祖先那里继承的这条长舌。产卵的针鼹也有一条长而黏的舌头，而且真的是趋同进化所致。“袋食蚁兽”的舌头也是如此。

食蚁类哺乳动物在生理上也有相似之处，特别是低代谢率和低体温，它们趋同进化的次数之多足以给我们假想中的 SOF 留下深刻印象。然而，新陈代谢率低并不是食蚁动物的独有特征。树懒的新陈代谢率也很低，这个称呼可谓名副其实。考拉（树袋熊）也是如此，你可以把考拉视为一种有袋的树懒。这两种动物都生活在树上，食用相对没有营养的树叶。它们行动缓慢，甚至可以说是无精打采。不过，两者的趋同性并没有延伸到消化道的另一端。考拉每天排便 100 多次，而树懒则是另一个极端，它们大约每周只排便一次，也许是因为它们要费力地从树上爬下来才能排便。

我的一些逆向工程猜想可能是错误的。它们只是临时充数，为的是说明一个问题：如果被正确解读，动物的牙齿可以为我们讲述故事。在许多情况下，这是一个关于古老草原或繁茂森林的故事。或者，如果它的牙齿与刃齿虎或云豹的牙齿相似，它们就会向我们讲述一个关于伏击和潜行的故事。毫无疑问，如果我们能读懂它们，我们发现的每一颗牙齿都能让我们更深入地了解那些更具体、更详细的故事。牙齿，是远古历史的上了釉的档案。

牙齿是消化传送带上的第一个食物处理器。食肉动物和食草动物之间的明显差异还会一直延续到肠道。按单位重量计算的话，植物的营养价值不如肉类，因此，以奶牛为例，它们需要持续不断地吃草。食物像滚滚溪流一样流过它们的身体，它们每天要排大约 40~50 千克的粪便。植物性食物与这些食草动物自身的身体在构成成分上有很大的不同，因此食草动物需要一些“化学专家”的帮助来消化这些食物。这些专业化学家包括细菌、古菌（以前被归类为细菌，但实际上与细菌相去甚远）、真菌和（曾被我们称为）原生动物（的生物）。其中一些化学专家在动物出现约 10 亿年前就已经开始磨炼自己的相关技能了。牛和羚羊等反刍动物的发酵方式与马和兔子的不同，而且发酵位置位于肠道的不同末端，但它们都依赖微

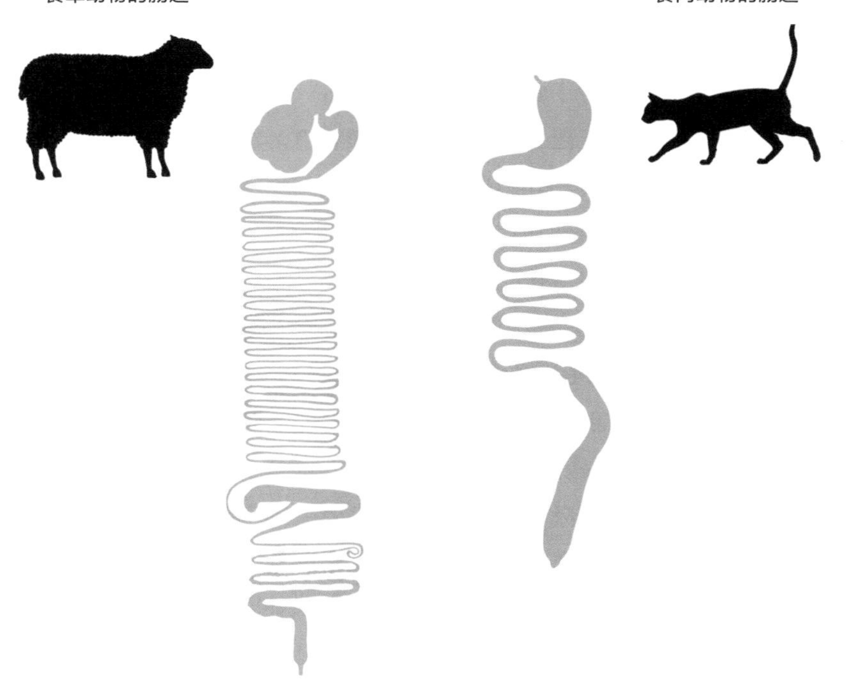

生物的帮助。如上所述，食草动物的肠道比食肉动物的长，它们的肠道有复杂的死路和发酵室，专门用来容纳共生微生物。反刍动物还有一个额外的复杂功能，那就是在吞下食物后，还要把食物送回口中，用牙齿进行再加工，这就是反刍。

南美洲有一种叫麝雉的鸟，只吃树叶。这是唯一一种只吃树叶的鸟。而且这是一个趋同进化的例子，我们将在下一章中讲到这一过程。这种鸟与反刍哺乳动物很相似，有很多小肠腔，里面住着细菌，这些细菌掌握着消化树叶所需的化学专业技能。顺便提一下，有一个广为流传的迷思，说麝雉在鸟类中独一无二，因为它的翅膀前端保留着古老的爪子，就像侏罗纪时期的中间形态始祖鸟（*Archaeopteryx*）一样。不过正如戴维·黑格（David Haig）向我指出的那样，麝雉雏鸟的翅膀确实有原始的爪子，但许多其他鸟类的雏鸟也有，这种迷思式的模因在生物学家和神创论者中都很流行，前者希望论证始祖鸟是“进化中间体”，而后者则希望驳倒这一点。

但没有一种动物是为了原始而原始，也没有一种动物是为了作为进化的中间体而存在。翅上的爪子对雏鸟很有用，当它们从树上掉下去时，可以用这些爪子爬回树上。

同样，动物也不会为了“迈入进化的下一阶段”而存在。生活在泥盆纪的提塔利克鱼被广泛认为是鱼类和陆地脊椎动物之间的过渡物种。也许是这样没错，但过渡性并不是谋生之道。提塔利克鱼是一种有生命、会呼吸、会进食、会繁殖的生物，我们应该把它作为这样一种生物进行逆向工程，而不是把它视为通往更优生物的中途阶段。

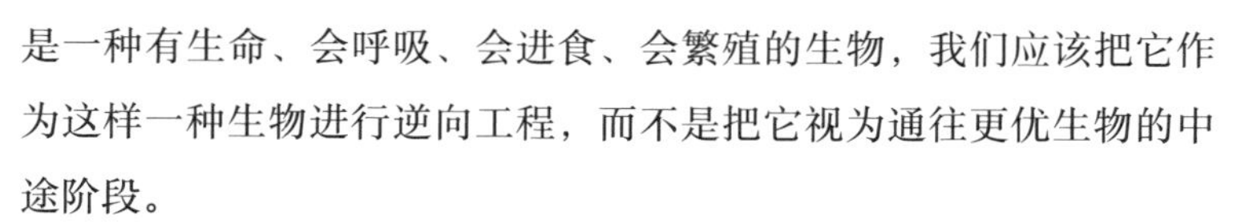
提塔利克鱼

那我们人类自己的牙齿和下颌、我们自己的内脏，以及我们近亲的这些器官又是怎样的呢？它们讲述了哪些早已逝去的祖先进食的故事？将我们的智人（*Homo sapiens*）世系与已灭绝的类人猿，如粗壮种傍人（*Paranthropus robustus*）和东非人（*P. boisei*）——此二者也被统称为粗壮型南方古猿——进行比较后发现，随着时间的推移，我们智人世系的颌骨和牙齿都有明显的萎缩趋势。这些健壮的古人类的肋骨腔可以容纳一套巨大的素食肠道。它们显然不像我们这样频繁吃肉。它们拥有硕大的植食性磨牙、有力的研磨用颌部以及相应的强大的颌部肌肉。尽管这些肌肉本身没有变成化石，但它们的骨质附着物，有时会像大猩猩的一样形成一个垂直的（“矢状”）嵴[①]，以增加它们的附着力，这些特征雄辩地向我们讲述了这些类人猿世代进食植物粗粮的故事。我们自己的下颌肌肉没有延伸到这么高的位置，头骨也少见矢状嵴。

① 矢状嵴是在头骨额顶部中央沿矢状方向出现的嵴形结构，常见于许多哺乳动物和爬行动物，这些动物通常有非常强健的咀嚼肌（颞肌）。在人类的进化过程中，这种结构曾出现在一些早期的类人猿，如傍人中。这似乎说明它们具有强大的咀嚼能力。然而，随着人类食性的改变和食物加工技术的进步，强有力的咀嚼肌不再是生存的必要条件，因此现代人的头骨少有这种结构。

灵长类动物学家理查德·兰厄姆（Richard Wrangham）提出了一个耐人寻味的假设，即烹饪的发明是人类独特性和成功的关键[21]。他提出了一个令人信服的理由，即我们的下颌、牙齿和内脏都已被削弱，既不适合肉食性饮食，也不适合植食性饮食，除非我们的食物中有很大一部分是煮熟的。烹饪能让我们更快、更有效地从食物中获取能量。在兰厄姆看来，正是烹饪导致人类大脑在进化过程中急剧增大，而大脑是迄今为止最耗能的器官。如果他是对的，这就是一个很好的例子，来说明文化的改变（驯服火）是如何带来进化后果（颌骨和牙齿的缩小）的。

绝大多数鸟类没有牙齿，也没有骨质下颌。有一种听起来令人吃惊的论点认为，它们可能是为了减轻重量而用轻巧的角质喙来取代牙齿，毕竟重量对飞行动物来说是一个重要因素。“喙部”一词可用于指代鸟喙的两个部分——上喙和下喙。喙可以撕裂食物，但不能咀嚼。鸟类的砂囊所发挥的作用相当于咀嚼。砂囊是肠道中一个肌肉发达的腔，通常内含坚硬的胃石——鸟类吞下的石头或沙粒，帮助它们碾磨食物。鸵鸟吞下的石头相当大，直径可达 10 厘米。由于不会飞，它们不必太担心体重问题。研究人员在一些鸟类化石（如新西兰的巨型恐鸟化石）中发现过更大的石头，这些石头也被认为是胃石，因为其表面经过抛光——砂囊的研磨作用所致。

喙的形态可谓千差万别，有力地向我们展示了它们获取食物的不同方式。有人把鸟喙的多样性比作机械师工具包里的一套钳子。尖喙可以精细挑选小目标，如单粒种子或幼虫。鹦鹉的喙就像坚硬的坚果钳或大型种子粉碎器，弯曲的上喙及其尖端还可以发挥手的一些作用。我们经常可以看到笼养鹦鹉爬到铁栏杆上，用喙把自己撬起来，就像用手攀爬一样。在野外，它们也会在树上使用同样的技巧。蜂鸟的喙是用来吸食花蜜的长管。外形凶猛的钩状鹰喙能从尸体上撕下肉来。啄木鸟的喙就像大功率的风钻，可以有节奏地敲击树木，寻找幼虫，且它们的头骨经过特别加固，可以承受这种锤击的冲击力。火烈鸟的喙是针对小型甲壳动物的倒置过滤器，是鸟

1.
2.
3.
4.
6.
5.
1. 金刚鹦鹉
2. 交嘴雀
3. 琵鹭
4. 鹰
5. 剪嘴鸥
6. 蜂鸟

类世界中最接近鲸须的喙。蛎鹬用尖长的喙凿食蚌和其他贝类。杓鹬用喙探寻泥土中的蠕虫和贝类。琵鹭有扁平的桨状喙，它们用喙左右扫动，同时用爪搅动泥浆，使潜伏在泥浆中的小动物暴露出来。剪嘴鸥的喙更加特殊，其下喙比上喙长。这种鸟儿紧贴水面飞行时，嘴巴张开，下喙尖端掠过水面。当它碰到鱼时，喙就会闭合，将鱼困住。鹈鹕的喙下有一个巨大的喉囊，可以网住鱼。

由亲鸟喂养的雏鸟除了张大嘴巴外，根本不需要用喙做任何事情。它们的喙出奇地宽，里面颜色鲜艳——如同广告设计般花里胡哨，目的是与兄弟姐妹争夺父母提供的食物。其与同类成鸟在喙上的巨大差异提醒我们，雏鸟的需求可能与成鸟的大相径庭。毛虫和蝴蝶、蝌蚪和青蛙，以及其他许多例子都证明了这一点，在这些例子中，幼体占据的生态位与成体的完全不同。

交嘴雀的上下喙奇特地交叉在一起，可帮助它撬开松果的鳞片。食虫鸟类的喙与食籽鸟类的喙形状不同，吃不同大小种子的鸟类的喙也不同，从逆向工程的角度来看，这些差异的存在是完全合理的。这类进化差异正是彼得·格兰特（Peter Grant）和罗斯玛丽·格兰特（Rosemary Grant）及其合作者的研究主题。他们在科隆群岛的一个小岛上对“达尔文雀”进行了一项出色的长期研究[22]。

科隆群岛与夏威夷群岛一样，是达尔文进化论的太平洋岛屿展示地。这两个岛链都是

大嘴地雀

中嘴地雀

小嘴树雀

绿莺雀

夏威夷旋蜜雀

莱岛拟管舌雀

莫岛管舌雀（已灭绝）

镰嘴雀

镰嘴管舌雀

火山活动形成的，按照地质标准来说都很年轻。夏威夷生物的不同之处在于它们更容易受到人类及其带来的入侵物种的污染。夏威夷旋蜜雀进化分化（右图）出各种各样的喙，其多样性甚至超过了达尔文雀（上页图）[23]。这种雀类现存18种（灭绝数量是现存数量的两倍多），显然都是同一种亚洲雀的后代，其外形可能和达尔文雀并无二致。在如此短的时间内竟进化出如此多类型的喙，确实令人惊叹[24]。

其中一些鸟保留了祖先吃种子的习性，看起来仍然像雀类，长着粗短的喙。另一些则改变了它们的喙，以采蜜，它们的喙就像非洲的太阳鸟的，而不像新世界的蜂鸟的。还有一些鸟的喙向下弯曲，可以用来探寻昆虫。其中，镰嘴管舌雀长有锋利、粗壮、如刺般的下喙，可以刺入树皮。在刺入过程中，被搁在一边的弯曲上喙开始行动，从裂缝中探寻昆虫。毛岛鹦嘴雀则用强有力的卡钳状喙敲碎树枝，撕开树皮寻找昆虫。

苍鹭的喙就像长长的鱼叉，可以骤然精准地刺进水中。非洲黑鹭会用翅膀遮蔽视线中的阳光，以免被水面波纹的反光干扰。将黑色的翅膀撑在身体两侧的夸张造型，不禁让人想起维多利亚时代情节剧中披着黑色斗篷的恶棍。

从水面上用鱼叉捕鱼会遇到的另一个问题是，光的折射现象会使水中船桨看起来弯曲，也会使目标偏离。有证据表明，为解决这个问题，苍鹭和翠鸟会调整它们瞄准的位置。东南亚的射水鱼也面临同样的问题。它们潜伏在水下，突然喷出水柱，射落栖停在水面上方树枝或树叶上的昆虫。这本身就是一项惊人技艺。更难能可贵的是，它们似乎还能减少折射现象的干扰，就像苍鹭一样，只不过是从相反的方向。

逆向工程是我们解读动物身体的一种方法。另一种方法则是将其与其他动物进行比较，包括有亲缘关系和无亲缘关系的动物。在本章中，我们在一定程度上也使用了这种方法。当彼此没有亲缘关系的动物的“遗传之书”写出关于其环境和生活方式的相同信息时，我们便称之为“趋同”。我们将在下一章中看到，趋同带来的相似性可能非常惊人。

第 5 章

共同的问题，共同的解决方案

本书的主要论点是，每一种动物都是对其祖先身处世界的书面描述。它建立在一个隐含假设之上——好吧，也不是很隐蔽——自然选择是一种无比强大的力量，可以从最微小的细节出发将基因库雕琢成形。正如我们在第 2 章中所看到的，自然选择力量强大的最令人信服的证据之一便是完美的伪装，即一些动物凭借完美的细节表现出与它们（祖先）所处的环境，或者与该环境中的某个物体的相似。而同样令人印象深刻的是，一种动物与另一种无亲缘关系的动物在细节上相似，只因两者的生活方式趋同。马特 · 里德利（Matt Ridley）的《创新的起源》一书记录了人类最伟大的创新是如何由不同国家的发明家在对彼此的努力一无所知的情况下独立完成的[1]。自然选择推动的进化也是如此。本章讲述的趋同进化便可作为自然选择力量的有力见证。

尽管表面上看起来类似，但下页上方的这种动物并不是狗。它是一种与狗毫无亲缘关系的有袋动物——袋狼（*Thylacinus*，也称塔斯马尼亚狼，还被称为塔斯马尼亚虎，原因无非是它身上也有条纹）。

袋狼

塔斯马尼亚政府曾在1888年对袋狼的头颅发出悬赏，（事后看来）这是对大自然犯下的滔天罪行。1930年，一个叫威尔弗·巴蒂（Wilf Batty）的人射杀了一只野生袋狼，也许那是最后一只被人类观察到的野生袋狼，这让他声名狼藉。他肯定知道野生袋狼几近灭绝，但当时他并不知道死在他枪下的可能是最后一只。我想在1930年，人们还对这些事情漠不关心，这就是我所说的道德思潮转变的一个生动例子。按通常的说法，名为本杰明的人工饲养袋狼在霍巴特动物园一直活到了1936年[2]。袋狼是最著名的趋同例子之一。它长得像狗，因为它的生活方式与狗相同。尤其是它的头骨与狗的头骨非常相似，以至于分辨两者成了动物学考试中最常出现的一道难题。我在牛津的那一年，教授们给了我们一个真正的狗头骨，想通过玩那套“实则虚之，虚则实之”的把戏，诓骗我们不假思索地选择“袋狼”这个选项。

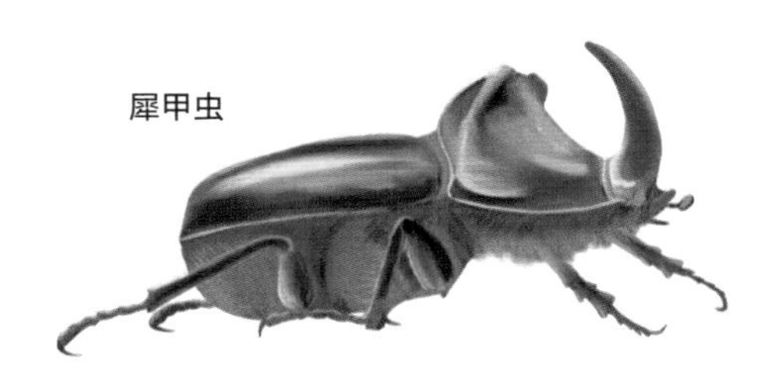

犀甲虫

你绝不会把上面这只甲虫误认为犀牛。但如果你看到两只犀甲虫打架，再去看两只犀牛打架，你就会意识到，趋同可以跨越体型的多个数量级。打斗就是打斗，无论打斗者的体型大小如何，“犀角”都是一件得心应手的武器。同样的道理也适用于锹形虫（鹿角虫）和雄鹿，只是它们的角比犀角多了一些夸张的修饰。此外，锹形虫可以用其“鹿角”将对手高高挑起，而雄鹿却做不到。[3]

豚鼠

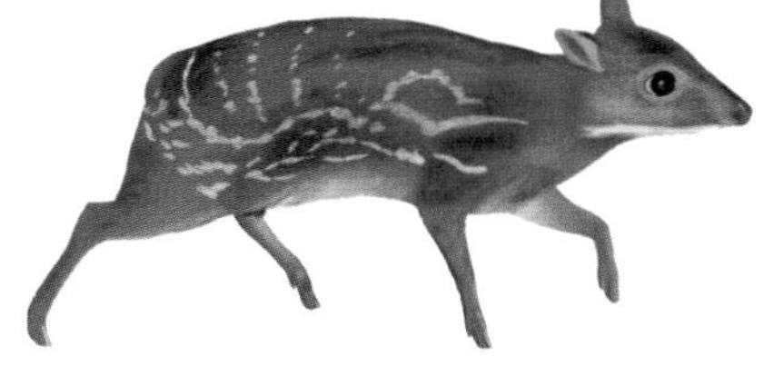

鼷鹿

上图左边是一种来自南美洲和中美洲热带雨林的啮齿动物——豚鼠，右边是鼷鹿，又称“鼠鹿”，是一种生活在旧大陆森林中的偶蹄动物。这两者长得很像，因为生活方式相似，只不过在非洲，这个生态位由一种小型有蹄动物填补，而在南美洲，则由一种大型啮齿动物填补。

犰狳是生活在南美洲的一种哺乳动物，身披盔甲以抵御捕食者。受到威胁时，它们会卷成一团。右下图所示为三带犰狳，它卷起来的时候特别优雅紧凑。《牛津英语词典》在其中一段说明性引文中语带惊人地记载道：“以前，犰狳可入药，卷起来可以当药丸吞服。”这可太夸张了！不过你得意识到，在这段写于 1859 年的引文中，“犰狳”一词指的不是一种哺乳动物，而是一种与其趋同的甲壳动物——卷甲虫，其拉丁属名“*Armadillidium*”的意思便是“小犰狳”。“armadillo”（犰狳）本身是一个西班牙语单词，是“armado”（武装）的指小词[①]。因此，“*Armadillidium*”是指小词的指小词，是双重指小词。这种共同的名称说明了趋同进化的力量。正如它的俗称“丸

① “指小词”是一种语言现象，也称“小称”，主要用于表达亲切感和怜爱之意，或者用来指较小的人和物。指小词通常带有“小”或“微”的意思，有时用作昵称或爱称。这种词形在口语中非常常见，尤其是在拉美地区的西班牙语中。

虫”一样，在卷起来的状态下，你确实可以把一只卷甲虫整吞下去，至于它所谓的药用价值，我就不予置评了。哺乳动物犰狳和甲壳动物卷甲虫在进化过程中表现出趋同，它们独立地形成了相同的保护性习性，尽管它们体型迥异，但都把自己卷成了一个球。

拉丁语的优点是可以将英语等语言中可能需要三个词才能表达的意思浓缩成一个词。拉丁语甚至还有一个专门的动词“glomero”，意思是“我滚成一个球”[英语单词“conglomerate”（聚合物）和“agglomerate”（团块）就是由此而来]。而“*Glomeris*”（球马陆）是另一类把自己卷成球的动物的拉丁属名，在英语世界中俗称“药丸”。它不是甲壳动物，而是一种千足虫，即“丸千足虫”，是球马陆目（Glomerida）的成员。如果这还不够的话，还有两个不同目的千足虫物种已独立地趋同进化出了把身体卷成药丸状的习性。除了球马陆目，蟠马陆目（Sphaerotheriida，希腊语词，意为“球形兽”）的成员看起来也很像丸千足虫，事实上它们也很像卷甲虫，只不过体型更大。

丸鼠妇

丸千足虫

丸鼠妇（上图左）和丸千足虫（上图右）可能是我最喜欢的趋同进化的有力示例。当它们爬行或滚成一团时，你几乎无法分辨。但其中一种是甲壳动物，与虾蟹有亲缘关系，而另一种是多足动物，与蜈蚣有亲缘关系。为了确定哪个是哪个，必须把它们翻过来展开才行。甲壳动物每个体节只有一对足，总共七对。而千足虫的足更多，每节有两对。从这两种截然不同的“药丸”动物重写本的表层呈现上看，它们极其相似，因为它们以同样的方式在同样的环境中谋生。它们的祖先虽相去甚远，但在进化过程中却可谓殊途同归。

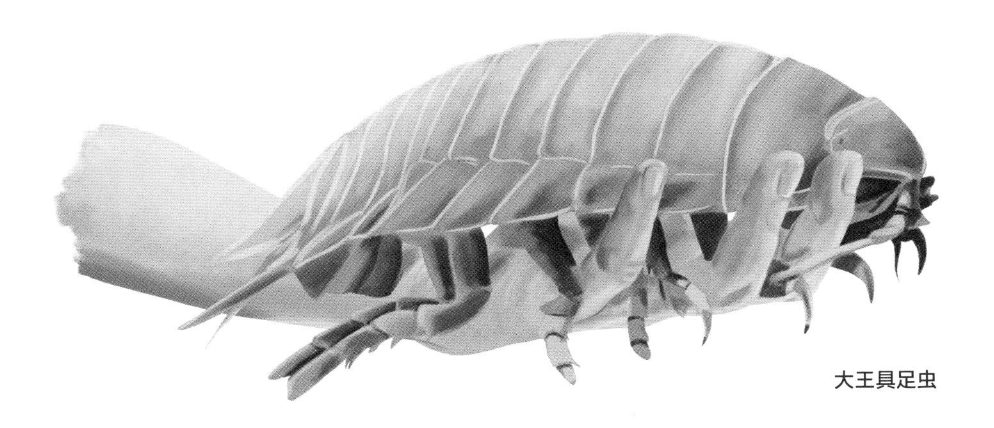
大王具足虫

从这两种动物的重写本深层文本中可以看出，其中一个明显是等足类甲壳动物，另一个则是多足类甲壳动物。等足类是甲壳动物中的一个重要类群，它们的一些成员会在海底长到惊人的体型。我将在下一章主要讨论甲壳动物时再次提到它们。

拉丁语并不是唯一一门以简朴著称的语言。马来语名词“pengguling”意为“卷起的生物”，穿山甲便是由此得名。我们在前一章中见到过穿山甲。你可能会把它误认作一个会自己动的大冷杉球果。它与任何其他哺乳动物的亲缘关系都不密切，而是自成一目，即鳞甲目（Pholidota）。这个名字来源于希腊语，意思是“覆盖着鳞片”，而穿山甲还有一个名字——“有鳞的食蚁兽”（scaly anteater）。其鳞片由角蛋白组成，动物的蹄子和我们的指甲也由角蛋白组成。它们没有犰狳的骨质甲片那么坚硬。

不过，说到将身体团成球，相比犰狳、丸鼠妇和丸千足虫，穿山甲可能更胜一筹。根据印度尼西亚西比路岛一位生物学家的报告，一只穿山甲从他身边跑过，到达陡峭山坡的坡顶，然后把自己团成一个球，以约 3 米 / 秒的速度滚下山坡，这速度是穿山甲奔跑速度的两倍[4]。这一事件的目击者认为，滚下山是其应对捕食危机的正常反应，我则不太情愿地想，这可能只是意外。

作为自我保护的措施，卷起身体的有效性似乎毋庸置疑。狮子会试图咬穿穿山甲，但徒劳无功。穿山甲面对捕食者时的那份淡定想必让其他动物啧啧称羡，也让人不禁要问，为什么其他遭遇猎杀的动物不学习乌龟或犰狳的叠甲防御策略，而是疯狂地逃窜呢？我想，盔甲的制造成本固然不低，但肌肉发达、跑得快的长腿也同样造价不菲。而且，如果所有的羚羊都放弃追求速度，改为身披铠甲，那么在进化军备竞赛中，狮子一方就会想出反击策略，这种说法不怎么靠谱，虽然有可能是对的。或许更合理的说法是，第一批披上简陋且仍不完备的盔甲的羚羊个体仍会遭受捕食者的攻击，而那些没有披甲、身轻体捷的竞争对手早已经一溜烟跑得不见踪影了。

对着穿山甲无从下口的狮子

趋同进化的两个最著名的例子是飞行和眼睛，对这两个例子，各位想必已经耳熟能详，无须赘述。物理定律允许生物通过消耗能量实现不确定时长的滞空，而翅膀已经被独立和趋同地发明了 5 次：昆虫、翼龙、鸟类、蝙蝠，以及……人类科技。

眼睛已经独立进化出数十次之多，有 9 种基本设计[5]。照相机、脊椎动物的眼睛和头足类的眼睛之间的趋同相似性早已家喻户晓。在这里，我只想提一下最明显的区别——脊椎动物的视网膜是向后倒装的，而软体动物的则并非如此，这是刻在重写本深层上的差异，也可以说是它们在胚胎学上的根本区别。脊椎动物的眼睛主要是由大脑向外发育而成的，而头足类的眼睛则是从外部内陷而成的。这种差异深藏在两者重写本最古老的底层文字之中。

有一个不那么被人熟悉的趋同的例子，那就是复眼。复眼也曾多次独立进化出来。一些双壳软体动物和一些管栖环节类蠕虫都有复眼。这些眼睛彼此趋同，并与甲壳类、昆虫、三叶虫和其他节肢动物更发达的复眼趋同。“照相机眼”有一个透镜，可将倒立的图像聚焦在视网膜上。复眼形成的图像（如果可以称之为图像的话）则是正向的。想想狩猎中的蜻蜓，它有一对大大的半球形复眼，每个半球都有一簇向不同方向辐射的“杆子”。某个杆子看到了目标，蜻蜓就会飞向那个方向以捕捉目标。

红头美洲鹫在南北美洲都很常见。它长得像秃鹫，行为像秃鹫，过着秃鹫般的生活，像秃鹫一样以腐肉为食，嗅觉比一般鸟类灵敏。但它不是秃鹫。或者更确切地说，它的进化路线独立于真正的秃鹫，却与之趋同。但是，谁又能说旧大陆的秃鹫（vulture）就比新大陆的“火鸡秃鹫”（turkey vulture，红头美洲鹫的英文俗名）更“正宗”呢？美国人对此的看法可能就与欧洲学者不同。让我们姑且都称它们为秃鹫吧，这也算是对趋同进化及其所体现的惊人误导能力的高度认可了。

接近新大陆豪猪后的狗

关于哪种豪猪才是“正宗的”豪猪的问题，我们也同样可以争论一番。旧大陆豪猪和新大陆豪猪都是啮齿动物。但在啮齿动物这个庞大的类群中，它们的亲缘关系并不是特别近，而且它们是彼此独立地进化出带刺防御系统的。第 91、92 页的两张图片，一张是一只即将被旧大陆豪猪教训的豹子，而另一张则是一只在新大陆豪猪那里遭了罪的狗。

豪猪并不会像传说中的那样射出自己身上的刺，但是这些刺确实有一种快速释放机制。如果不甚明智的捕食者骚扰豪猪，就会带着满脸的豪猪刺狼狈而回。新大陆豪猪的刺上还有向后的倒钩，这使得受害者忍受痛苦的时间变得更长[6]。旧大陆豪猪在其他方面都与新大陆豪猪趋同，但并不共有刺上倒钩这一细节。而在蜜蜂（美洲毒刺蜂）螯针的倒刺[7]上，这种细节是趋同的，只是规模要小得多。

试图接近旧大陆豪猪的豹子

蜜蜂的螯针与豪猪刺不同，是一种双重结构，它由两片带倒钩的“刃片”相互摩擦构成，毒液在两者之间流动。两片毒刃交错运动，以锯进受害者体内。两者上都有锯齿状的倒刺，就像新大陆豪猪刺上的倒刺一样。螯针是一种改良的产卵器，是产卵的管道，而豪猪刺则是经过改造的毛发。蜜蜂并不是唯一一种产卵器呈锯齿状的昆虫。不会蜇人的蝉类的产卵器上也有锯齿状突起，并且也会像蜜蜂那样，利用两片锯片交替运动，来把产卵器（产卵管）插入树中，然后在那里产卵。

蜜蜂的螫针源于产卵器，因此只有雌性才有，它是注射毒液的皮下注射器。据我统计，皮下注射器已在11个不同的动物群体中趋同进化出来（在某些动物群体中甚至可能独立进化出不止一次），如昆虫、蝎子、蛇、蜥蜴、蜘蛛、蜈蚣、魟、石鱼、芋螺以及雄性鸭嘴兽（后肢有毒刺）。水母的“刺细胞”（cnidoblast）是一种微型鱼叉，从刺丝末端射出并注入毒液[8]。在植物中，荨麻也配备有微型皮下注射器。

刺猬的短刺和豪猪的长刺一样，都是经过改造的毛发。它们也至少独立进化出三次。马达加斯加有一种长满尖刺的马岛猬，虽然它们与刺猬不属于同一目，但长得非常像刺猬。它们是非洲兽类，与大象、土豚和儒艮有亲缘关系。第三种趋同则来自澳大利亚和新几内亚的针鼹。针鼹是卵生动物，但与刺猬和马岛猬的亲缘关系很远，尽管针鼹仍然是哺乳动物。它们身上也长满了尖刺，同样是经过改造的毛发。

正如我们所见，豪猪刺是啮齿动物中独立出现的趋同进化的一个绝佳案例。所谓的“飞鼠”也曾在啮齿类的不同科中独立出现过两次，即真正的松鼠类和所谓的鳞尾鼯鼠，或称鳞尾飞鼠。我们之所以知道它们是彼此独立进化出滑翔习性的，是因为它们在啮齿类中的近亲都不是滑翔动物。就像我们知道新大陆豪猪和旧大陆豪猪是趋同的一样，这两者同样也在啮齿动物的大目中。

滑翔技能在一些脊椎动物身上的进化是趋同的，这不足为奇。下页图展示了四种哺乳动物的例子，包括刚才提到的两种啮齿动物。东南亚森林中的猫猴有时被称为飞狐猴，但它并不是狐猴（所有真正的狐猴都来自马达加斯加，但这并不能说明猫猴不是狐猴），而且它不会飞行，尽管它可能比图中的其他动物更擅长滑翔。蜜袋鼯虽然看起来非常像飞鼠，但实际上是一种来自澳大拉利的有袋动物，是几种“飞行袋貂”中的一种。尽管蜜袋鼯和飞鼠惊人地相似，但我们知道它们一个是有袋动物，另一个是啮齿动物，因为两者更深

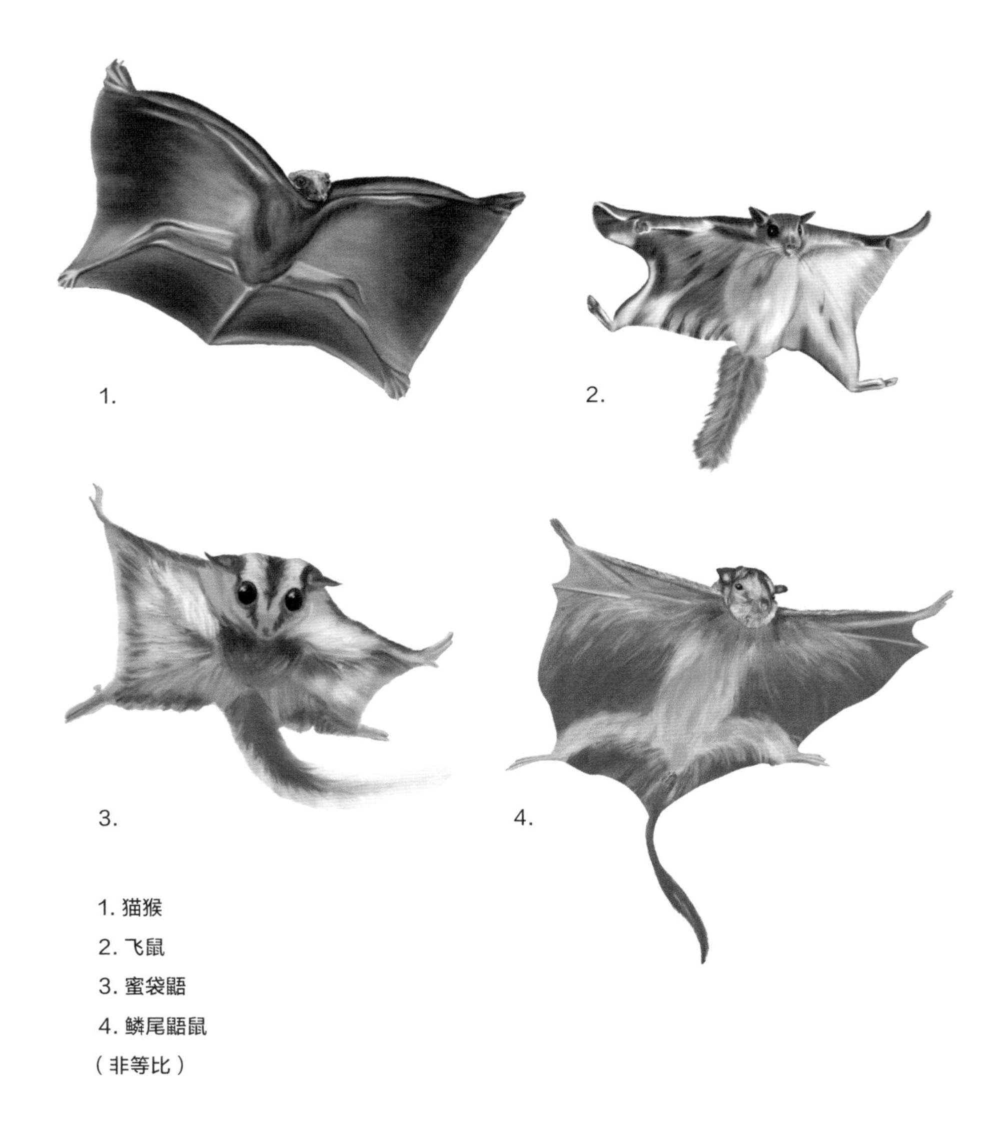

1. 猫猴
2. 飞鼠
3. 蜜袋鼯
4. 鳞尾鼯鼠
（非等比）

层的重写本文本是不同的。例如，雌性袋貂有一个小育儿袋，而松鼠则有一个胎盘。

澳大利亚有袋动物群还提供了许多其他趋同进化的例子，其中最著名的可能就是前面提到的已经灭绝的袋狼，或称塔斯马尼亚狼。下页的图片展示了澳大利亚有袋动物与世界其他地区有胎盘哺乳动物的对比。其中包括一对“食蚁兽”和一对“老鼠”。而澳大利亚有袋动物中的“鼹鼠”（袋鼹）不仅与我们熟悉的欧洲鼹鼠（欧鼹）相

有胎盘哺乳动物　　有袋动物

狗　　袋狼

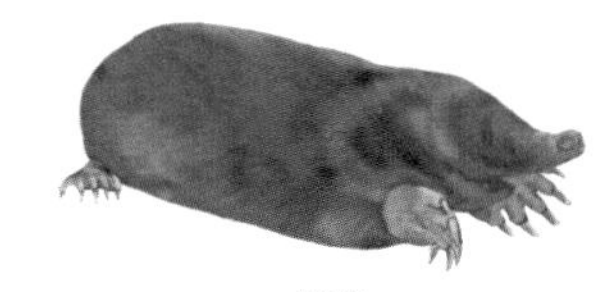

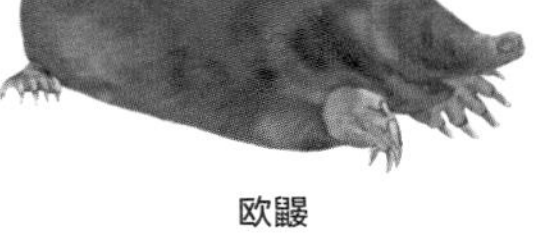

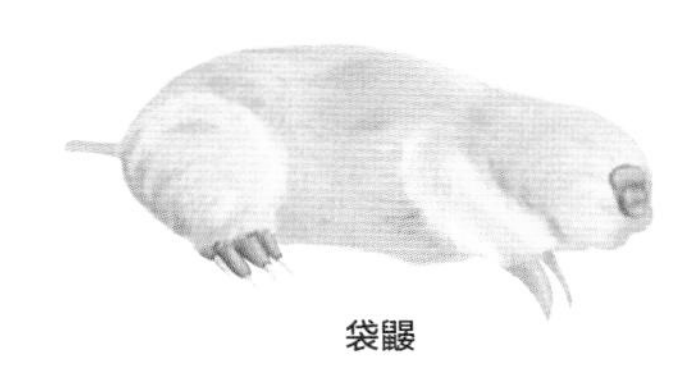

欧鼹　　袋鼹

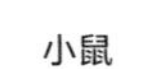

小鼠　　袋鼩

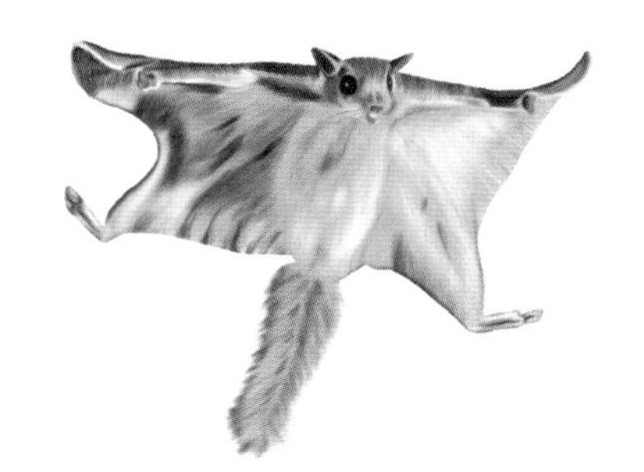

飞鼠　　蜜袋鼯

小食蚁兽　　袋食蚁兽

似，还与南非的金鼹鼠相仿。亚洲的啮齿类鼢鼠也很像鼹鼠[9]。

所有这些“鼹鼠”都各自独立地接纳了同样的穴居生活方式，它们都把自己的手（前爪）变成了有力的铲子，而且这四种“鼹鼠”看起来都很像。这种趋同是如此令人信服，以至于金鼹鼠曾一度被归类为鼹鼠，直到人们意识到它们与大象、土豚和海牛一样，属于（非洲）哺乳动物的一个完全不同的分支——非洲兽总目（Afrotheria）。相比之下，欧亚鼹（如欧鼹）则属于劳亚兽总目（Laurasiatheres），与刺猬、马、狗、蝙蝠和鲸有亲缘关系。啮齿类的鼢鼠与盲鼹鼠有亲缘关系，后者完全于地下生活，外形酷似鼹鼠，但是，正如你看到“啮齿类”三个字就该预料到的那样，它们用牙齿而不是前爪挖洞。下面的系统树显示了四种“鼹鼠”间惊人的亲缘关系。

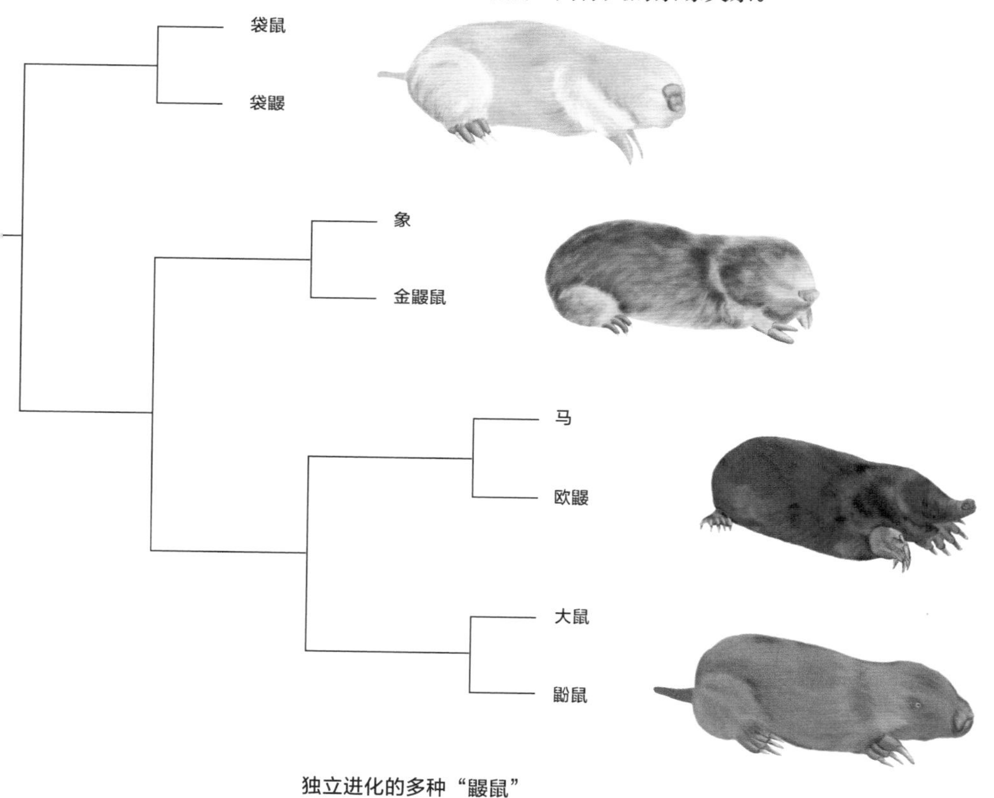

独立进化的多种“鼹鼠”

澳大利亚有袋动物与各种有胎盘哺乳动物的趋同令人印象深刻，但我们也不能忽视例外。袋鼠看起来就不太像非洲羚羊，但袋鼠与非洲羚羊有着共同的生活方式。它们应该很容易趋同，但它们没有。它们之所以在进化之路上分道扬镳，主要是因为它们很早就采用了不同的步态来快速行进。我猜想曾经有一段时间，它们的祖先既可以采用袋鼠的跳跃步态，也可以采用羚羊的奔跑步态。这两种步态都是快速且有效的，至少在经过许多代的进化完善之后是如此。但是，一旦进化世系开始沿着跳跃或奔跑的既定道路前进，就很难再回过头加以改变了。在进化过程中，“献身”这种说法真的是毫不夸张。一旦一个哺乳动物谱系沿着跳跃步态的道路前进了一段距离，任何试图改弦易辙、尝试奔跑的突变体都会被淘汰。也许它的前腿已经太短了。反之，在已经献身于奔跑的谱系中，试图跳跃的突变体将笨拙地遭遇失败。没有任何规定说有胎盘哺乳动物不能走袋鼠的步态路线。的确，有些啮齿类的祖先在这条道路上走得非常成功。我的一位在内罗毕大学教动物学的同事曾在一次讲座中说，非洲没有袋鼠。一名学生反驳了这一说法，他兴奋地声称自己看到过一只小袋鼠。他看到的其实是一种叫跳兔的啮齿动物，其外形和跳跃动作都很像小袋鼠，只是前臂更短，用来保持平衡的尾巴则更大。

跳兔

如果你能亲眼看见鱼龙在中生代的海中破浪前行，你会不由自主地想起海豚。这是一个典型的趋同进化案例。另一方面，你的时光机也可能会向你展示蛇颈龙。它不仅不像海豚或鱼龙，甚至不像你见过的任何其他生物。鱼龙和蛇颈龙都是回归海洋的陆地爬行动物的后代。但它们一开始是沿着另一条路径前进的，然后才“献身”于高效的游泳“步态”。鱼龙重新发现了其鱼类祖先古老的尾部侧向摆动的游泳方式，它们可能经历了一个类似海鬣蜥采取的蛇形波浪运动的阶段。蛇颈龙则像海龟一样依靠四肢游泳，它们的四肢都变成了巨大的鳍状肢。而鱼龙和蛇颈龙一旦“献身”，就会愈发专注于各自的进化路径。最终，它们的外形变得迥然不同。

趋同进化的动物不一定是同时代的。在始新世时期的北美洲，类似鼹鼠的地下穴居动物侨兽类（Epoicotheriids）有着类似鼹鼠的挖掘前爪的前肢。它们与任何现存的穴居动物都没有密切的亲缘关系，但属于鳞甲目穿山甲科。如果恐龙类群不曾趋同进化出“鼹鼠”类的动物，我会难掩惊讶，但我必须承认，我不知道有这类动物存在。有一些体型较小的恐龙会挖洞，比如掘奔龙（*Oryctodromeus*），但我不知道有哪一种恐龙可以被恰如其分地冠以“鼹鼠”之名。

还有所谓的“假剑齿虎”。我们已经见过刃齿虎，这种巨大而健壮的猫科动物无疑是令人生畏的，在更新世末期，也就是大约1万年前，当人类发现美洲时，它已经和大多数美洲巨型动物一起灭绝了。鲜为人知的是，剑齿猫科动物并非食肉目中唯一进化出如此可怕獠牙的类群。早在3 000万年前的渐新世，便生活着一个名为“猎猫”（Nimravid）的群体。猎猫并不是猫科动物，而是食肉目中的一个较古老的类群，它们独立进化出了与刃齿虎一样的匕首状犬齿。猎猫有时便被称为假剑齿虎。但它们真的“假”吗？去跟早期马类，

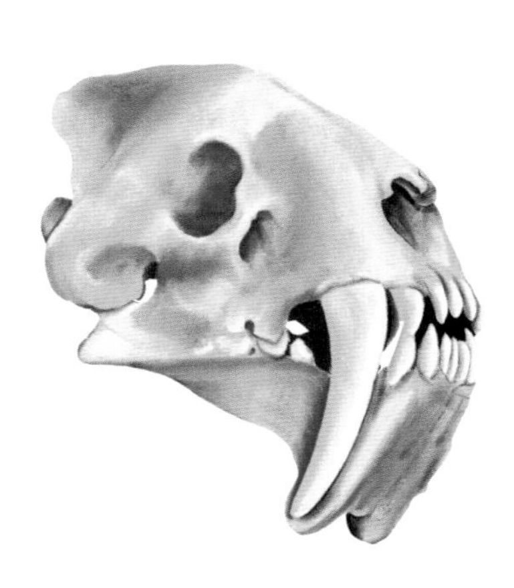

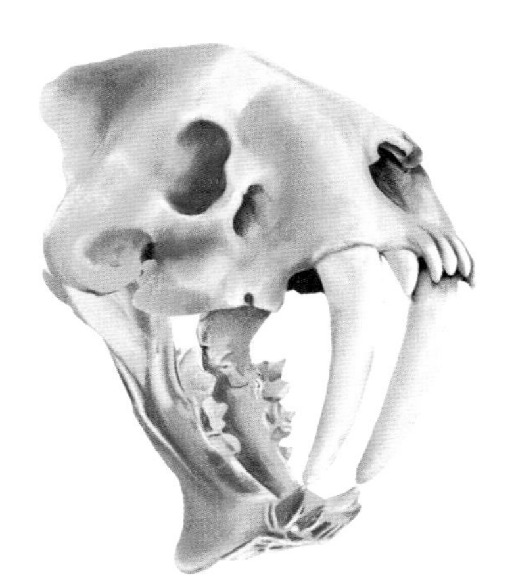

“假剑齿虎”——猎猫的头骨

如渐新马（*Mesohippus*），和其他生活在这些巨型匕首淫威下的受害者聊聊吧。那些“假剑齿虎”可是活生生的食肉猛兽，它们会呼吸，会咆哮，会朝你猛扑而来，可能还散发着强烈的捕食者气息。对于它们的受害者来说，它们看起来可一点也不假。另一类已经灭绝的“假剑齿虎”巴博剑齿虎（Barbourofelids）生活在中新世时期，晚于猎猫，但早于刃齿虎，并且趋同占据了相同的生态位。

鉴于食肉目动物在不同地质时期为我们呈现了三种独立进化出的“剑齿虎”，如果有袋类没有进化相似的物种，我们甚至会感到有点失望。果不其然，南美洲出现了一种“有袋剑齿虎”。

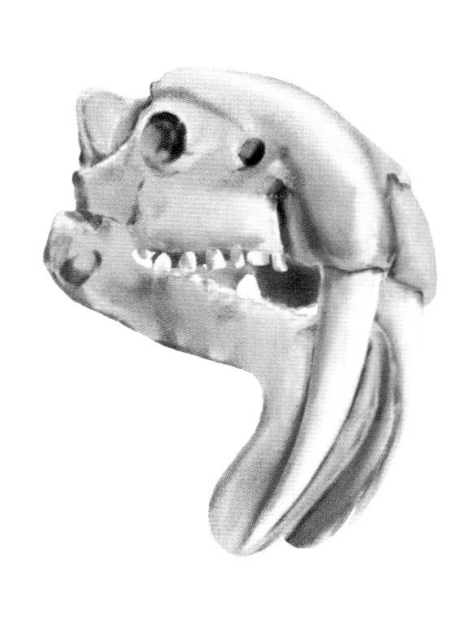
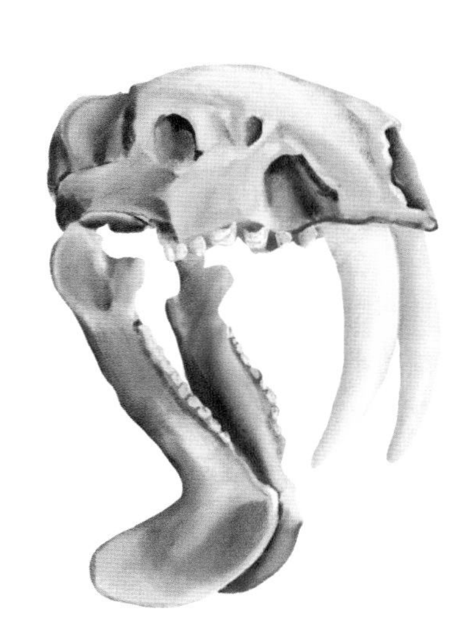

有袋剑齿虎——袋剑虎的头骨

袋剑虎（*Thylacosmilus*）看起来几乎和刃齿虎以及食肉目其他趋同的“剑齿虎”一样可怕，但它的体型相对小一些。

动物和人类技术间的趋同尤其令人印象深刻，如照相机和脊椎动物眼或章鱼眼的趋同。虽然以下发现最初被认为是一个离谱的骗局，但现在人们普遍认为蝙蝠在夜间狩猎时借助蝙蝠版本的回声定位法——原理类似潜艇上的“声呐”，它们会利用自己声音的回声来探测目标[10]。蝙蝠是翼手目动物的通称，它分为两大类，一类为小蝙蝠亚目，另一类为大蝙蝠亚目（果蝠和狐蝠）。小蝙蝠亚目的蝙蝠用耳朵“看”东西。它们拥有高度精密复杂的回声定位系统，足以捕捉快速飞行的昆虫。大脑对蝙蝠自身尖叫（超声波）的回声进行高度复杂的实时分析，并以此拼凑出一个包括猎物昆虫在内的精密模型。当蝙蝠巡航时，这套系统是低速运转的。但当它瞄准飞蛾时，由于飞蛾可能会采取躲避行动，蝙蝠就会发出像机枪扫射一样急促叫声。由于每一次脉冲都能给蝙蝠提供一个新的世界图景，因此这种机枪式的频率使它能够应对飞蛾的高速折返规避。根据物理定律，音调越高，波长越短，而且只有短波才能分辨出详细的图像，这意味着蝙蝠用的是超声波：这音调对我们人类来说太高了。年轻人可以听到蝙蝠所用频率范围的低端的声音。我就很怀念我年轻时听到的那种介于咔嗒声和吱吱声之间的声音。不过我们可以使用一种名为蝙蝠探测器的仪器，把超声波转换成可听到的咔嗒声。

不太为人所知的是，海豚和其他齿鲸（抹香鲸，虎鲸）也拥有同样的手段，也就是利用超声波进行定位，其机制在复杂程度上与蝙蝠的不相上下。鼩鼱也进化出了一种更初级的回声定位机制，在穴居鸟类中，这种定位机制至少独立进化出了两次：南美油鸱和亚洲洞穴金丝燕。这些鸟不使用超声波，它们的叫声很低，我们能听到。一些大蝙蝠亚目的成员也使用一种不太精确的回声定位方式，但它们是用翅膀发出咔嗒声来代替叫声的[11]。这也应该被看作回声定位的另一种趋同进化。大蝙蝠亚目中有一个属利用叫声进行回声定位，就像小蝙蝠亚目一样，但技艺不如后者娴熟。有趣的是，分子证据表明，与其他小蝙蝠亚目成员相比，小蝙蝠亚目的一个类群，即菊头蝠类，与大蝙蝠亚目的亲缘关系更近[12]。这似乎表明要么是菊头蝠的先进声呐进化与其他小蝙蝠亚目动物趋同，要么就是大部分的大蝙蝠亚目成员都失去了这一功能。

小小的蝙蝠和巨大的齿鲸自成一类。它们的“声呐”质量非常高，可以毫不夸张地说，它们是在“用耳朵看”。通过超声波回声定位，它们可以获得一幅自己所在环境的详细图景，足以与视觉媲美。

通过对蝙蝠在细电线间快速飞行而不撞击电线的能力进行实验测试，我们得以知道这一点。我甚至发表过蝙蝠能“听到颜色”的推测（可能无法验证，唉）。我固执地认为这是可信的，因为我们感知到的色彩也不过是大脑内部产生的标签，它们与特定波长光线的联系是任意的。当蝙蝠的祖先放弃了眼睛，用回声代替光线时，这些大脑内部的色彩标签就会失去作用，留在脑中无所事事。还有什么比把它们用作对不同质感的回声的标签更自然的呢？我想，你可以把它视为对人类所谓“通感”的早期探索。

在一篇常被引用的现代哲学论文中，托马斯·内格尔以说教的方式问道：“当一只蝙蝠是什么感觉？”他的观点之一是我们无法知道这种感觉。我对这个问题的看法是，这可能与我们或者另一种视觉动物——比如燕子——的感觉并没有太大的不同。根据第1章的观点，燕子和蝙蝠都建立了一个位于大脑内部的虚拟现实世界模型。只不过燕子利用光线，而蝙蝠则利用回声来实时更新这个模型。这一点并不重要，重要的是内部模型本身的性质和目的。在这两个例子中，这种性质和目的可能是相似的。它们用于类似的目的——在障碍物之间进行实时导航，并探测快速移动的猎物。燕子和蝙蝠需要一个非常相似的内部模型，即一个三维模型，其中包含移动的昆虫目标。它们都是飞行中的捕虫高手，白天称霸这一领域的是燕子，而夜幕降临时，蝙蝠就会接手。如果我的推测是正确的，这种相似性可能会延伸到使用颜色来标记模型中物体的行为，甚至在蝙蝠“用耳朵看东西”的情况下也是如此。顺便提一下，每只燕子的眼球都有两个中央凹（视觉特别敏锐的区域——我们的眼球只有一个中央凹，用于阅读等），可能一个用于远距离视觉，一个用于近距离视觉。它们用的不是双焦眼镜，而是双焦视网膜。

詹姆斯·韦伯空间望远镜向我们呈现了遥远星云的迷人图像。在图像中，这些星云散发着红色、蓝色和绿色的光芒。颜色代表的是辐射的波长。但图像中的颜色是假的。这些照片用不同颜色来表示不同的波长，但实际上它们属于光谱中不可见的红外部分。我的观点是，大脑表征不同波长可见光的惯用规定也同样是任意的。人们很容易对詹姆斯·韦伯空间望远镜拍摄的假彩色图像感到不满，并质疑："它真的是这个样子的吗？是望远镜呈现了真实图像，还是我们被虚假的颜色蒙骗了？"答案是，我们观察任何事物时，都在被"蒙骗"。如果你一定要对色彩的真假一探究竟，那么你所看到的一切——玫瑰、夕阳、爱人的脸庞——都是你的大脑用自己的"虚假"色彩呈现出来的。那些或鲜艳或柔和的色调都是大脑内部调制出来的，是对不同波长光线的编码标记。可称真实的只有电磁辐射的实际波长。无论是詹姆斯·韦伯空间望远镜照片的虚假色彩渲染，还是大脑以任意生成的标签来标记射入视网膜的光的波长，这些色彩都是虚构的。我对蝙蝠"色彩听觉"的猜想也是基于这一观点而来，即大脑内部感知的色彩不过是任意的标签。

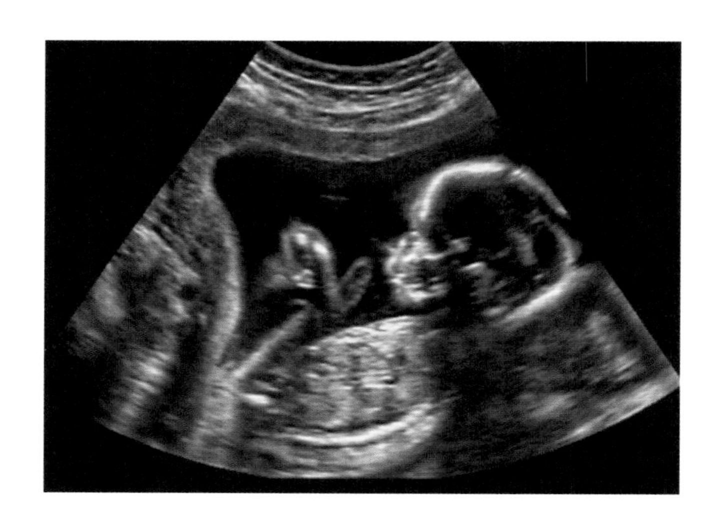

医生可以利用超声波"透过"孕妇的体壁，看到胎儿发育的黑白动态图像。计算机利用超声波的回声拼凑出与我们眼睛所见相匹配的图像。有人观测到，海豚会特别关注与它们一起游泳的孕妇[14]。它们用耳朵做的事就像医生用仪器做的一样，这似乎是说得通的。如果是这样的话，它们大概也能"看到"雌性海豚的内部，并探测出哪些海豚怀孕了。这项技能对于雄性海豚选择配偶是否有用呢？毕竟对已经怀孕的雌海豚进行授精是没有意义的。

蝙蝠和海豚的回声分析技能是彼此独立进化的。在哺乳动物的系统树中，离这两种动物较近的“近亲”都不会回声定位。这是强烈的趋同，也是自然选择力量的又一次有力证明。我们下面要举的例子对“遗传之书”这一比喻特别有意义。有一种叫作“快蛋白”（prestin）的蛋白质，与哺乳动物的听觉密切相关，它在耳蜗中表达。耳蜗是内耳中蜗牛形状的听觉器官。与所有生物蛋白质一样，快蛋白中氨基酸的确切序列是由 DNA 规定的。而且，与通常情况一样，不同物种的这一 DNA 序列不尽相同。现在，有趣之处来了。如果根据基因组整体构建相似性系统树，鲸和蝙蝠之间的距离就会像你所预期的那样相距甚远：它们的祖先从恐龙时代开始就分道而行，此后一直在独立地进化。然而，如果忽略除快蛋白基因以外的所有基因，也就是说，如果仅根据快蛋白序列构建相似性系统树[15]，一些令人瞩目的现象便会出现：海豚和小型蝙蝠（小蝙蝠亚目）将彼此聚集在一起。但小型蝙蝠并不与那些不进行回声定位的大型蝙蝠（大蝙蝠亚目）聚集在一起，尽管它们与大型蝙蝠的亲缘关系要比和海豚的密切得多。海豚也不会与须鲸聚集在一起，而须鲸虽然与海豚有亲缘关系，却没有回声定位功能。这表明，SOF 可以读取某未知动物的快蛋白基因，并推断出它（更准确地说，是它的祖先）是否在超声波声呐有用武之地的环境中生活和捕猎，比如夜晚、黑暗的洞穴中或其他眼睛无用的地方，如伊洛瓦底江或亚马孙河的浑浊水域。我很想知道，前述两种可进行回声定位的鸟类是否也有类似蝙蝠的快蛋白。

关于蝙蝠和海豚的这一发现——它们快蛋白基因的特殊相似性——令我大受震撼，让我觉得这是未来可以涵盖“遗传之书”的整个研究领域的一种可用模式。另一个例子涉及哺乳动物的飞行面[16]。蝙蝠能正常飞行，而有袋类的飞行袋貂则能利用拉伸的皮膜捕捉空气来进行滑翔。蝙蝠和袋貂都有一个特定的基因复合体，参与皮膜的形成。我很想知道，本章前面部分提到的其他滑翔哺乳动物，即所谓的飞狐猴和两类独立进化出滑翔习性的啮齿动物，是否也有同样的基因。

如果能以同样的方式对那些从陆地返回水中的动物进行研究，那就太妙了。鲸只是其中最极端的例子，同在此列的还有儒艮和海牛。这些重返水中的动物是否具有非水生哺乳动物所没有的共同基因？它们还有哪些共同特征？许多水生哺乳类和鸟类都有蹼足，如果我们假想的SOF发现一种未知动物的脚上有蹼，她就可以很有把握地“解读”这种动物的足，并指出其“最近的祖先的栖息环境中有水”。但这种联系是显而易见的。我们能否系统性地在“遗传之书”中寻找不那么明显的水生印迹呢？水生生物还有多少其他特征？是否存在一些共有基因，就像我们在动物声呐中看到的快蛋白，以及形成蝙蝠和蜜袋鼯的皮膜的基因？水生动物的生理结构和基因组中可能深藏着许多共同特征[17]，我们需要做的只是找到它们。我们也可以通过观察陆生动物进入水中后那些变得不活跃的基因来获得某种负面线索。就像人类有大量的嗅觉基因失活一样（见第51、52页），鲸的基因组中也有一些失活的基因，这些基因的失活据信会对其深潜有益。

我们可以按照以下思路进行研究。我们可从医学科学中借鉴被称为全基因组关联分析（GWAS）的技术。人类基因组计划前领导者弗朗西斯·柯林斯（Francis Collins）清晰地解释了GWAS的概念：

> GWAS要做的就是找到很多患有某种疾病的人和很多不患此种疾病的人，他们在其他方面都匹配良好。然后，在整个基因组中进行搜索……试图找到存在一致差异的地方。如果你成功了——[你]必须非常小心地处理你获得的统计数据，这样你就不会遇到很多假阳性——这样你就可以聚焦于基因组中必定与疾病风险有关之处，而不必提前猜测你会找到什么样的基因。[18]

用“水中生物”代替上文中的“疾病”，用“物种”代替“人”，就得到了我在这里提倡的程序。我称之为“种间基因组关联分析”或 IGWAS。

首先可以收集大量已知的水生哺乳动物，然而将每一种动物与一种与之有亲缘关系的哺乳动物（关系越近越好）相匹配。后一种哺乳动物应生活在陆地上，最好是生活在干燥的环境中。我们可以从下面的匹配列表开始，这个列表还可以扩展。

水田鼠	田鼠
水鼩鼱	鼩鼱
麝鼹	鼹鼠
鸭嘴兽	针鼹
水马岛猬	陆马岛猬
水獭	獾
海豹	狼
蹼足负鼠	负鼠
北极熊	棕熊

现在，为进行 IGWAS，你需要查看表中所有动物的基因组，并尝试找出左边一列共有，而右边一列没有的基因。而在对所有动物的基因组进行测序之前，在数学计算技术能够胜任这项任务之前，可以采用非基因组版本的 IGWAS，具体方法如下。对所有动物进行测量。测量所有骨骼长度。称量心脏、大脑、肾、肺等器官的重量，并计算具在总体重中的占比（以校正绝对大小，因为绝对大小并没有什么意义）。同样，骨骼的测量值也应表示为某种比例，就像在第 3 章的龟鳖类例子中，骨骼长度被表示为其在总臂长中所占的比例一样。测量体温、血压、血液中特定化学物质的浓度，测量你能想到的一切。有些测量值可能不是用厘米或克这样的单位描述的连续变化量：它们可能是是或否、有或无、真或假。

将所有测量结果输入计算机。现在我们来到有趣的部分了。我们想最大限度地区分水生哺乳动物和陆生哺乳动物。我们想知道哪些测量结果可以区分它们。与此同时，我们还想找出所有水生哺乳动物的共同特征，无论它们之间的亲缘关系有多远。趾间的蹼可能是一个很好的鉴别特征，但我们希望找到不那么显而易见的鉴别特征或生化方面的鉴别特征，并最终找到基因鉴别特征。就基因组比较而言，已经开发出来的用于医学目的的 GWAS 法就可以派上用场。一种可能的图解法是我们在第 3 章中看到的表现龟鳖类肢体特征的三角图。另一种图解法则是绘制根据基因趋同上色的系谱图。

精细的 IGWAS 结果可以按照生态维度对物种进行排序。也许，你可以将哺乳动物按其水生维度排列，鲸和儒艮为一个极端，骆驼、沙狐、大羚羊和梳齿鼠为另一个极端，海豹、水獭、山羊和水田鼠则处于中间位置。或者，我们也可以探索树栖维度。我们可能会得出这样的结论：松鼠其实是沿着树栖维度移动了一段可测量距离的老鼠。以此类推，鼹鼠、金鼹鼠和袋鼹位于掘地维度的一个极端。我们是否可以把鸟类也依一个维度排列，从不会飞的鸸鹋（一个极端）到信天翁（另一个极端），或者更极端的雨燕（甚至在飞行中交配）？在确定了这些“维度”之后，我们是否可以在生物从一个极端到另一个极端的移动过程中寻找其基因频率的变化趋势？我可以立即预见到其中巨大的复杂性。这些维度会与其他维度相互影响，我们必须请来在数学领域拥有天马行空般想象力的专家，才能在这样的多维空间中自如翱翔。在拙作《攀登不可能之山》一书中，尤其是在其中名为《贝壳博物馆》的章节中，我介绍我自己在这方面所做的业余冒险，但这些冒险仅限于三维空间，而且使用的是计算机模拟而不是数学运算。

匹兹堡卡内基－梅隆大学的一个研究小组进行了一个我在此称为 IGWAS 的模型试验（不过他们不这么叫）。他们研究的不是水生动物，而是哺乳动物的无毛现象[19]。大多数哺乳动物是有毛的，而且所有哺乳动物的祖先都是有毛的，但是如果你调查一下哺乳动物的系统树，你会发现无毛的哺乳动物在彼此无亲缘关系的哺乳动物中也会零星出现。请看下图，图中显示了 62 种基因组已被检测的哺乳动物中的一些物种。

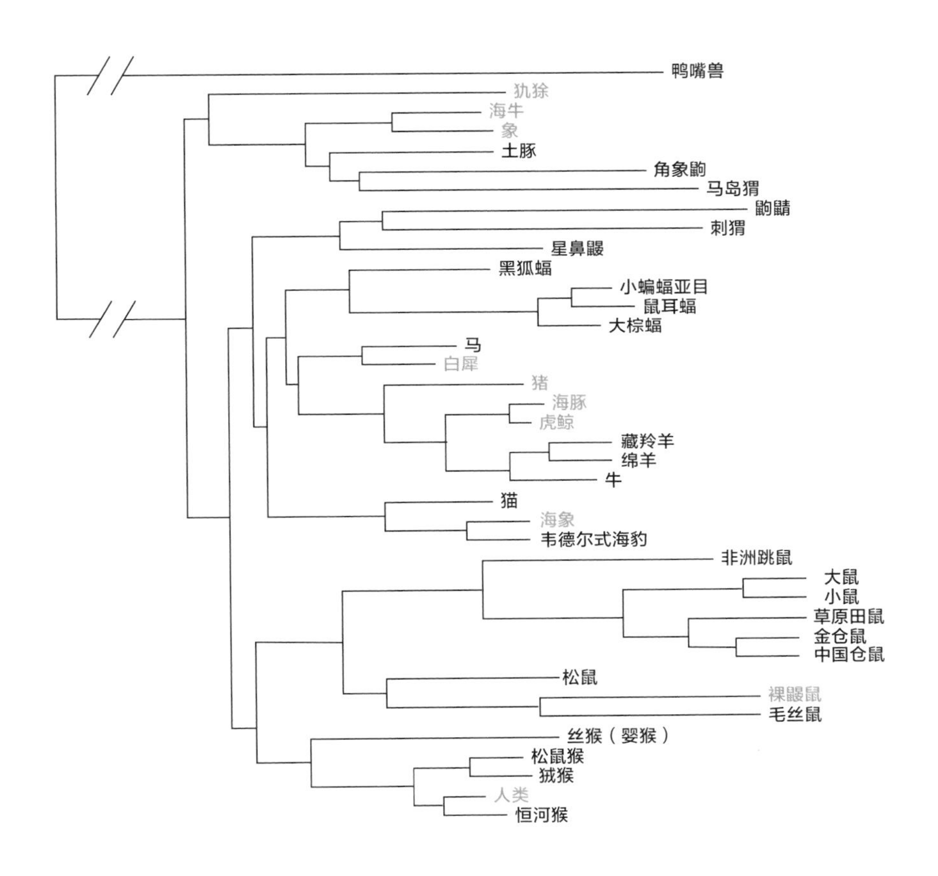

哺乳动物无毛现象的零星分布情况

鲸、海牛、猪、海象、裸鼹鼠和人类都或多或少地失去了毛发（图中以橙色字表示）。而且，重要的一点是，在许多情况下，它们都是各自独立进化出这种特征的。我们可以通过观察它们的多毛近亲来推断出这一点。你还记得吗？能够回声定位的蝙蝠和同样可以回声定位的鲸有另一个相似点——它们的快蛋白基因相似。无毛物种的基因组中是否有彼此共享的无毛基因呢？答案是否。但也仅仅停留在字面意义上。真相同样有趣。原来，我们和其他无毛物种仍然保留着祖先制造毛发的基因，但这些基因已经失活，而且失活的方式各不相同。趋同的是这些基因失活这一事实，但细节却不尽相同。顺便提一下，神创论者在这里又遇到了一个问题。如果有智慧的设计者想制造一种无毛动物，他为什么要给它配备制造毛发的基因，然后又使该基因失效呢？第 3 章中提到的人类嗅觉的例子也是如此：我们哺乳动物祖先的嗅觉基因仍然潜伏在我们体内，但已经被关闭了。

我最喜欢的趋同进化例子之一是弱电鱼。两种不同的鱼——南美洲的裸背电鳗和非洲的裸臀鱼——独立趋同地发现了如何产生电场。它们的身体两侧都有感觉器官，可以探测到环境中的物体对电场造成的扭曲。这是一种我们无法感受到的感觉。这两类鱼在无法视物的浑浊水体中都能利用这种感觉。只有一个难点，鱼类典型的正常波浪状起伏运动会对电场分析造成致命的影响，鱼必须保持僵硬的姿态才能准确测量。但是，如果鱼身体僵硬，它们又是如何游动的呢？答案是通过横跨整个身体的单个纵鳍实现。带有一排电传感器的身体本身保持僵硬，而鱼类典型的波状起伏运动则由单个纵鳍完成。但两者有一个明显的区别。南美弱电鱼的纵鳍沿着腹面延伸，而非洲弱电鱼的纵鳍沿着背部延伸。在这两类鱼中，这种纵鳍的起伏或者说波状运动都可以反转：不管是向后游还是向前游，都同样娴熟。

鸭嘴兽的“鸭嘴”和匙吻鲟（匙吻鲟科）头部前端伸出的巨大而扁平的“桨”都覆盖着电传感器，它们是各自独立趋同进化而来的。在这个例子中，它们捕捉到的电场是猎物的肌肉在不经意间产生的。有一种早已灭绝的三叶虫也有一个巨大的桨状附肢，就像匙吻鲟一样。它的桨状附肢上布满了看起来像感觉器官的东西，这很可能代表了另一种趋同。[20]

环颈鸻的蛋和雏鸟都位于地面上，除了伪装之外毫无保护措施。

当一只狐狸走近时，亲鸟显然因体型太小而无法抵抗。于是它做出了一个惊人的举动。它试图以自己为诱饵——作为比雏鸟更大的战利品——来引诱捕食者离开鸟巢。它一瘸一拐地离开鸟巢，假装翅膀断了，装作很容易被捕获的样子。它在地上可怜兮兮地扑腾，张开翅膀，有时一只翅膀不协调地竖在空中。我们不能假设它知道自己在做什么或为什么这么做（尽管它可能知道）。我们能做出的最起码的假设是，自然选择所青睐的鸟类祖先，是那些大脑在基因上便具备相应能力，能够实施这套分散捕猎者注意力的欺骗表演，并在几代鸟中完善它的鸟。那么，为什么要在关于趋同进化的这一章中讲这个故事呢？因为在不同的鸟类中，假装翅膀折断的表演不只出现一次，而且是多次独立出现。下一页上的图表是鸟类的谱系图，以环状图表示，以便被放在一页内。进行断翅表演的鸟的名字被设为红色，无此表演的鸟的名字则被设为蓝色。你可以看到这种习性在谱系中是零星分布的，这是趋同进化的一个绝佳例子。

我用最后一个关于趋同的例子带领我们进入下一章。已知共有隶属于 36 个不同科的 200 多种鱼从事“清洁工作”。它们为“大型客户”清除体表寄生虫和受损鱼鳞。每种清洁鱼都有自己的“清洁站”和忠实客户，后者会反复光顾珊瑚礁上的同一家“清洁站”。这种客户黏性对保持互惠互利非常重要：清洁鱼吃掉特定客户鱼皮肤上的寄生虫和被磨损的鳞片，而客户鱼则会避免将它的特定“恩人”一口吞下。如果没有对单个清洁站的忠诚度，也就没有重复光顾，客户鱼就没有动力不吃掉清洁鱼——当然是在被清洁之后。放过这些清洁鱼会使鱼类整体受益，包括被放过的清洁鱼的竞争者。自然选择并不“关心”整体利益。恰恰相反，自然选择只关心个体及其近亲的利益，而牺牲竞争对手的利益。因此，特定清洁鱼和特定客户鱼之间的个体忠诚纽带才是真正重要的，而这种纽带是通过对清洁站表现出客户黏性来实现的。有些清洁鱼甚至会冒险进入客户鱼的嘴里给它们剔牙，并在客户下次光临时重复这项服务。清洁鱼通过一种独特的舞蹈来宣传自己，并确保自己的安全。这种舞蹈通常用条纹图案来强化其作用——相当于人类理发店门口的条纹转花筒标志。条纹就是清洁鱼的安全通行证。

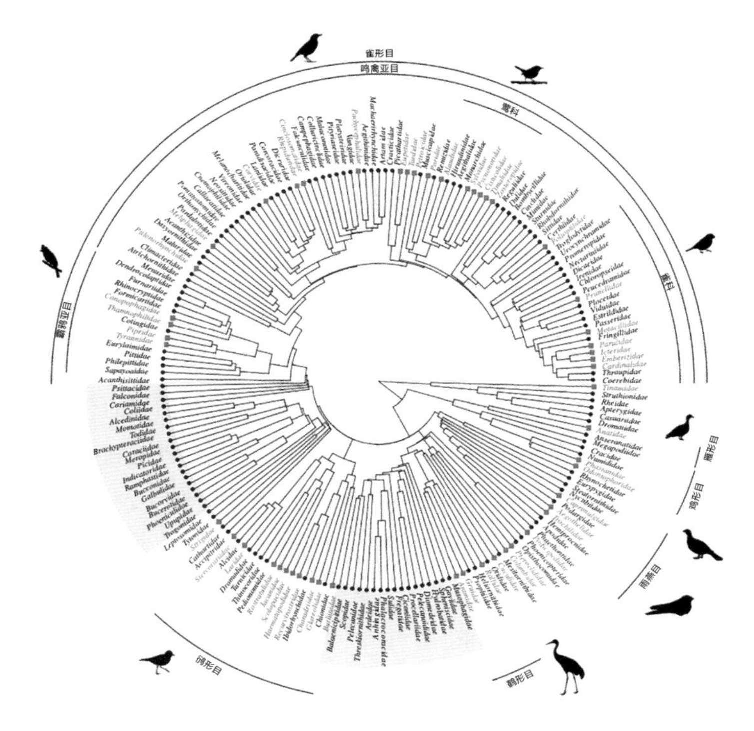

断翅表演

在不同的鸟类群体中，这种不同寻常的断翅表演一再出现（红色部分）。这是自然选择力量的有力证明

对于本章的主题，这个例子中有趣的一点是，清洁习性是多次趋同进化而来的，不仅在鱼类中多次独立进化，而且在虾类中也同样如此。和前述一样，客户鱼会遵守契约，不吃掉它们的清洁虾，就像它们尊重清洁鱼一样。在许多情况下，清洁虾身上也有类似“理发店转花筒”标志的条纹。所有的转花筒标志看起来都应该相似，这对大家都有好处。

在海里游弋时，你最好避开海鳗锋利的牙齿。然而，下页图中的一只虾正在平静地给海鳗剔牙。请再次注意，它身上的红色条纹，或者说“理发店转花筒”标志告诉海鳗：“别吃我，我是你的专属清洁工。你和我是相互依存的关系。你还会需要我的。”当小虾充满信任地钻进那可怕的下颌时，它会感到恐惧吗？它的头神经节里会不会有某种等同于“信任”的东西在跳动？我怀疑是这样，但不是每个人都会认同我的观点。你认同吗？

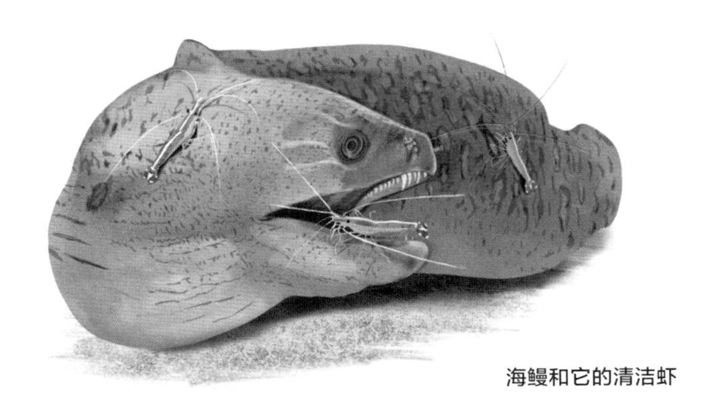

海鳗和它的清洁虾

这种习性不仅在鱼类和虾类中独立进化，而且趋同。就像在鱼类中多次进化出一样，其在虾类中也多次趋同进化。即使在虾科中，也有 16 个不同的种从事清洁工作，这种习性在虾科中已经独立进化出了 5 次[21]。下面说明一下我们是如何知道这 5 次进化是相互独立的。这个方法再次为我们提供了一个范例，让我们得以知道进化是相互独立的。请看下页借助分子基因测序技术构建的长臂虾科系统树，其中包含 70 种虾。那些从事鱼类清洁工作的物种的名称后都会有一个小鱼的标志。从事清洁工作的长臂虾有 13 种。但这 13 种虾中有许多并不能说是独立进化出这种习性的。例如，尾瘦虾属（*Urocardella*）的 3 个种都是清洁虾，但这幅图告诫我们，不要把它们看作独立进化的：它们可能是从共同的祖先那里继承了这一习性。

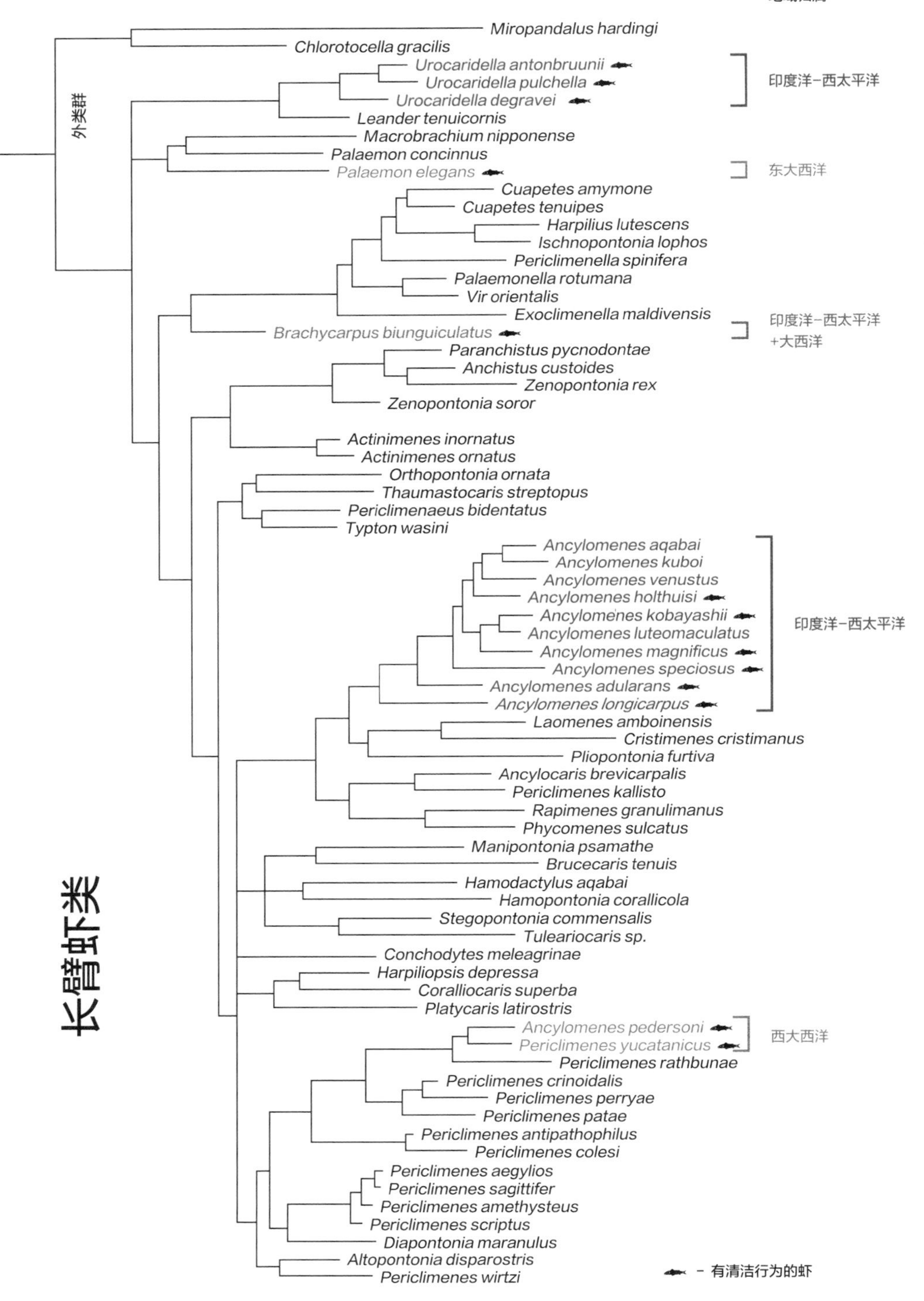
地域归属
Miropandalus hardingi
Chlorotocella gracilis
Urocaridella antonbruunii
Urocaridella pulchella
Urocaridella degravei
印度洋–西太平洋
外类群
Leander tenuicornis
Macrobrachium nipponense
Palaemon concinnus
Palaemon elegans
东大西洋
Cuapetes amymone
Cuapetes tenuipes
Harpilius lutescens
Ischnopontonia lophos
Periclimenella spinifera
Palaemonella rotumana
Vir orientalis
Exoclimenella maldivensis
Brachycarpus biunguiculatus
印度洋–西太平洋
+大西洋
Paranchistus pycnodontae
Anchistus custoides
Zenopontonia rex
Zenopontonia soror
Actinimenes inornatus
Actinimenes ornatus
Orthopontonia ornata
Thaumastocaris streptopus
Periclimenaeus bidentatus
Typton wasini
Ancylomenes aqabai
Ancylomenes kuboi
Ancylomenes venustus
Ancylomenes holthuisi
Ancylomenes kobayashii
Ancylomenes luteomaculatus
Ancylomenes magnificus
Ancylomenes speciosus
Ancylomenes adularans
Ancylomenes longicarpus
印度洋–西太平洋
Laomenes amboinensis
Cristimenes cristimanus
Pliopontonia furtiva
Ancylocaris brevicarpalis
Periclimenes kallisto
Rapimenes granulimanus
Phycomenes sulcatus
Manipontonia psamathe
Brucecaris tenuis
Hamodactylus aqabai
Hamopontonia corallicola
Stegopontonia commensalis
Tuleariocaris sp.
长臂虾类
Conchodytes meleagrinae
Harpiliopsis depressa
Coralliocaris superba
Platycaris latirostris
Ancylomenes pedersoni
Periclimenes yucatanicus
西大西洋
Periclimenes rathbunae
Periclimenes crinoidalis
Periclimenes perryae
Periclimenes patae
Periclimenes antipathophilus
Periclimenes colesi
Periclimenes aegylios
Periclimenes sagittifer
Periclimenes amethysteus
Periclimenes scriptus
Diapontonia maranulus
Altopontonia disparostris
Periclimenes wirtzi
– 有清洁行为的虾

清洁虾的独立进化

海葵虾属（*Ancylomenes*）中有 6 个成员有清洁的习性，但我们必须再次做出保守的假设，即它们是从共同祖先那里继承的，而另外 4 种，亚喀巴海葵虾（*A. aqabai*）、久保海葵虾（*A. kuboi*）、橙斑海葵虾（*A. luteomaculatus*）和琉璃海葵虾（*A. venustus*），已经失去了这种习性。利用这种保守方法，我们得出结论：清洁习性是在长臂虾科的 5 个属中独立进化的，但并非这 5 个属的所有物种都有此习性。而这个故事并没有在长臂虾科中告一段落。图中没有显示的另外两个虾科——藻虾科（见第 111 页图）和猬虾科——也有很多清洁虾种。

剑桥大学古生物学家西蒙·康韦·莫里斯（Simon Conway Morris）比其他人更生动、更透彻地论述了趋同进化[22]。他在诙谐的《生命的解决方案》（*Life's Solution*）一书中指出，趋同进化通常被冠以神奇、惊世骇俗、不可思议等称号，其实大可不必如此。趋同进化远称不上惊世骇俗，而是我们对自然选择本就应有的期望。尽管如此，趋同进化还是能让那些纸上空谈的哲学家和其他低估了自然选择力量及其成果的人感到困惑不已。在《生命的解决方案》中，除了长达 110 页的密密麻麻的研究尾注和生物学参考文献外，还有三个索引：一个总索引、一个名称索引和——这最后一个肯定是独一无二的——一个“趋同索引”。最后一个索引长达 5 页，双栏排版，收录了约 2 000 个趋同实例。当然，并不是所有的例子都像团成药丸状的甲虫、“鼹鼠”、滑翔动物、“剑齿虎”或清洁鱼那样令人印象深刻，但即便如此，实例的数量也叹为观止。

趋同进化是如此令人印象深刻，人们不禁要问，我们是如何知道这种相似真的是趋同进化造成的呢？这就是自然选择的力量，这种无比宏大却又微不可察的力量支撑着“遗传之书”的整个构想。丸妇鼠和丸千足虫，就像两颗药丸一样难分彼此，我们怎么知道其中一个是甲壳动物，而另一个是与其亲缘关系较远的多足动物呢？“遗传之书”里有无数的蛛丝马迹。重写本的深层从未被完全覆写。历史的符文会不断显现。而且，即使所有这些分辨的努力都未竟其功，分子遗传学的证据也不容否认。

彼此在亲缘关系上相距甚远的动物的趋同正是自然选择力量的一种表现形式，它在重写本上一层又一层地书写着自己的文字。另一种表现则相反：从一个共同的历史起源进化而来的分歧。自然选择会把握住一个基本的设计，并将其塑造和扭曲成一系列通常具有重要功能的奇异形状。下一章将对此进行探讨。

第 6 章

主题变奏曲

正如我们在第 3 章中看到的，分子比对确凿无疑地表明，鲸的分类学位置“深深嵌入”偶蹄动物的谱系中。我所说的“深深嵌入”，正是对这种惊人情形的具体化描述。这一点是值得反复加以说明的。我们谈论的不仅仅是两者拥有一个共同的祖先，然后鲸走了一条路，而偶蹄类走了另一条。如果情况仅仅如此，恐怕并不会让人那么震惊。“深深嵌入”的意思是，相比其他偶蹄动物，某些偶蹄动物（河马）与鲸有着更近的共同祖先，它们与鲸的相似性要比与其他偶蹄动物的相似性要高得多。这一点早在 20 多年前就已为人所知，但我仍然觉得它令人难以置信，因为它是如此深深地淹没在重写本那层层叠叠的文字之下。当然，这并不意味着鲸的祖先就是河马，甚至也不意味其祖先与河马相似。但鲸确实是与河马的亲缘关系最近的现存动物。

是什么让鲸如此特别，以至于在它们的“遗传之书”中，新文字竟然如此全面地抹去了那个它祖先所在的早先世界的几乎所有痕迹，抹去了它的祖先曾栖居的牧草丰满的草原，也抹去了祖先在草原上肆意奔跑的脚步？而这些痕迹为何必定仍被深深埋藏在其重写本的深处？鲸是如何做到与其他偶蹄动物全然不同的？它们又是如何如此全面地摆脱了它们继承的偶蹄类遗产的呢？

答案可能就在“摆脱”这个词上。牛、猪、羚羊、绵羊、鹿、长颈鹿和骆驼都受到地心引力的无情约束。即使是河马，也有相当长的时间是在陆地上度过的，事实上，河马虽然看起来笨重，但其在陆地奔跑的速度可以快得惊人。鲸的陆栖偶蹄类祖先也不得不屈服于地心引力。为了移动，陆地哺乳动物必须有足够粗壮的腿来承受体重。如果陆地动物像蓝鲸那样巨大，它所需要的腿得有巨石阵柱子的一半粗才行，而且它会因心脏和肺受到身体自身重量的压迫而窒息，很难存活。但在海里，鲸摆脱了地心引力的支配。哺乳动物身体的密度与水差不多。地心引力永远不会消失，但浮力却能驯服它。当它们的偶蹄类祖先开始在水中活动时，鲸便摆脱了对腿部支撑的需求，化石证据也很好地展示了这一进化中间阶段的情况。

鲸放弃了返回陆地进行繁殖的行为，这与儒艮和海牛一样，却与海豹和海龟不同，这是鲸的一个重要里程碑，也是重力的终极释放，浮力完全接管了鲸的身体。鲸可以自由地长到惊人的体型，即在字面意义上“无法支撑自己”的体型。当你把一只偶蹄动物从陆地上移入海洋，让它摆脱地心引力时，鲸就是其注定的结果。在这场大解放之后，鲸还进行了其他各种改造，对自身古老的重写本进行了丰富的修饰。它的前肢变成了鳍状，后肢消失在体内，萎缩成了小小的残留物，鼻孔移到了头顶，两片巨大的水平鳍——不是由骨头而是由致密的纤维组织加固的叶片——向尾部两侧长出，形成了推进器官。鲸的生理和生化机制发生了许多深刻的变化，使其能够深潜，并大大延长了呼吸的间隔时间。它们从（假定的）植食性转变为以鱼类、鱿鱼为食，须鲸则以大量的磷虾为食。

鱼类也可以在浮力的作用下形成各种奇异的形状（见第118、119页图），而生物在陆地上生活时，这些形状是重力所不允许的。

硬骨鱼（相对于软骨鱼而言）对浮力的操控堪称完美，这要归功于深埋在其体内的精巧装置——鱼鳔。通过调节鱼鳔中的气体量，鱼类能够调整自身的比重，在任何时候都能在自己喜欢的深度达到完美的平衡。[1]

我想，这就是家庭水族箱会成为房间里令人心旷神怡的摆设的原因。你可以梦想在生活中毫不费力地自在漂游，就像鱼儿在水中一样永远保持平衡。正是这种流体静力学平衡让鱼儿自由地呈现出各种千变万化的形状。叶海龙身上长满了绚丽的叶片，你几乎可以辨认出这些叶片模仿的是什么种类的海藻。你必须仔细观察它们，才能发现它们其实是鱼身的一部分。这是一种经过改造的海马——而海马本身就是对其更为人所熟悉的表亲们，如鳟鱼和鲭鱼等“标准鱼”形体设计的夸张变形呈现。

大多数掠食性鱼类都会主动寻找和追逐猎物，这就消耗了它们从捕获的食物中获取的相当一部分能量。而在海底栖息的数百种鮟鱇通过引诱猎物靠近来节省捕食的能量。这些守株待兔的垂钓者本身的伪装也非常出色。它们的头上长出一根钓竿（改良过的鳍刺），钓竿顶端是诱饵，垂钓者以一种充满诱惑的方式摆弄着诱饵。毫无防备的猎物会被诱饵吸引过来，然后垂钓者就会张开巨口，将猎物吞入腹中。不同种类的垂钓者青睐不同的鱼饵。有的鱼饵像蚯蚓，随着垂钓者挥动鱼竿，会半真半假地晃动。黑暗深海中的垂钓者的鱼竿末端藏有发光细菌，由此制成的发光诱饵对其他深海鱼类和无脊椎猎物（如虾）极具吸引力。与此趋同的情况是，鳄龟在休息时会张开嘴巴，用舌头模仿蠕虫运动，以此作为诱饵吸引毫无戒心的猎物。

海马和鮟鱇是硬骨鱼类适应辐射的极端代表。它们的性生活也极不寻常，且各不相同。鮟鱇的性生活可谓千奇百怪。我在上一段中所说的一切描述只适用于雌性鮟鱇。雄性鮟鱇是极小的“矮雄”（dwarf male），大小是雌鱼的几百分之一。雌鱼会释放一种化学物质，吸引雄鱼。雄鱼将咬紧雌鱼身体，下颌嵌入，然后消化自己的前端，将其埋入雌鱼体内。于是矮雄成了雌性身上的一个小突起，里面有雄性的性腺，雌性需要时可以从中提取精子。这就好像是雌雄同体，只不过“她的”睾丸拥有不同于雌性本身的基因型，它是从外部侵入的，以矮雄的形式被固着在雌性的皮下。

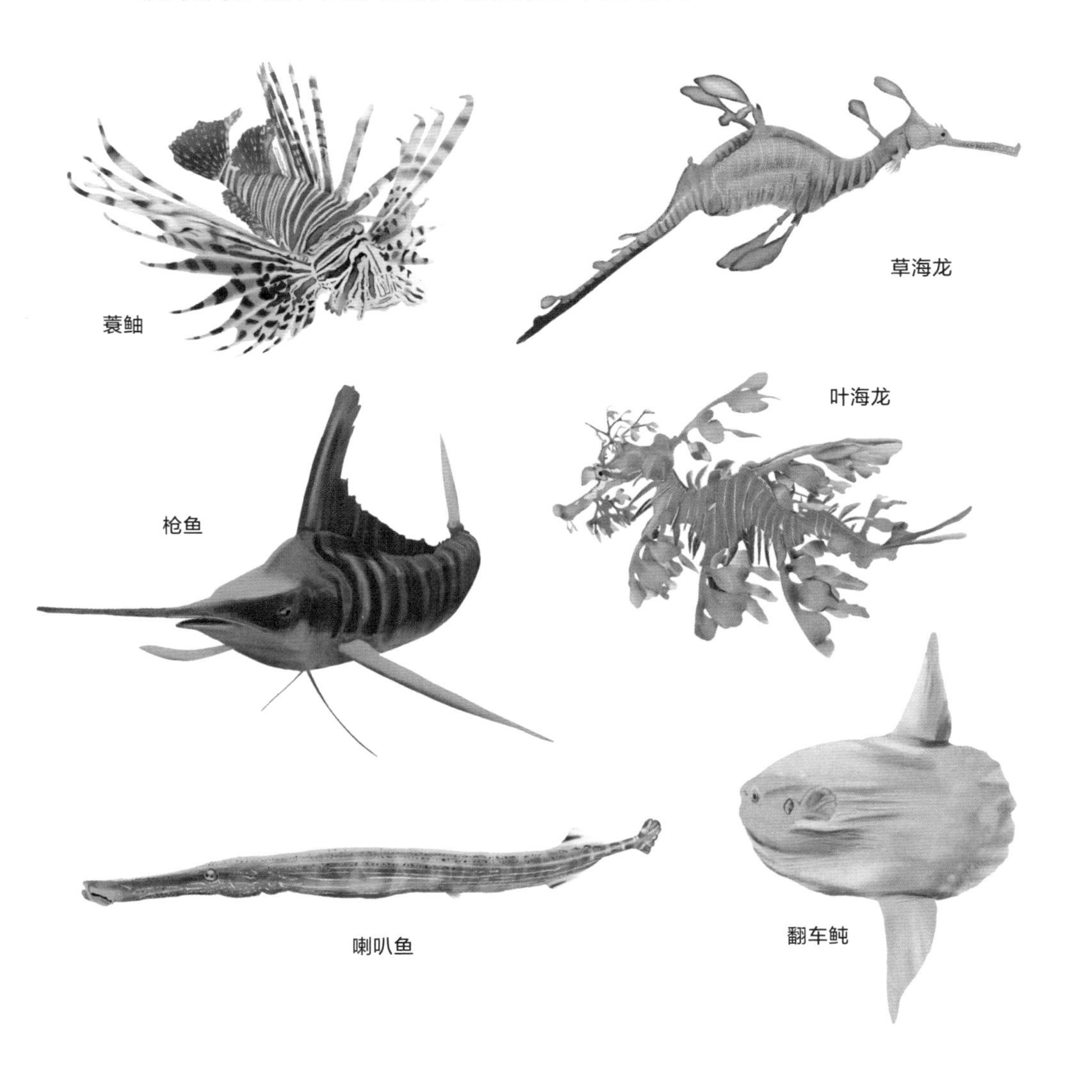

许多种类的鱼都是胎生鱼——雌鱼会像哺乳动物一样怀孕并生下活体幼鱼。海马在这方面显得不同寻常，因为在海马中怀孕的是

雄性，雄性把宝宝放在腹部的育儿袋里，并最终生下它们。你是不是想知道，我们是如何定义他为雄性的呢？因为在整个动植物界，我们基本会将产生大量小配子（精子）的一方，而不是产生更少但更大的配子（卵子）的一方定义为雄性。

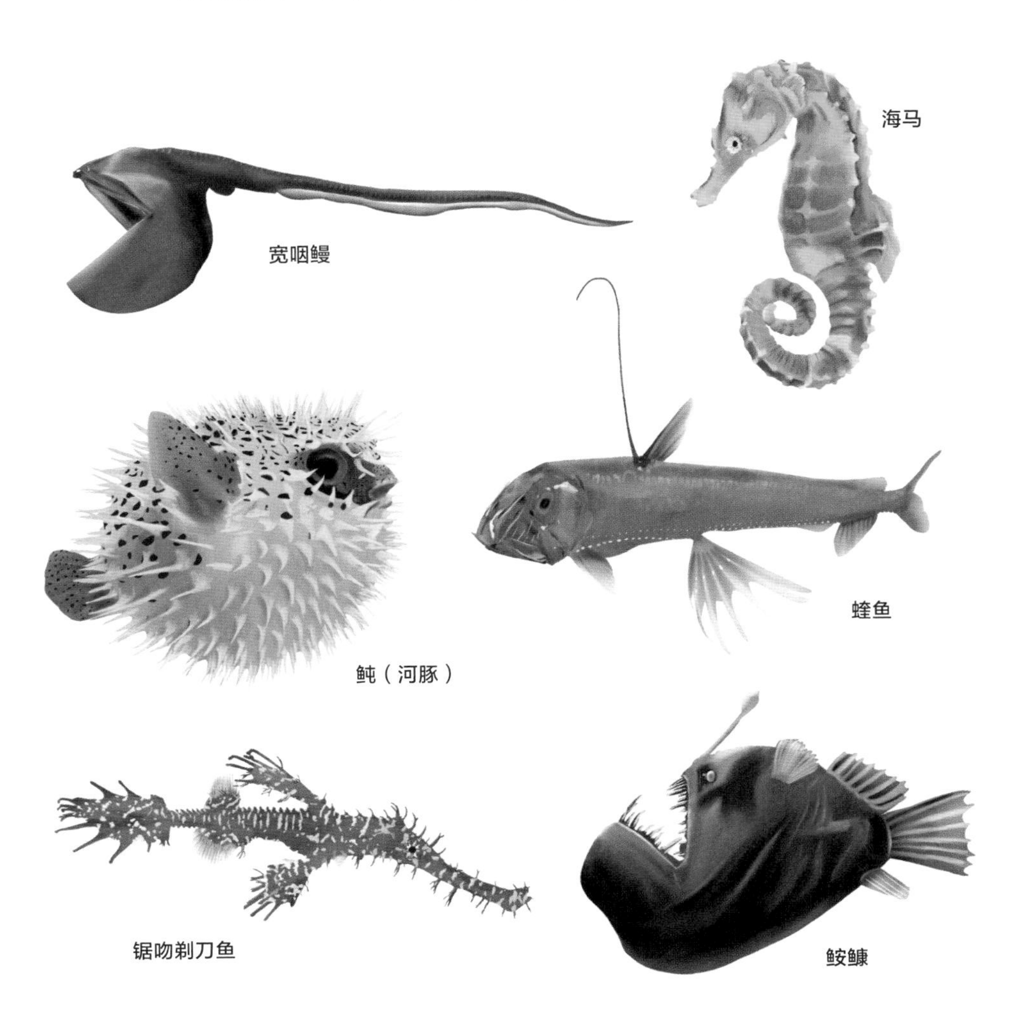

在浮力的作用下，鱼类摆脱了重力的束缚，进化出各种令人惊叹的奇异形状

适应辐射指的是从单一起源向外扇形扩展的进化分化。当新的生存空间突然出现时，适应辐射的表现尤为引人注目。6 600 万年前，一场天降之灾让地球上 76% 的物种就此灭绝，这为后继的哺乳动物提供了广阔的舞台，让它们可以取恐龙而代之。哺乳动物随后展现的适应辐射可谓惊人。那些在大灾变中幸存下来的小型穴居动物（可能是在安全的地下掩体中冬眠，从而逃过一劫）的后代种类之繁多，体型与习性之迥异，涌现速度之快，皆令人吃惊不已。

在更小的规模和更短的时间尺度上，火山岛可以通过海底火山的上升流（地幔物质上涌）突然冒出海面（以地质年代的标准来看是“突然”的）。对动物和植物来说，这是一片处女地，也是不毛之地，没有生物栖息，可供从头开发。慢慢地（以人的一生为标准），火山岩碎裂，开始形成土壤。种子随风飞来，或者被鸟类带到这里，并借由鸟类的粪便施肥。小岛从一片黑色的熔岩沙漠变成了海中的绿洲。有翅膀的昆虫伴风飞来，小蜘蛛则借着丝线空降。候鸟被吹离航线，降落在岛上休整，并就此停留，繁衍后代。红树林的破碎残片从大陆漂来，偶尔还有被飓风连根拔起的树木。这些怪异的漂流物携带着偷渡者——例如鬣蜥。在各种偶发的情况下，这座小岛一步步被各种生物殖民。然后，殖民者的后代迅速（以地质学的标准来看是“迅速”的）进化，趋于多样化以填补各种空缺的生态位。群岛的多样性尤其丰富，因为岛屿之间的漂移比从大陆到群岛的漂移更为频繁。科隆群岛和夏威夷群岛就是典型的例子。

火山并不是开辟进化新处女地的唯一途径。一个新的湖泊也可以成为进化的新版图。维多利亚湖是热带地区最大的湖泊，但它却非常年轻。其估计形成年代从距今 10 万年到根据放射性碳定年测定的距今区区 1.24 万年不等。这种差异很容易解释。地质学证据显示，该湖盆形成于大约 10 万年前，但湖泊本身曾经完全干涸，并多次重新蓄水。1.24 万年前代表的是最近一次重新蓄水的时间，因此也代表了当前湖泊的大致地理年龄。

现在，令人惊讶的事实来了。维多利亚湖中大约有 400 种丽鱼[2]，它们都是在维多利亚湖形成的短时间内从河流迁徙而来的两个创始世系的后代。同样的情况早先也在非洲的其他大湖，即更深的坦噶尼喀湖和马拉维湖发生过。这三个湖泊中的每一个都有独特的丽鱼群进化辐射，不同于其他湖泊，但又相似。

利氏雨丽鱼

勒氏亮丽鲷

这里还有一个略有些令人毛骨悚然的相似例子。在马拉维湖（我最早的沙滩假期就是在那里度过的），有一种叫作利氏雨丽鱼（*Nimbochromis livingstonii*）的食肉鱼。它会躺在湖底装死。它的身体上甚至布满了深浅不一的斑点，看起来像是腐烂了。当小鱼受骗上当，胆大妄为地靠近它啃食时，“尸体”会暴起，把小鱼吞进肚里。这种捕食技巧曾被认为是动物界中独一无二的[3]。但后来，人们在另一个大裂谷湖泊坦噶尼喀湖发现了完全相同的伎俩。另一种丽鱼勒氏亮丽鲷（*Lamprologus lemairii*）独立而趋同地发明了同样的诈死伎俩。它身上也有暗示死亡和腐烂的斑点。在这两个湖泊中，适应辐射独立地发展出了同样可怕的捕食方式。不仅如此，在这两个相似的湖泊中，人们还同时发现了几十种其他的相似生存方式。

我已故的老朋友乔治 · 巴罗（George Barlow）生动地将非洲的这三个大湖描述为“丽鱼工厂”[4]。他的著作《丽鱼》（*The Cichlid Fishes*）读起来引人入胜。丽鱼在进化方面，特别是适应辐射方面教给了我们很多东西。三个湖泊中的每一个都有独立进化出的数百种丽鱼。所有这三个湖泊都讲述着同样的丽鱼爆发性进化的故事，但这三套进化史却完全独立展开。三个湖泊的丽鱼都是肇始于一个只有极少物种的创始群，其中每一个湖泊的丽鱼都遵循着平行的进化过程，大规模的适应辐射形成了种类繁多的“技能”或生存方式——在这三个湖泊中，丽鱼都独立地发现了同样纷繁的技能。

你可能会认为最古老的湖泊中物种最多。毕竟，它供物种进化的时间最长。但事实并非如此。坦噶尼喀湖是三个湖泊中最古老的，距今已有600万年的历史，却只有（“只有”！）300个丽鱼物种。而维多利亚湖，这个只有10万年历史的新生儿，却拥有大约400个丽鱼物种。马拉维湖的年龄介于100万年和200万年之间，它的丽鱼物种数量最多，可能是500种左右，尽管也有人估计超过1 000种。此外，适应辐射的规模似乎与创始种群的数量无关。维多利亚湖和马拉维湖的巨大辐射在很大程度上只能追溯到丽鱼中的一个世系，即朴丽鱼（Haplochromine，也称“单色鲷”）。而相对古老的坦噶尼喀湖中的约300个丽鱼物种似乎来自12个不同的创始世系，朴丽鱼只是其中之一。

所有这些都表明，年轻的维多利亚湖所呈现的物种爆发堪称这三个湖泊的典范。这三个湖泊可能只用了几万年时间就产生了几百个物种。爆发之后的典型发展模式可能是物种数量趋于稳定，甚至可能减少，以至于最终的物种数量与湖泊的年龄或创始世系的物种数量无关。维多利亚湖的丽鱼向我们展示，当进化进入“快跑”状态后，它的速度可以有多快。我们不能指望这样的爆发性速率是一般动物进化的典型速度。我们可以将它看作一个上限。

仔细推敲一下，你会发现维多利亚湖中的进化壮举并不像最初看起来那么令人惊讶。虽然维多利亚湖现在的样貌只有大约1.24万年的历史，但我已经提到过，在10万年前，同一个浅盆地里也曾有一个湖泊。在这期间，它曾多次干涸，又重新蓄满，最近一次蓄水是在1.24万年前。马拉维湖的情况则显示了湖泊水位的急剧升降。14世纪到19世纪，马拉维湖的水位比现在低100多米。然而，与维多利亚湖不同的是，马拉维湖并没有完全干涸。其裂谷深沟的深度差不多是维多利亚湖的 10 倍。在较浅的维多利亚湖中，在每个干涸周期，水位的降低会留下许多池塘和小湖，这些池塘和小湖会在下一个蓄水周期重新汇聚在一起。被困在残留池塘和小湖中的鱼类暂时被隔离开来，使它们能够单独进化——池塘之间没有基因流动。在循环周期的下一个蓄水阶段，它们重新聚在一起，但此时它们在基因上已经分离得太远，以至于被困在不同池塘里的鱼彼此之间无法杂交。如果这种说法是正确的，那么干涸与蓄水的交替就为“物种形成”（spiciation，这个专业术语是指通过现有种系的分裂而产生新物种的进化起源）提供了理想的条件。这意味着，从进化的角度来看，我们可以认为维多利亚湖的真实年龄是 10 万年，而不是 1.24 万年。但即使是 10 万年，这个湖泊仍然很年轻。

如果有 10 万年的时间可资利用，假设从一个创始物种开始，经过一系列物种形成，那么需要多长的间隔时间能产生 400 个物种？10 万年够长吗？数学家可能为了保险起见，会在整个计算过程中采用保守的假设。根据分裂模式的不同，可能存在两个极端，即两个界限括出了物种形成的可能速率。最多产的模式（一个不太可能的极端）是每个物种分裂成两个，产生两个子物种，每个子物种又分裂成两个。这种模式会使物种数量呈指数增长。只需要 8 到 9 个物种形成周期就可以产生 400 个物种（$2^9=512$）。物种形成之间的间隔时间为 1.1 万年即可。而最不多产的模式（另一个不可能的极端）是创始物种本身“按兵不动”，只是接二连三地产生一个又一个的子物种。这将需要更多的物种形成事件，大约 400 次，才能达到 400 个物种的数量，即每 250 年发生一次物种形成事件。如何在这两个极端之间估算出现实的中间值呢？简单的平均值（算术平均数）计算显示物种形成之间的间隔时间在 5 000 年和 6 000 年之间，这个时间足够了。不过，我们的数学家可能会更加谨慎，建议采用几何平均数（将两个数字相乘，然后取平方根）。我们倾向于几何平均数的一个原因是，它能捕捉到偶尔出现的非常糟糕的年份所产生的更大影响。这种更保守的估计要求两次物种形成之间的间隔约为 1 600

年。介于这两种估计值之间的某个区间是可信的，但为了谨慎起见，我们还是采用 1 600 年这个估计值。丽鱼通常在两年内达到性成熟，所以我们还是保守一点，假设代际时间为两年。那么在物种形成事件之间间隔大约 800 代鱼，才能在 10 万年内产生 400 个物种。800 代已足以产生大量的进化变化了。

我怎么知道 800 代的时间足够了呢？同样，数学家可以通过粗略计算来辅助直观判断。我喜欢美国植物学家莱迪亚德·斯特宾斯（Ledyard Stebbins）的一种计算方法。想象一下，自然选择正驱使一种小鼠大小的动物变大。斯特宾斯也是极为保守的，他假定选择压力非常微弱，微弱到在野外工作的科学家无法通过诱捕和测量这种小鼠来发现这一压力。换句话说，假定存在有利于体型变大的自然选择压力，但这种选择压力微不足道，甚至低于野外研究人员的检测阈值。如果这种微弱到无法察觉的选择压力持续存在，那么小鼠进化到大象的体型需要多长时间呢？斯特宾斯计算出的答案是大约 2 万代。按照地质学标准，这只是刹那一刻罢了。诚然，这比 800 代鱼要多得多，但我们现在谈论的并不是小鼠变成大象这样的进化巨变。我们谈论的是丽鱼的演变，这种演变只需要达到使其无法与其他物种杂交的程度而已。此外，斯特宾斯的假设和我们一样，都是保守的。他假设选择压力弱到无法测量。实际上已经有人在野外测量过选择压力，例如在蝴蝶身上[5]。它们不仅很容易被检测到，而且比斯特宾斯假设的那种低于阈值的、难以察觉的压力要强几个数量级。我的结论是，在丽鱼的进化过程中，10 万年是一段相当长的时间，足以让一个祖先物种分化成 400 个独立的物种。幸运的是，这种情况已经发生了！

顺便提一下，对于那些认为地质年代还不够长，不足以容纳我们所观察到的大量进化变化的怀疑论者来说，斯特宾斯的计算方法是一剂有益的解药。他计算的从小鼠到大象的 2 万代进化时间从地质学的角度看非常短，以至于地质学家的测年方法通常无法测量。换句话说，一种野外遗传学家无法检测到的微弱选择压力，却能产生如此快速的重大进化变化，以至于在地质学家看来这简直是在刹那间完成的。

甲壳类是另一大类水生动物，它们从更古老的共同来源进化而来，其进化辐射过程蔚为壮观。在这个例子中，给人留下深刻印象的是这些动物对共同解剖结构的改造。刚性骨骼只有在由铰链单元（脊椎动物的骨骼、甲壳类和其他节肢动物那铠甲般的体管和外壳）构成的情况下才能运动。由于这些骨骼和壳管都是坚硬的铰接件，因此它们的数量是有限的，每一个都是一个可以跨物种进行命名和识别的单元。事实上，所有哺乳动物都有几乎相同的可命名骨骼（人类有 206 块），这使得人们很容易将进化的差异具体识别为每块已命名骨骼——尺骨、股骨、锁骨等——所表现出的变形。甲壳类的类骨骼要件也是如此，但与骨骼不同的是，它们位于生物体外部，是直观可见的。

伟大的苏格兰动物学家达西 · 汤普森选取了 6 种蟹，只观察它们的一个外骨骼单元，即身体盔甲的主要部分——头胸甲。

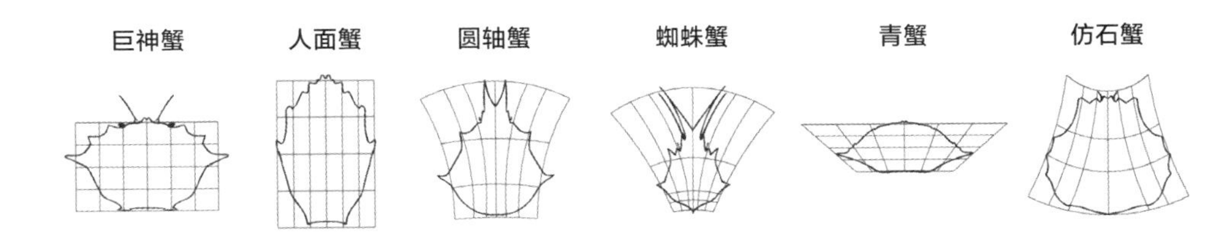

他随意选择了 6 个头胸甲中的一个，恰好是巨神蟹（最左边）的，并把它绘制在一个矩形网格中。然后，他证明，只需以符合数学规律的方式扭曲网格，就能使这种蟹的头胸甲的形状逼近其他 5 种蟹的。可以想象成在一张可拉伸的橡胶板上画一只蟹，然后按照数学上指定的方向扭曲橡胶板，便可模拟出其他 5 种蟹的形状。这些扭曲并不是进化变化。这 6 个物种都是同时代物种。没有一个物种是其他物种的祖先，它们的祖先已经不在了。但它们的例子表明，胚胎发育的变化（例如生长速率梯度的改变）是多么容易在外骨骼

的某一部分上产生甲壳动物形态的多样性。达西 · 汤普森对包括人类和其他猿类头骨在内的许多其他骨骼基本构成部分也做了同样的研究。

当然，动物身体并不是画在可拉伸橡胶板上的。每个个体都是由受精卵发育而成的。但是，发育中的胚胎各部分的生长率差异，会使其最终看起来就像拉伸橡胶板造成的变形。朱利安 · 赫胥黎（Julian Huxley）将达西 · 汤普森的方法应用于研究发育胚胎中不同身体部位的相对生长[6]。这种胚胎变化受基因控制，基因频率的进化变化产生了进化的多样性，看起来像被拉伸的橡胶。当然，不仅仅是头胸甲如此，甲壳动物身体的所有部分（以及所有动物的身体，但往往不那么明显）都存在同样的进化变形。你可以看到每个标本中都有相同的部分，只是被强调的程度不同。胚胎不同部位的不同生长速率实现了这种不同程度的强调。

甲壳动物的数量极其庞大。澳大利亚生态学家罗伯特 · 梅（Robert May）以其特有的机智说过：“如果对所有物种取一级近似，那它们都是昆虫。”然而据统计，世界上桡足类（甲壳类水蚤）的个体数量比昆虫的个体数量还要多。下页图画出自达尔文在德国的主要支持者、动物学家恩斯特 · 海克尔（Ernst Haeckel，1834—1919）之手，它令人眼花缭乱地展示了桡足类的结构多样性。

第 128 页图描绘的是一只典型的成年甲壳动物——螳螂虾（虾蛄）。螳螂虾（口足类）在身体结构方面是典型的，而且外表色彩斑斓，这就是我选择它做例子的原因。不过，螳螂虾中也有一些可怕的家伙，它们在某一方面的表现令人震撼不已，与“典型”一词完全不搭——它们是字面意义上的拳击高手。在自然界中，它们会用自己大锤般的螯狠狠地击打软体动物的外壳，而在人工饲养条件下，大体型螳螂虾的击打速度堪比小口径步枪的射击速度，可以击碎水族箱的玻璃。打击释放出的能量甚至可以让水局部沸腾，并出现闪光[7]。你可千万别惹螳螂虾，但它们是甲壳动物身体基本结构多样化的绝佳范例。

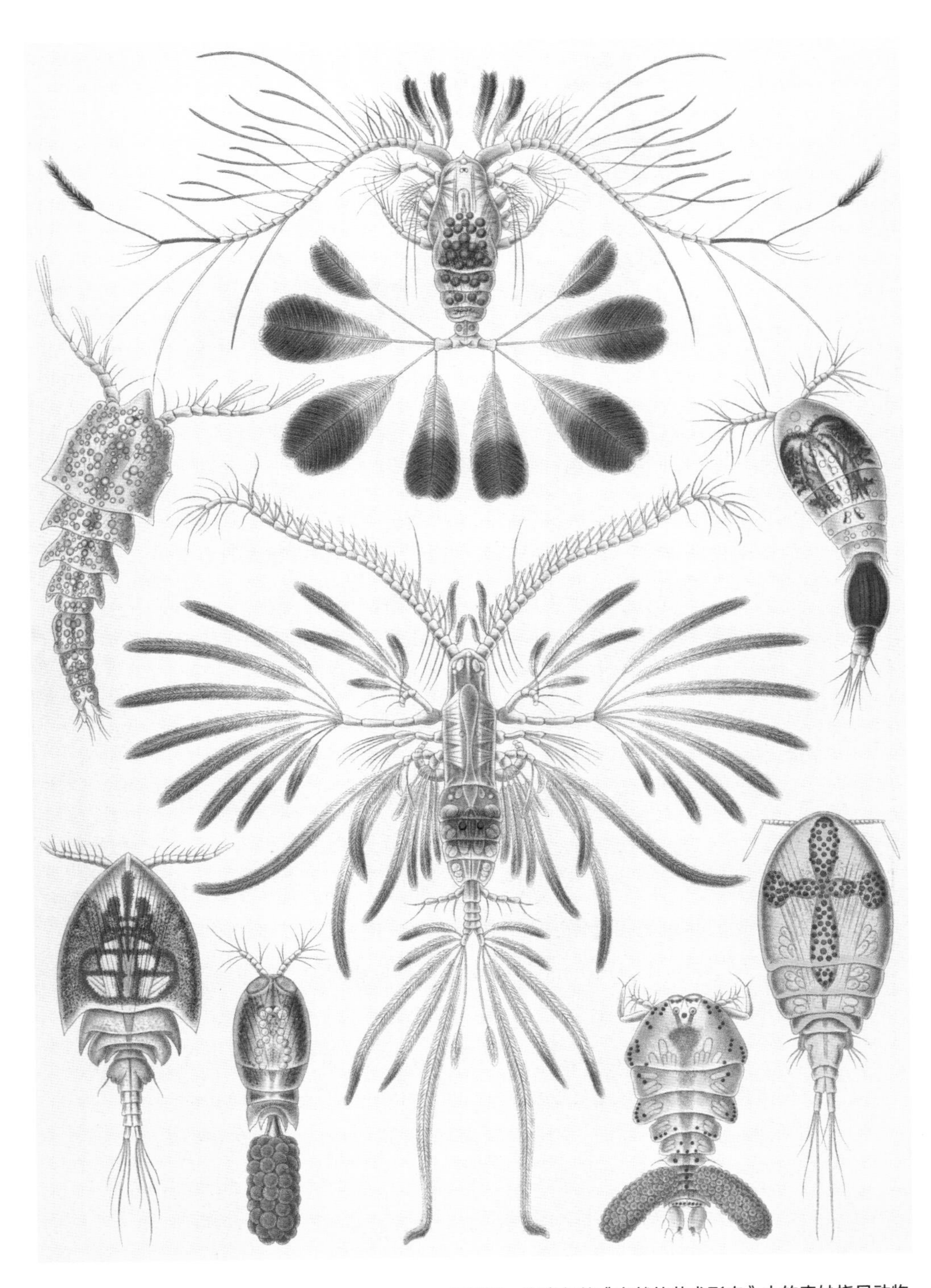

恩斯特·海克尔的《自然的艺术形态》中的奇妙桡足动物

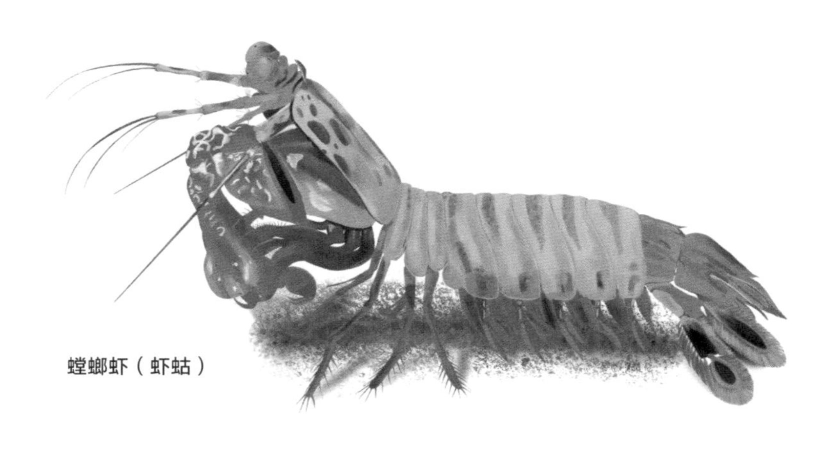
螳螂虾（虾蛄）

不要因为名称将螳螂虾与“鼓虾”，或称“枪虾”（鼓虾科）混淆，后者也以自己的方式完美诠释了甲壳动物的多样性[8]。这些虾有一只加大版的螯，比另一只螯大一些[9]。它们会以惊人的力量闭合这只增大的螯，产生冲击波——一种极端高压的强烈脉冲，紧随其后的尾流则是极端低压。冲击波可以击晕或杀死猎物。这种声音是海洋中最响亮的声音之一，足以与大型鲸的吼声和尖叫声媲美。肌肉的运动速度太慢，无法产生诸如鼓虾的闭螯或螳螂虾的“出拳”（或者跳蚤的跳跃）这样的高速运动。它们是将能量储存在弹性材料或类弹簧装置中，然后突然释放能量——这就是弹弓或弓箭发射的原理。

甲壳动物的多样性令人眼花缭乱。但这是一种受限的多样性。再说一遍，这也是我选择甲壳类作为本章案例的原因，你可以很容易地在每个物种中识别出相同的部分。它们以相同的顺序相互连接，但在形状和大小上却千差万别。关于甲壳类的基本身体结构，首先要注意到它是分节的。这些体节从前向后排列，就像一列由运货车皮连接而成的货运列车。蜈蚣和千足虫的体节更像火车，因为它们的大部分体节是一样的。螳螂虾或龙虾则像一列不那么同质化的火车，它们的车皮在某些方面（如车轮、转向架和连接钩）是相同的，但在其他方面（如作为运牛车皮、奶罐车皮、运木车皮等）则有所不同。

甲壳类在进化过程中，通过改变这些车皮的结构，实现了惊人的多样性，但同时也从未忽略“列车”本身的构造。螳螂虾的各体节虽然不同，但仍然明显具有与其他甲壳动物相同的模式，每一节都有一对末端分叉的肢。螃蟹或龙虾的螯就是明显的分叉肢的例子。从这种动物的前部到后部，成对的附肢包括触角、各种口器、螯，然后是四对足肢。再向后，龙虾或螳螂虾腹部的各节下面都有一个小的关节状附肢，叫作游泳足，两侧成对，每个游泳足的末端通常都有一个小桨叶。在龙虾或螃蟹身上，胸部和头部的体节都隐藏在一个共同的覆盖物——头胸甲之下。但是它们的体节却因附肢暴露无遗，四个体节下有步行足，前端则有触角、大螯和口器。腹部的后端，可类比火车的押运车厢，那里有一对特殊的扁平附肢，叫作尾肢。我第一次去澳大利亚时，在自助餐厅里看到了当地人所说的“海湾虫”（bay bugs），这让我很感兴趣。这种生物的前端和后端看起来都像尾肢，有点像甲壳动物版的《怪医杜立德》中的“双头骆马”，不过它们有两个尾肢而不是两个头。正如我们现在看到的，这也并不那么令人惊讶。

节肢动物和脊椎动物的分节曾被认为是独立进化而来的。但现在人们不再这样认为。于是就有了一个引人入胜的进化故事，而其他有体节的动物，如环节动物蠕虫，也可被囊括到这一故事之中。正如体节像火车一样从前向后依次排列，控制体节的基因也沿着染色体的长度依次排列[10]。这一革命性的发现颠覆了我在学生时代形成的对动物学的整个态度，我觉得它妙不可言。还是以列车进行类比，染色体上有一列载有基因车皮的列车，与身体上的由体节构成的列车平行。

一个多世纪以来，人们一直知道，有些变异果蝇会在本该长出触角的地方长出一条足肢。由于显而易见的原因，这种突变被称为“触角足”（antennapedia），它还可以纯育。果蝇中还有其他引人注目的突变，例如“双胸”（bithorax）。这种突变体像普通昆虫一样长有四只翅膀，而不是像果蝇所属的“双翅目”这个名字所昭示的那样仅长有两只翅膀。这些重大突变都可以通过“染色体列车”

中按顺序排列的基因的变化来解释。当我第一次在大堡礁的一家餐厅看到海湾虫时，我立即思考起海湾虫最初是否也是通过类似于触角足的变异进化而来的，只是在这个例子中，在这种动物前端复制的不是一条足肢，而是尾肢。

尼帕姆 · 帕特尔（Nipam Patel）及其同事巧妙地展示了这种效应。他们的研究对象是一种海洋甲壳动物，名叫明钩虾（*Parhyale*），属于端足类。我记得小时候，父母曾在农场里一条冰冷小溪流经的河道中挖出一个游泳池让我们游泳[11]，小溪中那数以百计的小型端足动物曾让我目眩神迷。另一个熟悉的端足类例子是我们经常在海滩上遇到的成群蹦跳的“跳虾”（俗称“沙蚤”）。我们在上一章中见过扁平状的等足类“丸虫”，端足动物则与其不同，后者在左右侧向上扁平，而不是从背到腹侧扁平。而且，在明钩虾和其他许多端足类中，它们的附肢也不尽相同。它们的一些足肢似乎指向“错误”的方向。其中三辆“车皮”似乎是反向“连接”起来的（下图左侧的红色区域）。帕特尔和他的同事通过巧妙地操纵控制这些“列车车皮”的基因，改变了这三个反向的部分，以使所有肢体朝向同一方向（下图右侧）。[12]这种操作所基于的原理是，三个反向的体节被其前面的三个体节的复制品取代。帕特尔小组对明钩虾的其他部分也进行了同样有趣的操作，这项工作虽然巧妙迷人，却会使我们离题太远，所以还是就此打住吧。

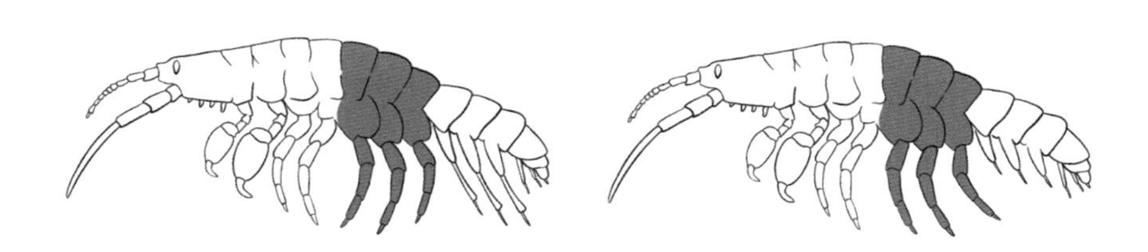

卡利奥皮 · 莫挪尤斯绘

我们脊椎动物也是分节的，但方式有所不同。这在鱼类身上很明显，在我们的肋骨和椎骨上也很明显。蛇类则将这种分节方式发挥到了极致——有点像蜈蚣，但蛇是以内部肋骨而不是外部的足来分节的。我们现在已经了解了胚胎发育中体节增殖的机制。令人惊奇，实际上也是相当奇妙的是，脊椎动物和节肢动物的这一机制竟然基本相同。因此，我们明白了为什么不同种类的蛇会进化出截然不同的椎骨数量，从大约 100 块到 400 块不等——而我们人类只有 33 块。无论椎骨是否长出肋骨，它们都与相邻的“列车车皮”有类似的连接机制，都有类似的血管、感觉神经和运动神经与穿过它们的脊髓相连。正如我刚才提到的，近代动物学最具革命性的发现之一便是，节肢动物和脊椎动物的胚胎学分节机制，在其重写本的深处竟然惊人地相似。再次强调，真正妙不可言的事实是，在这两类动物中，基因沿着染色体排列的顺序与它们所影响的体节的排列顺序相同。

尽管甲壳动物都遵循着这种重写本深处大胆书写的分节设计，但不同“车皮”的变化是如此之大，以至于此处列车的类比也变得相当生硬。有时，许多体节会融合在一起，形成一个单一的壳体，就像螃蟹一样。通常，从体节上长出的附肢也是千奇百怪，从龙虾身体前端的可怕的螯、螳螂虾的拳击锤，到它们腹部下方排列的游泳足，各色纷呈。甲壳类大小各异，从不足 1 毫米的“水蚤”到肢展可达 3 米的日本蜘蛛蟹“高脚蟹”（*Macrocheira*）。虽然高脚蟹可能会让人心生畏惧，但它对人类无害。想象一下，如果在这个体型的基础上，增添类似龙虾的钳夹或螳螂虾的出拳力道，那会是什么情景！

螃蟹可以被看作一类龙虾，只不过它的尾巴（腹部）缩短并蜷缩在身体下面，所以只有把它翻过来才能看到。螃蟹的腹部与猿类/人类的尾骨有几分相似，都是由祖先尾巴上的一小段体节压缩而成的。寄居蟹严格来说不是螃蟹，而是属于甲壳动物中的一个独立类群“异尾类”（Anomura）。它们的腹部不像真正的螃蟹那样被压扁，

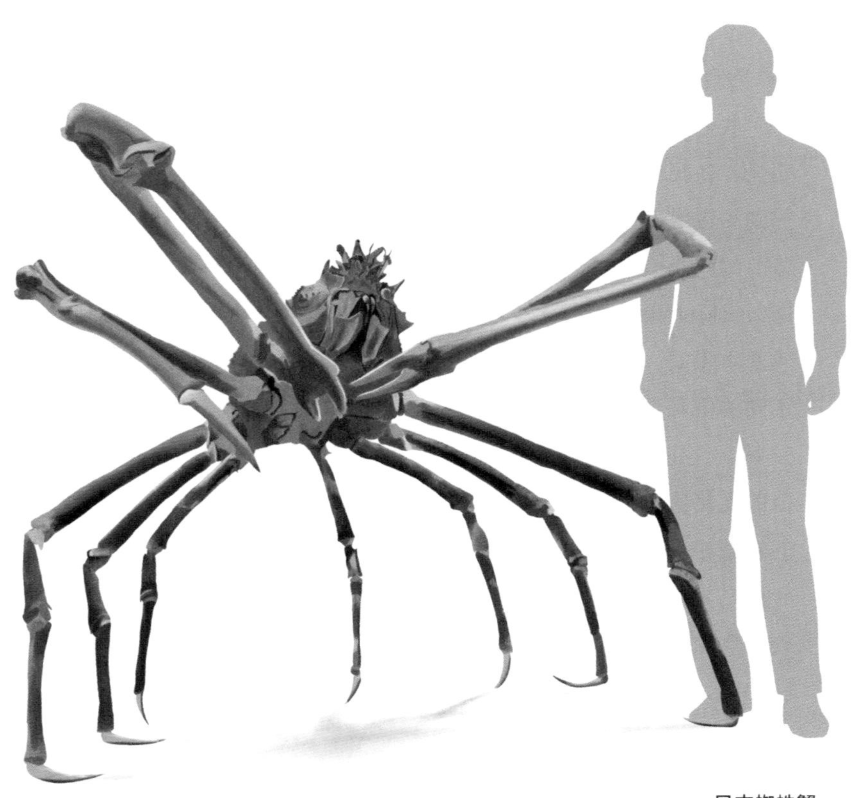

日本蜘蛛蟹

而是柔软地向一侧卷曲，以适应寄居蟹所栖息的废弃软体动物的贝壳。寄居蟹选择贝壳和相互争夺贝壳的过程本身就很吸引人。不过，那是另一个故事了。在本章中，寄居蟹只是甲壳动物所呈现的奇妙多样性的又一例证。

甲壳类的幼体同样展示了该类动物的多样性，即使与成体相比也不遑多让。但是，纵使形态千变万化，其基本的结构设计仍然是一目了然的。也许比甲壳类成体更显著的是，在幼体身上，自然选择就像是在肆无忌惮地拉扯、推动、揉捏或扭曲其躯体的各个部分。不同种类的甲壳动物都经历过可命名的幼体阶段，这些幼体本身就是自由生活的动物，生活方式往往与成体截然不同——就像昆虫中的毛虫与蝴蝶的生活方式截然不同一样。“溞状幼体”（zoea）就是这样一种幼体。它是蟹、龙虾、螯虾、对虾、海湾虫和它们的同类——十足目甲壳动物——成体之前的最后一个发育阶段。

次页所示是各式各样的溞状幼体，展示了甲壳动物的基本结构在进化过程中是多么容易被拉伸和弯曲，就像用黏土做的模型一样。我从这些精致的小生物身上了解到的是，它们都有相同的部分，只是这些部分的相对大小和形状各不相同。它们看起来都像是彼此的变形版本。这正是进化多样性的意义所在，甲壳类和其他动物类群一样清晰地表明了这一点。你可以将所有物种的相应部位都匹配起来，并且可以清楚地看到不同物种在进化过程中如何以不同的方式对相同的部位进行拉动、伸展、扭曲、膨胀或收缩。想必你也会由衷地赞同，这真是太奇妙了。

溞状幼体可能看起来有点像它们即将成为的成体。但它们需要在一个截然不同的环境（通常是浮游生物的世界）中生存，而且它们的身体变化多端，可以进化成各种不可能的变体——这些都写在了重写本的表层。它们中的许多都长着长长的尖刺，大概是为了让自己难以被吞下。次页图中上排中间位置的浮游溞状幼体的尖刺令人印象深刻，但在它后来发育成的典型成蟹身上却看不到这种尖刺。事实上，在这个例子中，其成蟹会习惯性地背着海胆，自己则藏身于海胆之下，难以被发现——大概是为了得到海胆自身尖刺的保护。请注意，这些幼体的腹部又长又突出，腹部的体节很容易辨认。可与所有螃蟹一样，其成蟹的腹部既不长也不突出，而是低调地收在胸部下方。

在大多数甲壳动物的生命周期中，“无节幼体”（nauplius larva）是比溞状幼体更早的幼体阶段。溞状幼体与成体尚有某种相似之处，而无节幼体则不同，它们有自己独特的外观。一些甲壳动物还有另一个幼体阶段——“腺介幼体”（cyprid larva），之所以叫它腺介幼体，大概是因为它很像一种叫“腺介虫”（*Cypris*）的水蚤的成虫。也许，腺介虫的成体就是幼体过度生长现象的一个例子，这是进化过程中相当常见的一种方式。第135页图展示的是一种非常不起眼的带甲下纲（Facetotecta）甲壳类的腺介幼体。

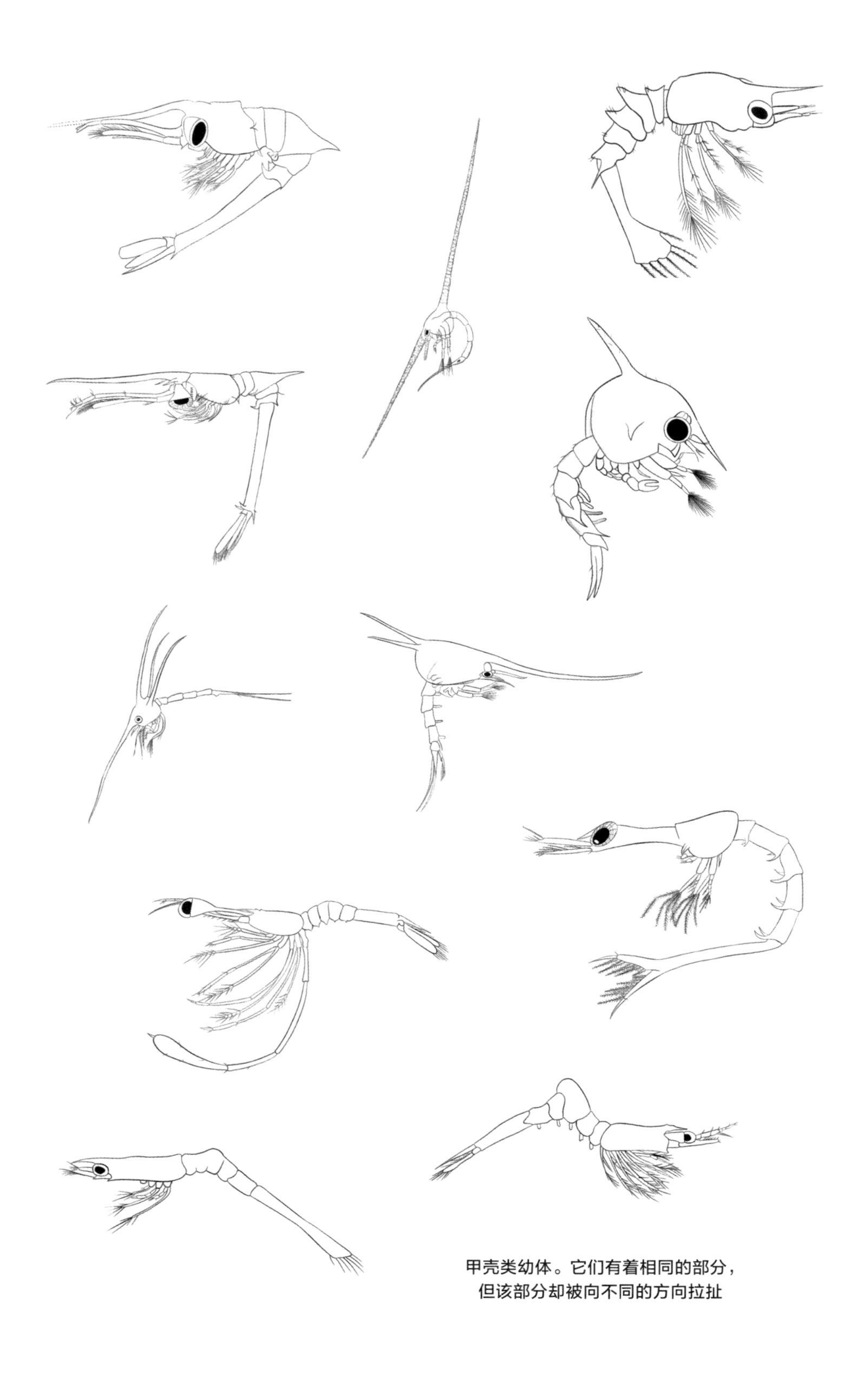

甲壳类幼体。它们有着相同的部分，
但该部分却被向不同的方向拉扯

明显可看出这种幼体是甲壳动物，其头部有头盾，腹部则有典型的甲壳动物的分叉附肢。从1899年首次发现这种幼体开始，直到2007年，都没有人知道这种带甲下纲甲壳类的成体长什么样子。没人在野外见到过它们。直到2008年，一组实验人员成功地通过激素处理使这些幼体转变成成体的前体。他们论文的副标题就是“解开百年之谜”。结果他们发现，成体是一种柔软、无甲、类似蛞蝓或蠕虫的生物，没有明显的体节，也没有附肢，应该是寄生虫，不过没人知道它们的宿主是谁[13]。仅看这些成体，你根本看不出它们是甲壳动物。这个实验让人想起朱利安·赫胥黎在1920年用蝾螈做的类似实验。蝾螈是脊椎动物，属于两栖类。它们看起来像蝌蚪，事实上也的确是蝌蚪，但却是性成熟的蝌蚪，而且会繁殖。它们是由一些原本可以变成蜥蜴形态的幼体进化而来的。在它们的进化过程中，由于幼体具备了性能力，于是其生命史中的成体阶段被截去了。通过给它们注射甲状腺激素，朱利安·赫胥黎成功地把它们变成了它们祖先曾经变成的蜥蜴形态。这个实验可能启发他的弟弟阿道司·赫胥黎（Aldous Huxley）写下了小说《夏去夏来》（*After Many a Summer*），在小说中，一个18世纪的贵族发现了欺骗死神、获得长生的方法——200年后，他变成了一只毛茸茸的长臂猿人，还哼着莫扎特的咏叹调。因为我们人类是类人猿的“幼体”！

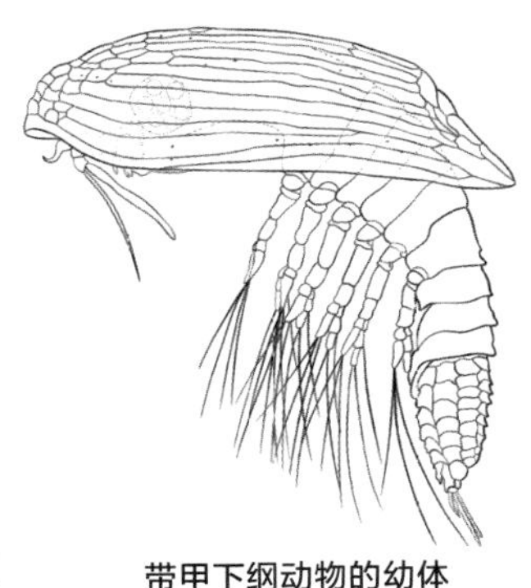
带甲下纲动物的幼体

这些像蛞蝓一样的带甲下纲动物是甲壳动物多样性的又一体现。它们的祖先一定也是像其他甲壳类一样有体节和附肢的成体。但是，这种在甲壳类的重写本中最为典型的文字却被代表“寄生”的相应文字覆写，几乎完全消失了，只在幼体身上有所保留。这种退行性进化在动物界多类寄生生物中并不鲜见。在甲壳动物中，藤壶科的某些成员将这种现象演绎到了极致。不过，它们并不是那种附着在海边岩石上，并在你赤脚走上这些岩石时让你刺痛不已的典型藤壶。

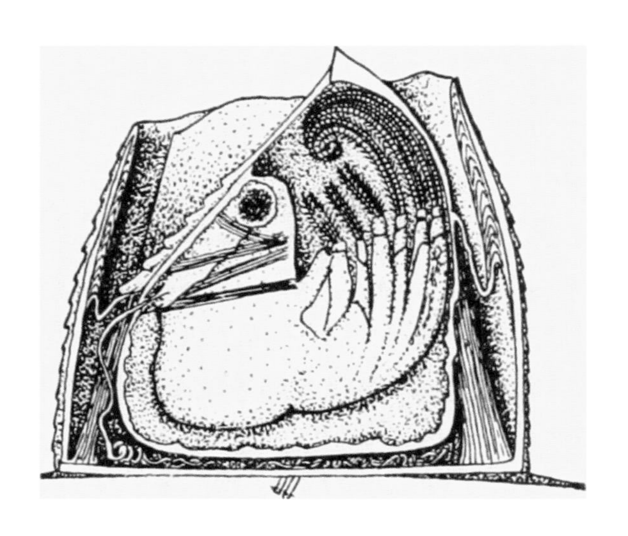

我记得小时候在海边度假时，父亲告诉我藤壶其实是甲壳动物，我根本不信。我以为它们是软体动物，因为它们看起来就像软体动物。总之，在你仔细观察其内部结构之前，一点也看不出它们是甲壳动物。那些紧贴着岩石的藤壶看起来就像微型帽贝，而鹅颈藤壶看起来就像长着茎的贻贝。那么我们怎么知道它们真的是甲壳动物呢？要看其内部。或者看看上方这幅出自达尔文本人的绘画[14]，藤壶外壳内是一种仰面躺着的虾状生物，用梳子一样的肢体扫水，过滤出游动的细碎食物。我们现在不难预料到，藤壶的幼体比成体更像甲壳动物。在成体开始营固着生活之前，它是像浮游生物一般自由游动的幼体。下页图中左侧的是一种小岩石藤壶（*Semibalanus*）的无节幼体，右侧与之比较的是一种虾——单肢虾（*Sicyonia*）的无节幼体。

藤壶幼体

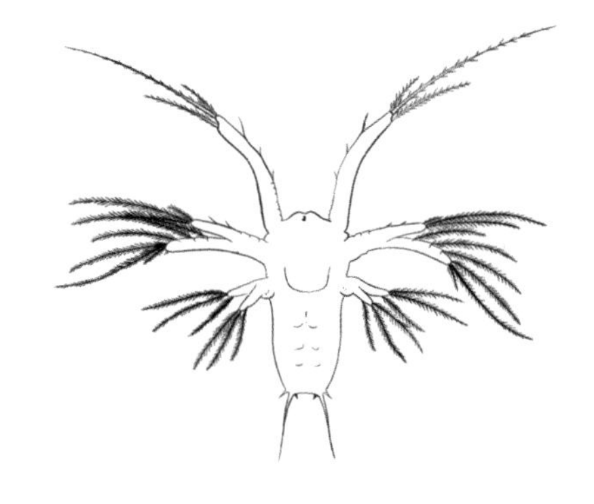
虾幼体

藤壶并不只会包覆在岩石表面。对于它们来说，鲸就像是一块巨大的移动岩石，因此一些藤壶在鲸的体表安家也就不足为奇了。还有一些种类的藤壶栖息在其他场所，比如有的会寄生在螃蟹身上，其中一些，尤其是蟹奴（*Sacculina*），进化成了与正常甲壳类形态相异的最极端例子。在进化过程中，它们从螃蟹的外部转移到其内部，成为一种体内寄生虫，与藤壶甚至任何其他动物都没有明显的相似之处。寄生虫的进化方向通常可以被公允地称为“退化”，而蟹奴就是一个极端的例子。我将在最后一章再次讨论它。

我可以选择许多动物类群来说明同一个主题的进化分化和变奏。在这方面，鱼类和甲壳类的表现也许比其他任何类群都更引人注目，我着重选择了甲壳类的幼体，部分原因是它们大多营浮游生活，不像成体龙虾、螃蟹和对虾那样为人所知。遗憾的是，在本书中我只能展示这些幼体中的一小部分。更多详情请参阅约翰斯·霍普金斯大学出版社出版的《甲壳类幼体图集》（*Atlas of Crustacean Larvae*），了解这些令人着迷的小生物所展现的丰富和惊人的多样性。托马斯·布朗爵士（Sir Thomas Browne，1605—1682）在写下以下关于蜜蜂、蚂蚁和蜘蛛的文字时，甚至还不知道这些甲壳类幼体的存在，但它们可能会让他更有感触。

粗鄙之人只会惊异于大自然书写的宏大篇章：鲸、大象、单峰驼和双峰驼。我承认，这些都堪称大自然的鬼斧神工，但在［诸如蜜蜂、蚂蚁］这样渺小的构造中，蕴藏着更为奇妙的数学玄机，这些自然界的小小公民的举止也更巧妙地体现了造物主的智慧。[15]

第 7 章

活的记忆

重写本中最新的字迹，也就是那些位于重写本顶层的文字，是动物在自己的一生中写下的。我说过，从过去遗传下来的基因可以被看作对即将出生的动物要面对的世界的一种预测。但是基因只能以笼统的方式预测。环境条件在时间尺度上的变化比自然选择所能应付的世代更替要快。许多有用的细节都是在动物个体的一生中被逐步填满的，主要是通过储存在大脑中的记忆，而不是通过“遗传之书”，即那些写在 DNA 中的“记忆”。就像基因库一样，大脑储存着动物所处世界的信息，这些信息可以用来预测未来，从而帮助动物在这个世界中生存。但大脑可以在更小的时间尺度上做到这一点。严格地说，对学习而言——事实上，就是本章内容所涵盖的——我们讨论的不是“亡者的遗传之书”，而是“生者的非遗传之书”。然而，正如我们将看到的那样，促使大脑学习某些东西，而非其他东西的，仍然是过往那些经历自然选择的基因。

一个物种的基因库是由自然选择的斧凿雕刻而成的，其结果是，个体由雕刻完成的基因库中提取的基因样本进行编程，并往往善于在进行这一雕刻的环境（即祖先所在环境的平均值）中生存。身体生存设备的一个重要部分就是大脑。大脑——它的脑叶和脑缝，它的白质和灰质，它那由神经细胞组成的扑朔迷离的小路和由神经干组成的高速公路——本身就是由祖先基因的自然选择雕刻出来的。随后，在动物的一生中，大脑又通过学习发生了进一步的变化，从而进一步提高了动物的生存能力。在这里用“雕刻”一词似乎不是很恰当[1]。但是，学习和自然选择之间的相似性给许多人留下了深刻印象，尤其是 B. F. 斯金纳（B. F. Skinner），他是研究学习过程的权威——尽管存在争议。

斯金纳专门研究一种被称为“操作性条件反射”（operant conditioning）的学习方法，他使用的训练装置后来被称为“斯金纳箱”，是一个装有电动食物分配器的笼子。动物（通常是大鼠或鸽子）惯于接受食物有时会出现在自动分配器中的情况。箱壁上设有一个可按下的杠杆或一个可啄的按键。压下杠杆或按下按键，可能会有食物送出，但不是每次都有，具体哪几次会出现食物，由实验设计者提前设置。动物能够学会操作这种装置，使其对自己有利。斯金纳和他的同事们发展出了一套所谓操作性条件反射或强化学习的精密科学。斯金纳箱适用于多种动物。我曾经看过这样一部影片：一只贪吃的胖猪在一个经过特殊强化的斯金纳箱中，用它那鼓鼓囊囊的粉红色鼻子，一边吵吵嚷嚷，一边摆弄杠杆。我觉得它很可爱，希望这只猪和我一样喜欢这一幕。

借助操作性条件反射，你几乎可以训练动物做任何你想让它们做的事情，而且你也不必求助自动化的斯金纳箱装置。假设你想训练你的狗“握手”，即礼貌文雅地举起右前爪，做出要和你握手一样的动作，那么你可以用以下被斯金纳称为“塑造”（shaping）的技巧。首先观察动物，直到它自发地做出一个你认为接近正确动作的动作，比如右前爪试探性上抬的动作。然后用食物奖励它，也可能不是用食物，而是一种信号，比如“咔嗒”声，而它之前已经学会了将“咔嗒”声与食物奖励联系在一起。

这种“咔嗒”声被称为次级奖励或次级强化（也称“二级强化”），而食物则是主要奖励（主要强化）。然后你要做的就是等待，直到它的右前爪又向正确的方向移动一点，再次给予奖励。渐渐地，你“塑造”了它的行为，使之越来越接近你所选择的目标，在这个例子中目标就是“握手”。你可以用同样的塑造技巧教狗做各种各样可爱的把戏，甚至是有用的动作，比如当外面寒风刺骨，而你又懒得离开扶手椅去关门时就可以让你的狗代劳。以前马戏团的驯兽师就是用这种塑造技巧教熊和狮子表演滑稽的动作。

我想你可以看出这种行为塑造和达尔文式选择之间的相似之处，正是这种相似吸引了斯金纳和其他许多人[2]。通过奖惩来塑造行为，相当于通过人工选择——育种——来塑造纯种狗的身体。纯种牛、羊和猫，赛马和灵缇犬，猪和鸽子，它们的基因库都经过几代人类饲养者的精心雕琢，以提高它们的奔跑速度、产奶量或产毛量，或者就狗、猫和鸽子而言，则是根据各种多少显得有点奇怪的评判标准提高这些动物在审美上的吸引力。达尔文本人就是鸽子的狂热爱好者，他在《物种起源》前面的章节中专门论述了人工选择改良家养动物和植物的力量。[3]

现在，让我们回过头来讨论斯金纳所说的塑造的意义。驯兽师心中有一个特定的最终结果，比如狗的握手行为。她会等待动物个体自发的行为“突变”（请注意引号），并选择对哪些行为给予奖励。奖励的结果是，被选中的自发“突变”行为会以重复的形式被动物“复制”。接下来，驯兽师就会等待新的“突变”（请不要忽略引号），即所需行为的延伸。当狗自发地将爪子朝着她期望的握手方向伸得更远一些时，她就会再次奖励它，如此反复。通过精心策划的选择性奖励，驯兽师塑造了狗的行为，使其逐步达到预期目标。

这与遗传选择的相似性是显而易见的，斯金纳本人也对此进行了阐述。但到目前为止，体现这种相似性的是人工选择。那么自然选择呢？在没有人类驯兽师的野外，强化学习扮演着怎样的角色？奖励学习的类比是否可以从人工选择延伸到自然选择？奖励学习如何提高动物的生存能力?

达尔文用他的伟大洞察力弥补了从家养育种到自然选择之间的缺口，他认为人类育种者不是必需的。人类的选择性育种者——我们姑且称之为基因库雕刻师——可以被自然的雕刻师取代，后一类雕刻师包括：适者生存、在野外环境中的生存差异、吸引配偶和战胜性竞争对手的成功率差异、养育子女的技能差异，以及传递基因的成功率差异。正如达尔文表明我们不需要人类育种者一样，在关于学习的类比中，也不需要人类驯兽师。在没有人类驯兽师的情况下，野生动物会学习对自己有益的事物，并塑造自己的行为，以提高自身生存机会。

学习中的“突变”由自发的“尝试”（trial）行为组成，这些行为可能受制于“选择”——奖励或惩罚。奖惩是由大自然自身的驯兽师所决定的。当母鸡用爪刨地时，很有可能会发现某种食物，可能是蛴螬，也可能是种子。因此，刨地的动作就得到了奖励，并得以不断重复。当松鼠咬坚果的时候，除非用牙齿以特定的角度咬，否则很难咬碎坚果的外壳。当松鼠自发地发现正确的咬合角度时，坚果壳就会裂开，松鼠就会得到奖励，正确的角度就会被记住并被重复，下一个坚果就会更快地被咬开。

这种塑造在很大程度上取决于大自然给予的奖励。即使在实验室里，食物也不是我们可以使用的唯一奖励。有一次，在一个无须在此赘述的研究项目中，我想训练小鸡啄斯金纳箱中不同颜色的按键。出于一些原因，我没有使用食物作为奖励，而是用热量来代替。我设置的奖励是用加热灯照射两秒钟，小鸡们被照射时会觉得很舒服，于是它们很快就学会了啄按键来获得热量奖励。但现在我们需要面对一个问题：一般而言，我们所说的“奖励”指的是什么？作为达尔文主义者，我们必定期待基因的自然选择会最终决定动物将什么视为奖励。什么是奖励，这一点并不明显，尽管在同样作为动物的我们自己看来很明显。

我们可以这样定义奖励：如果动物的一个随机行为之后会伴随

一种特定的感觉，而且动物因此会倾向于重复这个随机行为，那么我们就可以将这种感觉（食物、温暖或其他任何感觉）定义为一种奖励。如果斯金纳箱提供的不是食物或热量，而是一个富有吸引力且来者不拒的异性，我毫不怀疑，至少在某些情况下，它符合奖励的定义：动物在适当的激素条件下会学会按键来获得这种奖赏。被残忍地剥夺了孩子的母兽会学会通过按键来恢复哺育孩子的权利，而幼兽也能学会按键，以获得与母亲相聚的机会。我不知道有什么直接证据可以证明这些猜测，也不知道有什么证据可以证明我的另一个猜测，即根据上述定义，河狸会把获得适合筑坝的树枝、石头和泥巴当作一种奖励，乌鸦在筑巢季节也会把获取小树枝当作一种奖励[4]，但是，作为一个达尔文主义者，我对所有这些例子所做的预测还都是有几分把握的。

脑科学家能够在动物大脑中无痛植入电极，通过电极对大脑进行电刺激。通常，他们这样做是为了研究大脑的哪些部分控制着哪些行为模式。实验者通过微弱的电流控制动物的行为。比如在这个位置刺激鸡的大脑，鸡就会表现出攻击行为，在那个位置刺激大鼠的大脑，大鼠就会抬起右前爪。神经学家詹姆斯·奥尔兹（James Olds）和彼得·米尔纳（Peter Milner）构想出了这种技术的一个变体。他们把控制开关交给了大鼠自己。通过按压杠杆，大鼠能够刺激自己的大脑。奥尔兹和米尔纳发现，在大鼠大脑的某些特定区域，自我刺激会带来高奖励：大鼠似乎会对按压杠杆上瘾。对这些大脑区域施加电刺激不仅符合奖励的定义，而且是一种极其丰厚的奖励。当电极插入这些所谓的快乐中枢时，大鼠会痴迷于按下开关，而不幸地忽略了其他重要活动[5]。它们有时会以每小时 7 000 次的频率按压杠杆，会无视食物和异性的接纳而去按压杠杆，甚至会为了按压杠杆而穿过电击网。它们会连续 24 小时按压杠杆，直到实验人员担心它们饿死而将它们移开。这些实验也曾在人类身上重复进行，并得到了相似的结果。不同之处在于，人类可以用语言表达自己的感受：

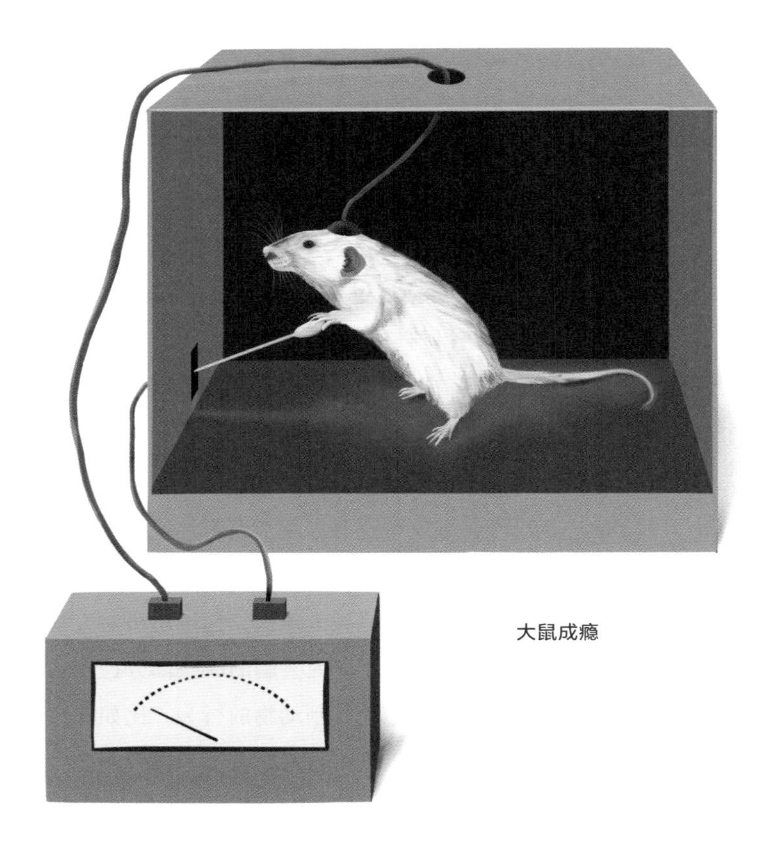

大鼠成瘾

一种突如其来的、极其平静的感觉……就像冬日里，饱受风寒的你走到室外，发现第一批嫩芽萌发，知道春天终于来了一样。

另一位女性（你不得不怀疑这个实验是否经过伦理委员会的批准）自述：

（我）很快就发现，这种刺激很有“性”趣，而且当我把功率开到几乎最大，并一次又一次地按下小按钮时，这种刺激真的很爽……我经常为此废寝忘食，把一整天的时间都花在自我电刺激上。[6]

自然选择在动物大脑中设置了一种联系，即对动物有益的外部刺激或环境（因物种而异）与奥尔兹和米尔纳发现的“快乐中枢”的内在联系，这种推论似乎是颇为合理的。

惩罚是奖励的对立面。如果一个动作稳定、可靠地伴随着一种刺激 X，导致动物重复这个动作的可能性变小，那么 X 就被定义为一种惩罚。在实验室里，心理学家有时用电击作为惩罚。（我猜）更人道的做法是使用“暂停”——在一段时间内，动物无法获得奖励。驯狗师有时会抽打动物以示惩罚（许多专家不赞成这种做法，但我认为这是正确的）。在我上寄宿学校的时候，我和我的朋友们时不时会被校长用手杖打（这种做法现在不仅为人所不齿，而且是非法的），力度大到（现在看来很不可思议）责打留下的瘀伤需要几周才能愈合（洗澡的时候还会被人羡慕，就像战争留下的伤疤）。我到底犯了什么错才要受此杖刑，我现在已经忘记了，但我敢肯定，当我还在学校的时候，只要我还在校长的两根手杖“瘦子吉姆”和“大本”的所及范围之内，我就不会忘记自己犯过的错。我再犯这种错误的可能性无疑是降低了。因此，从定义上讲，杖打是一种惩罚，也是校长的意图所在。

在自然界中，身体受伤被认为是痛苦的。如果一个动作之后伴随着疼痛，那么重复这个动作的概率就会下降。这不仅是我们定义惩罚的方式，而且从达尔文主义的角度解释了疼痛的作用。受伤往往预示着死亡，从而无法繁衍后代。因此，神经系统将身体损伤定义为疼痛。

有时，疼痛会被奖励抵消。我们已经观察到，老鼠即使忍受痛苦的电击，也要按压自我刺激的杠杆。被蜜蜂蜇伤的惩罚可能会被蜂蜜带来的奖励抵消。蜂蜜的甜美滋味是如此强烈的奖励，足以让许多动物，包括熊、蜜獾、浣熊和人类狩猎-采集者，愿意为了获取蜂蜜而忍受痛苦。奖赏和惩罚的这种相互抵消，就像相互对立的自然选择压力相互抵消一样。

达尔文主义将痛苦解释为警告生物不要重复之前的行为，这具有伦理意义。在对待农场和狩猎场、屠宰场和斗牛场中的非人类动物时，我们很容易认为它们感知痛苦的能力不如我们。它们不如我们聪明，不是吗？这是否就意味着它们对痛苦的感知（如果有的话）不如我们敏锐？可我们为什么要这样假设呢？痛苦并不是一种需要智力才能感受到的东西。

感觉疼痛的能力已经被深深植入神经系统，这是一种警告，让人们不再重复那些会对身体造成伤害，甚至下次可能导致死亡的行为。那么，如果一个物种智力较低，它是否需要更强烈，而不是更轻微的疼痛刺激，才能让它记住教训？既然人类更聪明，难道不应该在学会不再重复自我伤害行为的过程中少承受一些痛苦吗？你可能会想，一只聪明的动物可能只需要一个温和的警告就会就此收手，比如“嗯，最好不要再这样做了，你说呢？”，而不那么聪明的动物则需要那种只有极度痛苦才能传达的可怕警告。这将如何影响我们对屠宰场和农牧业的态度？难道我们不应该至少对我们的动物受害者抱持这种善意的怀疑吗？说得好听点，有这种想法也是好的！

作为人类，奖励和惩罚、快乐和痛苦对我们来说是如此熟悉和显而易见，以至于你可能会奇怪，我为什么要在本章中反复强调这个话题。行文至此，事情开始变得不那么明显和有趣了。大脑对奖惩的选择并不是一成不变的。它最终是由遗传的自然选择决定的。动物来到这个世界上时，它们的基因就赋予了它们对奖励和惩罚的定义。而这些定义是由祖先基因的自然选择决定的。任何与死亡概率增加有关的感觉都会被定义为痛苦。在野外，肢体脱臼会大大增加死亡的概率。这种感觉非常痛苦，我最近就因此而前往医院，一路上还痛呼不已。这也是一个证明。这个经历无疑会让我以后格外小心，避免重蹈覆辙。交配增加了繁殖的概率，遗传选择因此使伴随交配而来的感觉变得愉悦——这意味着奖励。在大鼠实验和上文自我刺激的女性等事实的支持下，有人认为性快感与奥尔兹及其同事发现的“快乐中枢”直接相关。据推测，其他感觉也可以通过自然选择如此联系起来。

我猜想，通过人工选择，可以培育出喜欢听莫扎特但不喜欢听斯特拉文斯基的鸽子，反之亦然。经过几个世代的选择性繁殖，也许是几代人那么长的时间，这些鸽子在基因上就具备了对奖励的定义，它们会学会啄一个键来播放莫扎特，也会学会啄一个键来关闭斯特拉文斯基。当然，如果我们不同时培育一批把莫扎特当作惩罚，又把斯特拉文斯基当作奖励的鸽子，这个实验就不算完整。至于它们是否真的把莫扎特当作奖励，我们就不要斤斤计较了。这种习得偏好可能会进一步从莫扎特推广到海顿！对此我唯一想说的是，什么是奖励，什么是惩罚，并不是刻在石头上一成不变的。它们刻在基因库中，有可能通过选择而改变。

作为推论，我推测，通过人工选择，你可以（尽管我不希望这样做，而且这可能需要无数代的时间）培育出一种把过往所认为的痛苦视为当下奖励的动物。根据定义，过往的痛苦将不再是痛苦！将它们释放到该物种原先所在的自然环境中是非常残忍的，因为它们肯定不再适合在那里生存——这就是问题的关键。但是，它们享受同类中正常成员所称的痛苦，这一事实本身并不残忍——因为，不管我们多么难以想象，至少在我的思想实验范畴内，它们享受这种“痛苦”！总之，更有趣的结论是，在自然状态下，是自然选择决定了什么是奖励，什么是惩罚。我的思想实验旨在将这个结论戏剧化。

实验心理学家早就知道，你可以训练动物，把以前对它没有价值的东西变成奖励。如上所述，这就是所谓的次级强化，驯狗师使用的响片就是一个例子。但我在这里讨论的并不是次级强化，我真的想强调这一点。我说的不是次级强化，而是从基因上改变主要强化的定义。我猜想，我们可以通过育种来实现这一目标，而不是通过训练。我之所以称之为猜想，是因为据我所知，还没人做过这个实验。我现在谈论的就是有选择性地繁殖动物，从而改变它们基因中对训练中主要奖励的定义。重复我上面的猜想，我预测，通过人工选择，原则上你可以培育出把身体伤害当作奖励的动物物种。

道格拉斯·亚当斯在《宇宙尽头的餐馆》一文中用喜剧的方式对这一观点进行了精彩的还原。一头牛走到书中角色赞福德·毕博布鲁克斯的餐桌旁，宣布自己是今天的主菜。他解释说，食用动物的伦理问题已经通过培育一种想要被吃并且能够将这种意图说出来的物种得到解决。“也许您想吃肩膀上的肉？……用白葡萄酒酱汁炖？”

鸟类天生不会欣赏人类的音乐，所以我之前关于莫扎特/斯特拉文斯基的异想天开可能看起来难以置信。但是，它们有自己的音乐吗？受人尊敬的鸟类学家和哲学家查尔斯·哈茨霍恩（Charles Hartshorne）建议，我们应该把鸟鸣视为音乐[7]，且鸟类自己可以对此加以欣赏。他的观点也许没有错，我很快就会论证这一点。

学习和基因在鸟鸣发展过程中的作用已得到深入研究[8]，W. H. 索普（W. H. Thorpe）、彼得·马勒（Peter Marler）及其同事和学生在这方面的研究尤多。许多鸟类会学习模仿父鸟或其他同类的歌声。八哥和琴鸟等鸟类的惊人模仿能力堪称登峰造极。除了模仿笑翠鸟等其他物种的声音外，戴维·爱登堡还记录了琴鸟极其逼真地模仿汽车警报器、照相机快门（带或不带马达驱动）、伐木工人的电锯和建筑工地的混合噪声等声音。我甚至听人说，琴鸟能清晰地模仿尼康和佳能相机不同的快门声音，但我没有证实这一点。这些精湛的模仿者在大自然丰富的曲目中融入了各种令人惊叹的声音。

这就提出了一个问题：为什么许多鸣禽都有大量的鸣唱曲目？单只雄性夜莺可以演唱150多首可识别的独特歌曲。诚然，这只是一个极端，但大量鸣唱曲目的普遍存在仍需要我们做出一个解释。既然歌声可以震慑对手、吸引配偶，为什么不坚持只唱一首歌呢？为什么要在不同选择之间切换？人们提出了几种假设。我只想说说我最喜欢的一种，即约翰·克雷布斯提出的“虚张声势”（Beau Geste）假说[9]。

在P. C. 雷恩（P. C. Wren）所著的同名冒险小说中，一支寡不敌众的法国外籍军团被围困在一个沙漠堡垒中，指挥官用精彩的虚张声势击退了对方的部队。

> 在那漫长而可怕的一天里，每当有人倒下时，不管他是受伤还是死亡，（指挥官）都会把他扶起来，把步枪放在原位，开枪射击，并吓唬阿拉伯人，让他们以为每一道墙、每一个墙洞和每堵墙的弹孔都有人驻守。

克雷布斯的假设是，拥有大量曲目的鸟儿是在假装自己的领地已经被占满了。它是在模仿一个已经有着过多同类栖息的地区所会呈现的声音。这就打消了对手在该地区建立领地的企图。一个地区的鸟类密度越高，个体在那里定居的好处就越少。超过一定的临界密度，个体就会选择离开，到其他地方寻找领地，哪怕是较差的领地。因此，夜莺个体会假装自己是许多只夜莺，试图说服其他夜莺去另一个地方建立自己的领地。对于琴鸟来说，电锯的声音只不过是它们的另一个曲目，它的声音大小传递着这样一个信息："走开，这里已经被占满了，没有你的未来。"

像琴鸟、八哥、鹦鹉和椋鸟这样的声音印象派大师是异类[10]。也许它们只是以极端的形式表现了雏鸟学习同类物种之歌的正常方式——模仿父鸟或其他同类成员。学习正确的物种之歌是为了吸引配偶和恐吓对手。现在我们回到对奖励定义的讨论：自然选择如何定义什么是奖励，什么是惩罚。

在 J. A. 马利根（J. A. Mulligan）的一项实验中，三只歌带鹀（*Melospiza melodia*，也称"北美歌雀"）在隔音室中由金丝雀养育，因此它们从未听到过歌带鹀的鸣叫声。长大后，这三只鸟发出的鸣叫声与典型的野生歌带鹀毫无区别。这表明，歌带鹀的叫声是基因编码的。但在以下特殊意义上，这种技能也是习得的。年幼的歌带鹀会参照一个内置模板，即基因中关于它们的歌声应该是什么样的理念，自学唱歌。

这么说有什么证据？可以通过外科手术使鸟失聪，在使用麻醉剂的情况下，我相信可以做到无痛。这种方法已经在歌带鹀和与之有亲缘关系的白冠带鹀（*Zonotrichia leucophrys*）身上得到了应用[12]。任何一种鸟类成年后失聪，会继续像往常一样鸣叫——它们不需要听到自己的歌声。作为成体，其鸣叫已经定型。然而，如果它们在三个月大的时候失聪，那时它们还太小而不能鸣叫，那么它们成年后的歌声就会一团糟，与正常的歌声相差十万八千里。根据模板假说，这是因为它们必须自学唱歌，将它们自身的随机努力与该物种的正确歌声模板相匹配。这两个物种之间有一个有趣的区别，歌带鹀从不需要听到其他鸟类唱歌，它的模板是与生俱来的；白冠带鹀在幼年时，在开始形成自己的歌声之前，会“录制”其他白冠带鹀的歌声。一旦模板就位，无论是如歌带鹀这样的天生模板，还是如白冠带鹀这样的录音模板，雏鸟就会用它来教自己唱歌。

鸽子和鸡将这一模式推向了极致：它们根本不需要倾听自己的声音。通过手术完全失聪的斑鸠（也称野鸽子）雏鸟长大后却能发出与健全斑鸠一样的叫声。杂交鸽的咕咕声介于亲本物种的叫声之间，这进一步证明了这种行为是与生俱来的。我们将在第 9 章中看到，在小蟋蟀（若虫）完成最后一次蜕皮成为成虫之前，可以人为地诱导它们表现出与其物种鸣唱模式相同的神经放电模式，尽管若虫从不会鸣唱。杂交蟋蟀的鸣声也介于两种亲本蟋蟀之间。

现在我还是想回到带鹀的话题上。正如我们所看到的，带鹀通过倾听自己随机的学语声，重复那些与模板匹配（并以此为奖励）的片段，从而学会鸣唱——无论这个模板是基因内置的（歌带鹀），还是从雏鸟时期就记住的“录音”（白冠带鹀）。这难道不意味着，根据我们的定义，发出与模板匹配的声音就是一种奖励吗？除了食物和热量，我们发现了一种新的奖励。鸣唱模板是一种更为特殊的奖励。不难看出，食物（缓解饥饿感）和热量（缓解寒冷不适感）是一般的、非特定的奖励。事实上，20 世纪初的心理学家们乐于将所有奖励归结为一个简单的公式，他们称之为“驱力降低”（drive reduction）。饥饿和口渴被视为“驱力”的例子，类似于驱动动物的力量。那么，一种特殊的声音模式，若其复杂性和独特性足以让鸟类学家和鸟类都将其识别为只属于一个物种，那它就会成为一种与一般的驱力降低所指截然不同的奖励。而且，我个人认为，这种奖励更有趣。作为一名学者，我曾尝试阅读有关大鼠心理学的文献，很抱歉，我得承认，与研究野生动物的动物学文献相比，我觉得它相当无聊[13]。

鸟类学家基思·纳尔逊（Keith Nelson）曾在一次会议上发表演讲，题目是“鸟鸣是音乐吗？是语言吗？它到底是什么？”。它不是语言：其中的信息量不够丰富，而且似乎也不具备语法意义上的“分句”包围“子句”的层级嵌套。正如我之前提到的，哈茨霍恩认为鸟鸣是音乐，我认为在某种意义上他是对的。我相信，我们可以证明鸟类有一种审美意识，会对鸣叫声做出反应。我认为在某种意义上，鸟鸣的作用就像毒品。在下文中，我引用了几年前我与约翰·克雷布斯共同撰写的关于动物信号的两篇论文[14]。我们批判性地回应了当时流行的一种观点，即动物信号的作用是将有用的信息从发送者传递给接收者，使双方共同受益。例如，“我是一只雄性欧亚歌鸲（*Luscinia megarhynchos*），我处于繁殖状态，我在这里有一块领地”。从基因的视角来看待进化，这在当时是相当新颖的，且得出的结论与“互惠互利”的观点并不相符。克雷布斯和我从基因的角度出发，对动物信号提出了一种更加愤世嫉俗的观点，以“信号发送者操纵接收者”来取代“互惠互利”。也就是说，那只雄性欧亚歌鸲叫声的意思是“你是雌性欧亚歌鸲。到这里来！到这里来！到这里来！”。

> 当动物试图操纵的对象是无生命物体的时候，它别无选择，只能用蛮力移动对象……但当它试图操纵的这个“对象”本身恰好是另一个活着的动物时，还有另一种办法，它可以利用它试图控制的动物的感官和肌肉。雄性蟋蟀并不会像屎壳郎滚粪球那样，把雌性蟋蟀滚进自己的洞穴。相反，他只需坐下来鸣

唱，雌性蟋蟀便会自行送上门来。[15]

现在，你可能会反对说，雌性只有在对自己有利的情况下才会对雄性的鸣声做出这样的反应。但是，我们认为，“信号发送者”和“信号接收者”之间的关系是一场在进化过程中进行的军备竞赛。也许雌性确实会做出一些反抗，但这也会激怒军备竞赛另一方的雄性，令其加大赌注：提高信号的强度。现在我们来讨论这个论点的另一个方面，克雷布斯和我在两篇论文中的第二篇中提出了这一论点，就是我们所说的“读心术”[16]。在社会交往中，任何动物都可以通过预测（表现得像是在预测）另一只动物的行为来使自己受益。其中有各种各样的线索。公狗竖起的尾巴是一种不自主的攻击性情绪的信号。对这种暗示做出适当的反应，被我们称为“读心术”。在这个意义上，人类也可以成为读心能手，利用眼神闪烁或手指绞动等线索来解读他人内心。现在，让我们把论点转过来，一些动物作为其他施展读心术的动物的受害者，可以利用自己被读心这一事实反过来算计对方，从而使“受害者”这个词变得不那么恰当。例如，雄性动物可能会通过“迎合”雌性动物的读心术机制——也许是通过欺骗性的暗示——来操纵雌性动物。我在这儿只是想说，就受害者身份而言，操纵并不是单向的。读心术可以扭转局面。然后，被读心者的操纵又有可能把局势再次逆转过来，与读心者针锋相对。

重复一遍，按照这种观点，动物的信号进化就成了读心术和操纵术之间的军备竞赛，也是推销术和抵制推销之间的军备竞赛。在那些信号发送者受益于被读心而信号接收者也受益于被操纵的情况下，我们自然会想到，随后的信号应该降低为某种“共谋耳语”（conspiratorial whisper）。道理很简单，为什么要在没有抵制的情况下升级信号强度呢？而在与“共谋耳语”相反的情况下，如果信号接收者不“想”被操纵，信号发送者就会发出愈加响亮、明显、生动的信号。在这种情况下，在进化过程中，军备竞赛升级为发送方夸大其词，以对抗接收方日益增加的“抵制推销”的力度。

你可能会想，为什么会有“抵制推销”？这在两性之间的军备竞赛中最容易观察到。你可能会认为，雄性和雌性相聚并配对说到底对哪一方都不是坏事。但你错了，原因很有趣。归根结底，因为精子比卵子更小，数量更多（“更便宜”），所以雌性需要比雄性更挑剔[17]。比起雌性，雄性可能更“渴望”与雌性交配。雌性与错误的雄性交配所付出的代价要高于雄性与错误的雌性交配所付出的代价。在极端的情况下，根本不存在“找错雌性”的情况。因此，雄性在试图说服雌性时更有可能升级其推销技巧。而雌性更倾向于抵制推销。当你观察到高振幅的信号——鲜艳的色彩，响亮的声音——这便意味着可能存在对推销的抵制。在没有抵制的地方，信号很可能会沉寂下去，变成“共谋耳语”。须知发送显著信号的代价是高昂的，即使不耗费能量，也有可能吸引捕食者或惊动猎物。

我把两篇大篇幅的论文浓缩成上述四段文字，有点过于言简意赅[18]。现在我将这一论点应用在鸟鸣上，应该会更清晰易懂。鸟鸣太响亮、太显眼，不可能是“共谋耳语”，所以让我们前往另一个极端：强化的抵制推销激起了更夸张的操纵努力。鸟鸣是否在试图操纵雌鸟和其他雄鸟的行为：试图改变它们的行为，使之对鸣叫者有利？

如果生物学家希望操纵鸟类的行为，他们能做些什么呢？本章已经介绍了一种鸟类本身无法做到的方法：通过植入电极对鸟的大脑进行电刺激。加拿大外科医生怀尔德·彭菲尔德（Wilder Penfield）率先在因其他原因接受脑部手术的人类患者身上采用了这项技术。通过探索大脑皮质不同部位的功能，他能够像木偶演员拉绳子操纵木偶一样使人的特定肌肉动起来。当他将大脑的哪个部分拉动哪个肌肉的对应位置图绘制出来时，这张图（下页图）看起来就像一幅夸张的人体漫画，可称之为“运动小人”①（图片左侧有

① 此处“小人”的英文原文为“homunculus”，指的是通过炼金术创造出来的人工生命体或人造人。在哲学和心理学中，“homunculus”有时也用于指代想象中的小人，它在人的头脑中执行某种功能（比如感知或思考）。

一个“感觉小人”，看起来很相似）。例如，这个小人夸张的手部在某种程度上诠释了钢琴家那令人敬畏的演奏技巧。而负责唇和舌的大部分大脑区域无疑与语言有关。德国生物学家埃里克·冯·霍尔斯特（Erich von Holst）对鸡的大脑深处——脑干——进行了研究，发现他能够控制鸡的所谓“情绪”或“动机”，从而改变被观察到的鸡的行为，包括“引导母鸡归巢”和“发出警告捕食者的叫声”。重申一遍，这些手术是无痛的。大脑中没有痛觉神经。

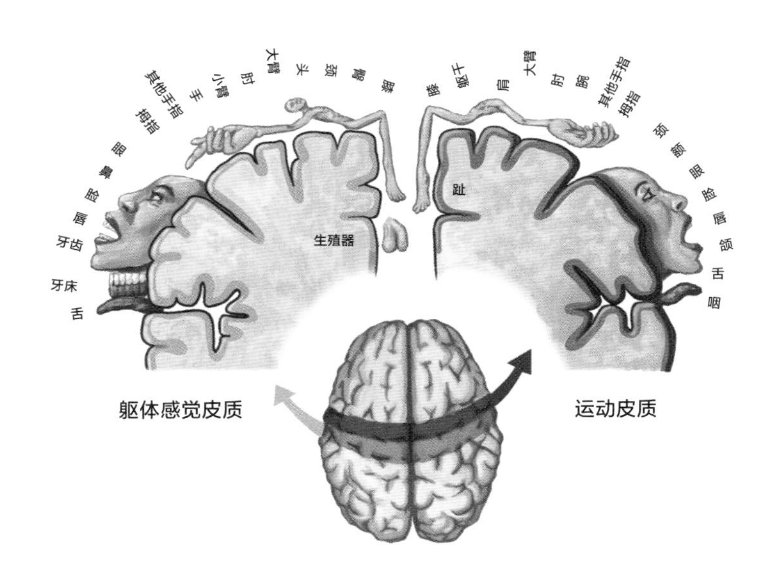

现在，一只雄性夜莺很可能“希望”他能在一只雌性夜莺的大脑中植入电极，像操纵木偶一样控制她的行为。但他做不到这点，他不是冯·霍尔斯特，他也没有电极。但是他会鸣叫。这些歌曲是否也有类似的操纵效果呢？毫无疑问，只要他能把激素注入她的血液中，就会从中受益。再说一次，他不能真的注射激素。但关于斑鸠和金丝雀的证据表明，鸟类可以做一些与此类似的事情。雄性斑鸠用一种被称为“鞠躬-咕咕叫”的行为来大力向雌性斑鸠示爱。这是一种特征性的行为，类似于人类异常谄媚的鞠躬，同时还伴随着特征性的咕咕声，先是一个断音，然后是“咕噜咕噜”的滑音。雌鸟在雄鸟如此鞠躬－咕咕叫一周后，其卵巢和输卵管会明显增大，并伴随着性行为、筑巢行为和孵化行为的变化。美国动物心理学家丹尼尔 · S. 莱尔曼（Daniel S. Lehrman）证明了这一点。莱尔曼接着指出，雄性斑鸠的行为对雌性斑鸠血液中的激素有直接影响[19]。剑桥大学的罗伯特 · 欣德（Robert Hinde）和伊丽莎白 · 斯蒂尔（Elizabeth Steel）对雌性金丝雀筑巢行为的研究也得出了同样的结论[20]。

在斑鸠和金丝雀身上进行的这类实验还没有在夜莺身上做过，但雄性鸟鸣改变雌性激素状态的情况可能普遍存在。雄鸟的歌声会操纵雌鸟的行为，就好像雄鸟有能力给雌鸟注射化学物质一样，夜莺想必也是如此。

> 我的心疼痛，困倦和麻木使神经
> 痛楚，仿佛我啜饮了毒汁满杯，
> 或者吞服了鸦片，一点不剩，
> 一会儿，我就沉入了忘川河水。①

约翰 · 济慈并不是一只鸟，但他的大脑也是脊椎动物的大脑，就像雌性夜莺的大脑一样。雄性夜莺的歌声给他下了药——在他的诗意幻想中几乎让他沉迷至死。如果这歌声能让身为哺乳动物的济慈如此陶醉，那么对其原本想要引诱的脊椎动物的大脑——另一只夜莺的大脑——难道不会产生更强大的影响吗？我们几乎不需要斑鸠和金丝雀实验的证明，就能给出肯定的回答。我相信是自然选择塑造了雄性夜莺的歌声，完善了它的麻醉力量，以操纵雌性夜莺的行为，这种操纵大概是通过促使雌性夜莺分泌激素来实现的。

---

① 引自英国诗人约翰 · 济慈的诗作《夜莺颂》，译文采用了屠岸译本。

现在，让我们回到学习和失聪实验的话题上。有证据表明，年幼的白冠带鹀和歌带鹀都会参照模板自学鸣叫。幼小的白冠带鹀需要听到歌声才能“记录”模板。但人类的经典老歌不行，它们必须听到同类的歌声。这表明，即使是后天记录下来的模板，也有先天的成分，它是由基因内建的。就歌带鹀而言，它所参照的模板甚至不需要被记录下来。

我在上文提出，鸟鸣可以作为音乐来欣赏，且由鸟儿自己来欣赏。现在我们可以把这个论点说通透了。雄鸟通过将自己的“随机”鸣叫与一个模板进行对照，从而学会歌唱。模板起到奖励的作用，积极强化了那些碰巧与之相吻合的随机尝试。现在，请思考一下，这位雄性歌唱家的大脑与他日后希望操纵的雌性的大脑非常相似。当他自学歌唱时，他在寻找那些能吸引同类（先是他自己……但后来是雌鸟）的歌声片段。这不是审美判断的运用又是什么?

> 咕咕，我喜欢这声音（符合我的模板）。重复叫声。
> 咕咕啾啾。噢，这样更好。我非常喜欢。
> 这真的让我很兴奋。再重复一遍。太棒了！

能让他兴奋的东西很可能也会让雌鸟兴奋，因为他们毕竟是同一个物种的成员，有着同样典型的物种大脑。在发育期结束时，当最后的成鸟之歌已臻完美，它对歌手本“人”和他的雌性目标都会有同样的诱惑力。他学会了喜欢唱哪句就唱哪句。似乎没有什么有力的理由可以否认，雌雄两性都能享受到审美体验——就像约翰·济慈听到夜莺的歌声时一样。

我们至此已经离开将奖励视为广义的“驱力降低”的理念很远了。我们得出了一个我认为更有趣的观点。这些关于鸟鸣的实验告诉我们，奖励可能是一种高度特定的刺激，或者说是一种刺激复合体，其最终由基因决定：动物行为学之父康拉德·洛伦茨（Konrad Lorenz）将其称为“内在教师”（Innate Schoolmarm）[21]。

如果这是正确的，我们就应该预测，在斯金纳箱实验中出现以下结果：一只从未听过鸟鸣的歌带鹀雏鸟应该学会啄一个能发出歌带鹀声音的按键，而不是发出其他物种叫声的按键。这个实验还没有人做过，但是有多种类似的实验。琼·史蒂文森（Joan Stevenson）发现，苍头燕雀更喜欢在连接着特定开关的栖木上安家，而打开这个开关会播放苍头燕雀的歌声录音[22]。不过在这个实验中，作为对照的声音是白噪声，而不是其他物种的歌声。此外，她用的苍头燕雀不是隔离饲养的，而是野外捕获的。布拉滕（Braaten）和雷诺兹（Reynolds）采用了她的方法，但用的是人工隔离饲养的斑胸草雀雏鸟，并用椋鸟的鸣叫声代替白噪声作为对照[23]。结果显示，斑胸草雀雏鸟明显偏爱播放斑胸草雀鸣声的栖木，而非播放椋鸟歌声的。如果能做一个大型实验就更好了，比如说，用六种不同物种的隔离雏鸟做实验，配备六个栖木，每个栖木播放六种鸟类鸣叫中的一种。我们预测，每个物种都应该学会栖停在播放自己物种鸣叫声的栖木上。这不是一个简单的实验，人工饲养鸣禽雏鸟是一项艰苦的工作。可以做一个取巧的设计，把每只雏鸟交给六个物种中的其他一个物种来喂养。

歌带鹀的模板是与生俱来的。白冠带鹀雏鸟在开始歌唱之前就已经“记录”了模板，这看起来就像是一种被称为“印记”（imprinting）的学习，这种学习往往让人联想起康拉德·洛伦茨和追逐在他身后的一群灰雁。“印记”最早是在离巢雏鸟身上发现的。

“离巢”（nidifugous）一词来自拉丁语，意思是“逃离巢穴”。离巢雏鸟一出生就长有温暖、保护性的绒羽和协调性良好的四肢，例如雏鸭、雏鹅、雏鸡和一般的地面筑巢物种。孵化后数小时内，绒羽一干，雏鸟就能站起来活动，娴熟地行走，警惕地四处张望，啄食食物，紧跟在父母身后。与“离巢”相反的是“留巢”（nidicolous）。所有的鸣禽都是留巢的。留巢鸟类通常在树上筑巢。雏鸟幼弱无助、赤身裸体、不会行走（它们在树上的巢穴里，能走到哪里去呢？）、不能自己进食，但有一个巨大的张开的喙，这是一个乞讨器官，亲鸟会不知疲倦地把食物塞到它们嘴里。许多海鸟（如海鸥）的雏鸟是留巢雏鸟，它们孵出时身上有绒毛，也不会张嘴乞食。但海鸥雏鸟依赖亲鸟提供的食物，而亲鸟则会将食物反刍给雏鸟。

哺乳动物也有“离巢雏鸟”（想想活蹦乱跳的小羊羔；角马幼崽出生当天就必须跟随角马群迁移）和“留巢雏鸟”（刚出生的小老鼠无毛且无助）的对等物。人类也是留巢物种[24]。我们的婴儿几乎完全无助。在进化过程中，我们一直在权衡大脑变大的选择压力与头部变大带来的生产困难之间的矛盾，其结果是让人类婴儿在头部大到（对母亲来说）难以挤出产道之前出生，我们的幼崽因此比其他猿类更加无可奈何地接近“留巢”标准。

鸟类和哺乳类中的离巢雏鸟（及离巢幼崽）一旦与父母分离就会面临危险，而这就是印记的作用所在。离巢雏鸟一孵化出来，就会对它们看到的第一个大型移动对象进行“心理照相”。然后，它们会紧紧地跟着这个对象，起初跟得很紧，随着年龄的增长逐渐远离。它们看到的第一个移动对象通常就是它们的亲鸟，因此这个系统在自然界中运行良好。然而，在孵化器中孵化的雏鸟往往会对其人类看护者（例如康拉德·洛伦茨本人）进行印记。

童谣《玛丽有只小羊羔》的歌词“玛丽走到哪里，小羊羔就到哪里”将哺乳动物的“印记”概念深深地印在了孩子们的脑海中。受印记影响的动物（包括鸟类和哺乳类）通常会在成年后保留它们的心理照片，并试图同与之相似的生物（如人类）交配。动物园的动物在性方面受挫，导致繁殖困难的原因之一，是它们对自己的饲养员心存眷恋。

印记可能是一种特殊的学习，也可能不是。有人说它只是普通学习的一种特殊情况。这一点尚有争议。无论如何，它都是重写本文字中最新“顶层”字迹的一个绝佳例子。这些基因本可以为动物配备一个内置的映像或规范，精确地说明动物应该遵循什么、与什么交配、唱什么歌。可与之相反，基因却只为动物提供了某些规则，以待动物自己填充细节。

强化学习和印记并不是动物在其一生中继承祖先智慧的唯二学习方式。大象很重视对传统知识的利用。年迈的母象首领的大脑中蕴藏着丰富的知识，比如在哪里可以找到水等重要事情。年轻的黑猩猩会从长辈那里学到一些技能，比如用石头当锤子敲碎坚果，用树枝探查白蚁巢穴。能手对学徒的传授是一种传承，但这种传承是基于“模因”，而不是基因。这就是为什么这些技能只在特定的地方而不是其他地方得到实践的原因。日本猕猴洗红薯的技能就是一个例子，英国山雀啄开牛奶瓶的铝箔盖或纸板盖也是一个例子——过去，瓶装牛奶每天都被送到人们的家门口。在这个例子中，人们看到这种技能以流行病蔓延的方式在地理上从某个焦点向外辐射。

除了学习，还有什么能让动物改善其遗传禀赋？也许最重要的非大脑介导的“记忆”例子就是免疫系统。如果没有免疫系统，我们都不可能挺过第一次感染。免疫学是一个庞大的话题，我无法在本书中一一阐述。我就简单说几句，只想说明基因并没有试图完成一项不可能完成的任务，即为身体提供其可能遇到的所有细菌、病毒和其他病原体的相关信息。相反，基因为我们提供了“记住”过去感染状况的工具，为我们预防未来的感染打下基础。我们不仅携带着“遗传之书”（祖先的过去），还携带着一本特殊的分子书，里面记载着我们不断更新的感染病历，以及我们是如何应对这些感染的。

细菌也会被称为噬菌体的病毒感染，它们也有自己的免疫系统，但与我们的免疫系统截然不同。当细菌受到感染时，它会在自己的单环染色体中储存一份病毒 DNA 的副本。这些拷贝被称为嫌疑病毒照片。每个细菌都会留出一部分环状染色体，作为这些嫌疑病毒照片的资料库。日后，只要那些与照片上的嫌疑病毒相同或有亲缘关系的病毒再次出现，细菌就会利用这些照片逮捕这些罪犯。细菌会复制这些照片的 RNA。这些罪犯 DNA 的 RNA 图像在细菌细胞内部循环。如果有熟悉类型的病毒入侵，相应的罪犯 RNA 就会与

之结合，特殊的蛋白酶随后会切断它们之间的连接，使病毒无害化。

细菌需要一种方法来标记这些嫌疑病毒照片，这样就不会与自身的 DNA 相混淆。它们是被相邻的无意义 DNA 序列标记出来的，这些序列被称为成簇规律间隔短回文重复（Clustered Regularly Interspaced Short Palindromic Repeats，CRISPR）[25]。每当细菌受到一种新型病毒的攻击时，它就会在染色体的 CRISPR 区域中添加一张带有 CRISPR 边框的嫌疑病毒照片。这不是本书要讲的故事，但 CRISPR 之所以出名，是因为科学家发现了一种方法，可以借用细菌的这种技能来达到人类编辑基因组的目的[26]。

脊椎动物免疫系统的工作原理与细菌的相当不同。它更为复杂，但我们也有对过去病原体的“记忆”。如此一来，如果那些老对手冒险卷土重来，我们的免疫系统就能迅速做出反应。这就是为什么我们这些得过流行性腮腺炎或麻疹的人可以放心地与患者打成一片，并相信自己不会再染上这种疾病。接种疫苗的巨大好处在于，这种方法通常可以通过注射被杀死的或被削弱的病原株，诱使免疫系统建立虚假记忆。

一种神奇的新型疫苗——mRNA 疫苗——在很大程度上阻止了新型冠状病毒（Covid-19）大流行，挽救了成千上万人的生命。mRNA 的作用是将编码信息从细胞核中的 DNA 传递到按照编码规范制造蛋白质的场所。现在，我们来看看 mRNA 疫苗是如何工作的。首先要对病毒外壳中的无害蛋白质进行测序，这种疫苗并不是给人注射被杀死或被削弱的危险病毒株。然后将与该蛋白质对应的遗传密码写入 mRNA。这些 mRNA 的作用是编码蛋白质的合成，在这个例子中是指导合成无害的新冠病毒外壳蛋白。如果病毒进入人体，免疫系统就会根据病毒外壳中的蛋白质对其进行识别和攻击。

在我们对学习和进化进行类比的过程中，特别有趣的一点是脊

左页图：一群灰雁对康拉德 · 洛伦茨进行了印记。这一种特殊的学习，为鸟类的心智带来了启蒙

椎动物免疫系统的“记忆”（与细菌免疫系统不同）是以一种达尔文主义的方式，通过身体内部的自然选择发挥作用的。但这是另一个故事了，超出了我们的讨论范围。

免疫系统和大脑是两个丰富的数据库，动物在有生之年，会在这些数据库中写下条目，以更新“遗传之书”，或为其“填充细节”。为了完整表述，这里还需要给出更多小例子。皮肤变黑是对晒太阳的一种记忆，它可以有效抵御太阳光——尤其是紫外线——造成的伤害，例如皮肤癌。这是遗传和后天因素共同作用的结果。祖先世世代代生活在猛烈的热带阳光下的人，往往天生皮肤黝黑，例如澳大利亚土著、许多非洲人和来自南亚次大陆南部的人。相比之下，祖先世世代代生活在高纬度地区的人则有可能面临日照太少的风险。他们往往缺乏维生素 D，容易患佝偻病。因此，高纬度地区的遗传自然选择更倾向于浅色皮肤。这些都写在“遗传之书”中。但是，本章讲述的是那些生物出生后写下的重写本字迹，这就是晒黑的由来。在阳光下变黑，是出生后的一种“填色”，可以使浅肤色、高纬度地区的人暂时获得接近那些写入热带民族基因组中的特征。你可以把这两者看作对阳光的短期记忆和长期记忆。

另一个例子是对高海拔的适应。海拔越高，大气越稀薄。缺氧会导致“高原病”，其症状包括头痛、头晕、恶心和妊娠并发症。祖先长期生活在高海拔地区的人已经进化出了基因适应能力，比如血液中血红蛋白水平升高。这些祖先的自然选择的“记忆”被写进了“遗传之书”中。有趣的是，安第斯人和喜马拉雅人的相应基因细节有所不同[27]，这并不奇怪，因为他们在 1 万年乃至更长的时间里，在彼此远隔万里的山区独立地适应了缺氧的环境。适应有多种途径，因此不同的山地民族遵循不同的进化路径也就不足为奇了。

再一次，祖先留下的字迹可以在动物自己的一生中被覆写。低地居民若是移居高海拔地区也能适应。1968 年，当奥运会在墨西哥城举行时，各国运动员特意提前到达，以便在中央高原的高海拔环境下（2 200 米）进行适应训练。在高海拔地区生活的几周内，人的体质所发生的变化被写入出生后的重写本文字层中。就像肤色一样，它们“临摹”了由基因编写的古老文字。

说到肤色，第 2 章中提到的动物身体表面的“绘画”都是由祖先的基因完成的，是对祖先所处世界的重现。但是，有些动物却能随心所欲地为自己的皮肤重新上色，以匹配它们在任何特定时刻所处的不断变化的背景。这是“生者的非遗传之书”的另一个例子。变色龙是众所周知的例子，但它们还不是即兴皮肤艺术领域的顶尖高手。比目鱼类（如鲽鱼）不仅能改变自身皮肤颜色，还能改变花纹。下图中的这条鲽鱼就能改变自己的颜色，使之与黄色背景相匹配。但只要看上一眼，你就会发现它不仅匹配了颜色，身上的图案更是对它所在的浅色海底的详细描绘，那斑驳的花纹是由水面波纹闪烁的光线投射出来的。

而章鱼和其他头足类软体动物更是将这种动态变装的艺术发挥到了令人惊叹的程度[28]，就连比目鱼也望尘莫及。在动物王国中，它们的变装速度之快可谓无出其右。罗杰·汉隆（Roger Hanlon）在大开曼岛附近潜水时，看到一簇棕色海藻突然变成鬼魅般的白色，并在一股深棕色“烟雾”中迅速游走。那是一只章鱼，它的皮肤上布满了完美的棕色海藻图案。随着汉隆的靠近，章鱼大脑发出紧急命令，控制着皮肤上微小色素包的肌肉开始抽搐。瞬间，整个表皮的颜色从完美的伪装（试图不被捕食者发现）变成了可怕的白色（威吓潜在的捕食者）。最后，一股深棕色的墨水将捕食者的注意力从逃离的章鱼身上转移开来。

拟态章鱼　　拟态章鱼

海蛇　　鲆鱼

汉隆在印度尼西亚水域看到了一种章鱼（右上图）——拟态章鱼（*Thaumoctopus mimicus*），它会模仿鲆鱼（右下图），不仅模仿鲆鱼的外表，还模仿鲆鱼的行为，在沙面上时停时动，生硬地滑行。这有什么意义呢？汉隆不清楚，但他怀疑这是为了欺骗那些喜欢咬断章鱼触手（腕）却无法对付体型庞大的比目鱼的捕食者。这只章鱼还能用触手进行伪装表演（上页图左上），让每根触手看起来都像热带水域常见的有毒海蛇（上页图左下）。头足类甚至还能改变皮肤的纹理，将其皱起或皱成奇特的形状。一位同事为了生动表达这种异形感，曾在一次关于头足类的讲座上开门见山地说："这些家伙就是火星人。"

本书的主要论点是，动物可以被解读为对更古老祖先所在环境的描述。本章则展示了如何在祖先重写本文字的基础上添加更多细节。前几章我们设想了一位未来的科学家——SOF，她看到了一种动物，并被要求解读它的身体，复原塑造它的环境。在那几章，我们只谈到了基因组数据库中描述的祖先环境及其表型表现。在本章中，我们看到了 SOF 如何通过对更晚近的过去的额外解读，包括解读对基因加以补充的另外两大数据库，即大脑和免疫系统，来补充她对这种动物祖先所处环境的解读。今天的医生可以读取你的免疫系统数据库，并重建你曾遭受感染或接种疫苗的较完整病史。如果 SOF 能够读取动物大脑中的信息（这是个很超前的假设，她必须是未来的科学家才行），她就能复原动物在其过往一生中所经历的种种环境的诸多细节。

经验，无论是作为记忆储存在大脑中的实际经验、应对疾病的经验，还是通过自然选择在基因组中刻下的遗传"经验"，都能让动物预测（表现得就像预测）下一步会发生什么。但是，大脑还能通过玩另一种把戏预知未来：模拟或想象。人类的想象力当然比这要宏大得多，但从动物生存的角度出发，以及从自然选择和学习之间的类比来看，我们可以把想象力看作一种"替代性试错"（vicarious trial and error，VTE）。不幸的是，这个词已经被大鼠心理学家盗用了。大鼠在"迷宫"中（通常只是在左转或右转之间做出选择）有时会徘徊不定，反复左看右看，最后才下定决心。这种 VTE 可能是大鼠想象另一种未来的一个特例，不过对我而言，避免混淆的最保险做法还是把这个短语让给"玩"大鼠的那批人而不在这里使用，虽然我并不情愿如此。相应地，我更愿意用计算机模拟来做类比：动物的大脑在内部模拟其他行动可能产生的后果，从而避免在外部真实世界中进行尝试的危险。

我说过，人类的想象力更为宏大，它体现在艺术和文学中。一个人写下的文字可以唤起另一个人脑中想象的场景。格特鲁德为奥菲利娅所写的哀歌，在诗人死后 4 个世纪还能让读者潸然泪下。或者也不必那么宏大，你可以想象一只狒狒站在陡峭的悬崖上。有人在悬崖边平放了一块木板。木板的远端，即深渊之上，放着一串香蕉。想象一下，香蕉黄澄澄的，诱人极了。狒狒确实很想沿着木板冒险获得香蕉。然而，它的大脑在内部模拟了后果，预见自己的重量会把木板掀翻，自己会摔死。于是，它忍住了，没有上前。

现在，让我们想象一下一系列动物大脑面对木板上的香蕉时的情形。首先，“遗传之书”会让动物天生恐高。我自己在高处就有脊柱刺痛的感觉，这让我不敢在距离悬崖边缘一米以内的地方行走，比如爱尔兰西部的莫赫陡崖。即使没有风，也没有理由认为我会从上面掉下去，我依然不敢。

为了研究恐高症，人们设计了一套实验，即视觉悬崖实验（visual cliff）。下图中的婴儿非常安全：“悬崖”上其实有坚固的玻

视觉悬崖实验

璃。我最近参观了世界上最高的建筑之一，在那里，人们可以站在钢化玻璃上俯瞰下面的街道。这其实非常安全，我看着别人在玻璃上行走，但我自己却避之不及。这种非理性但与生俱来的恐惧是难以克服的。也许与生俱来的恐高症是从我们爬树的祖先那里继承的，他们因为这种恐惧而活了下来。当然，并不是每个人都会屈服于恐高症。图中这些纽约的建筑工人正在享受一顿轻松的午餐，他们淡定自若（虽然我无法理解）。

坠落致死是让动物恐高的最原始途径。另一种方法是通过学习，通过痛苦来强化。年幼的狒狒从较矮的崖壁上摔落，虽然不会摔死，但会感到疼痛。正如我们所看到的，疼痛是一种警告："不要再这样做了。下次崖壁可能会更高，会要了你的命。"痛苦是一种相对安全的死亡替代物。在学习和自然选择的类比中，痛苦代替了死亡。

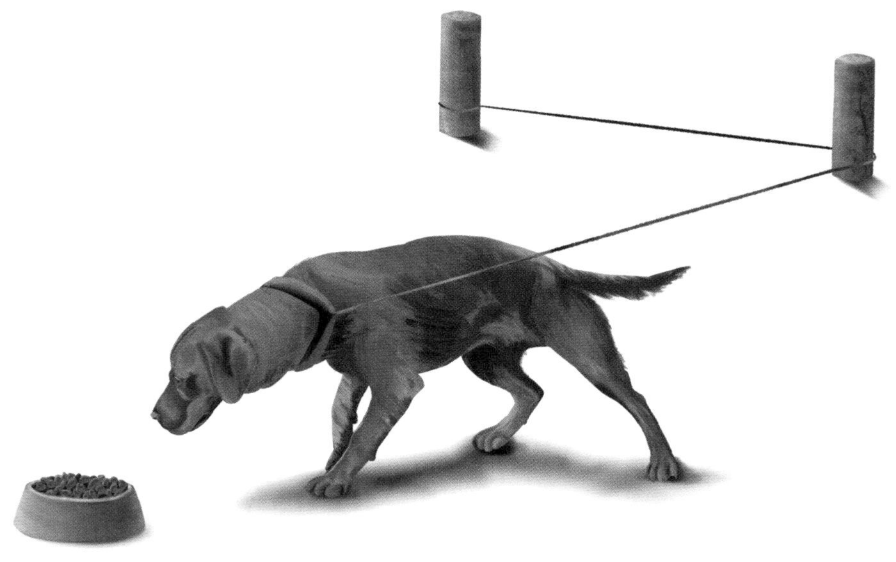

绕路问题

但现在，由于你是人类，具有人类的想象力，你的大脑中可能正在模拟一只异常聪明的狒狒。在他的想象中，他看到自己小心翼翼地把有香蕉的木板往自己这边拉，或者伸出一根棍子，把香蕉钩向自己。大概只有高度进化的大脑才有能力进行这种模拟。就连狗在所谓的“绕路问题”上的表现都差得出奇。但是，如果他成功了，这只富有想象力的狒狒就不会有任何痛苦，也不会摔死，而是通过内部模拟来完成这一切。他可以在想象中模拟坠落，从而避免沿着木板向前冒险。然后，再模拟问题的安全解决方案，从而拿到香蕉。

毋庸赘言，对危险未来的脑内模拟比武断诉诸实际行动更可取。当然，前提是模拟能够带来准确的预测。飞机设计师发现，在风洞中测试模型机翼比在真正的飞机上测试实际机翼更廉价、更安全。但即使是风洞模型，也比计算机模拟或分析计算（如果可以做到的话）的成本高。模拟仍然存在一些不确定性。一架新飞机的首飞仍然是一个能提供大量有用信息的事件，无论它的部件经过了多么严格的风洞试验或计算机模拟试验。

一旦一个足够复杂的模拟装置在大脑中就位，新的特性就会随之涌现。既然大脑可以想象不同的未来如何影响生存，那么但丁或希罗尼穆斯·博斯的大脑也可以想象地狱的折磨，达利或埃舍尔的神经元会模拟出现实中永远不会出现的令人不安的图像，伟大的小说家会虚构不存在的人物，并让他们在自己及其读者的头脑中栩栩如生。在想象中，爱因斯坦骑着阳光前行，并以此和牛顿、伽利略一起跻身不朽之列。哲学家们想象着不可能的实验——缸中之脑[29]（“我在哪里？”），一个原子对应一个原子地复制一个人（“双胞胎”中的哪个将声称拥有“人格”？）。贝多芬想象并写下了他不幸永远无法听到的荣耀乐章。诗人斯温伯恩偶然发现了海边悬崖上一座废弃的花园，他的想象力使一对死去已久的恋人复活，他们的目光投向大海，“陷入沉睡犹在百年前”①。济慈则重现了强悍的科尔特斯和他的一众部下“在达利安山巅一片沉默无语”地凝视太平洋的“狂想”②。

这种发挥想象力的能力，是进化带来的天赋，即在头骨内部的安全约束内，进行替代性脑内模拟，以预测不安全的外部真实世界中的行动结果。想象的能力，就像试错学习的能力一样，最终是由基因，由自然选择的 DNA 信息，即“遗传之书”引导的。

① 诗句摘自斯温伯恩的诗作《被遗忘的花园》（A Forsaken Garden）。
② 诗句摘自济慈的诗作《初览查普曼译荷马有感》（On First Looking into Chapman's Homer）。

第8章

不朽的基因

本书的核心思想源于一种可被称为“基因视角”的生命观。如今它已成为大多数研究野外动物行为和行为生态学的野外动物学家的工作设想[1]，但它也未能逃脱批评和误解，我需要在此对其进行总结，因为它是本书的核心所在。

有时，将论点与相反意见进行对比对于表达该论点是很有帮助的。明确表达的分歧应该得到明确的答复[2]。我可以假设性地虚构一种与基因视角观点相反的观点，但幸运的是，我不需要这样做，因为我在牛津大学的同事丹尼斯·诺贝尔（Denis Noble）教授已经清晰明确地提出了截然相反的观点（顺便说一下，他也是我的博士生主考人。那是很久以前在一个非常不同的课题上发生的事了）。他对生物学的看法很能迷惑人，持同样看法的还有其他一些人，但他们的表述不像他那么明确，也不那么清晰。诺贝尔的观点很明确。他一针见血地指出了问题的症结所在，但这一针却扎错了位置。以下是他在《随生命的旋律起舞》（*Dance to the Tune of Life*）一书的开头所作的清晰而明确的陈述：

> 这本书将告诉你，基因没有任何“目的”。生物体具有利用基因制造所需分子的功能。基因只是被使用。它们不是主动的因素。[3]

这一点恰恰是完全错误的，我将在本章中对此加以说明。

如果基因不是进化过程中的主动因素，那么半个世纪以来几乎所有从事行为生态学、动物行为学、社会生物学和进化心理学研究的科学家都是于歧途奔命[4]。但是他们没有！“主动因素”正是基因所必须具备的本质：如果要通过自然选择实现进化，基因就必须如此。而且，与其说基因被生物利用，不如说基因在利用生物。基因把生物当作临时的载具，利用它们为后代服务。这不是一个微不足道的意见分歧，也不仅仅是文字游戏，而是至关重要的根本问题。

作为一名杰出的生理学家，丹尼斯·诺贝尔着迷于生物体及其万亿个组成细胞所体现的惊人复杂性。他试图让读者对生命有机体各个方面所体现的错综复杂的相互依存关系留下深刻印象。就该书读者而言，他是成功的。他认为生物体的每个部分都不可分割地与其他部分共同为整体服务。在为整体服务的过程中——这就是他出错的地方——他将细胞核中的 DNA 视为一个有用的文库，当细胞需要制造特定的蛋白质时，就可以利用它。进入细胞核，查阅那里的 DNA 文库，取下制造有用蛋白质的手册，并使其发挥作用。在与诺贝尔在海伊小镇的一次公开辩论中，我对他的立场做出了这样的描述，他大力点头表示赞同。在诺贝尔看来，DNA 是生物体的仆人，就像心脏、肝或其中的任何细胞一样。当你需要的时候，DNA 可以被用来制造一种特定的酶，就像酶可以被用来加速化学反应一样……凡此种种。

《随生命的旋律起舞》一书的副标题是“生物相对论”。诺贝尔对“相对论”一词的用法与爱因斯坦的用法只有微不足道的牵强联系，但却与历史学家查尔斯·辛格（Charles Singer）在《生物学简史》（*A Short History of Biology*）中的用法吻合：

功能的相对性理论适用于基因，也适用于人体的任何器官。它们的存在和功能只在与其他器官的相互关系中体现。[5]

辛格写下上述文字近90年后，诺贝尔上场了。他比辛格更有优势，因为我们现在知道基因就是DNA。而他对生物相对论的看法，结合上面的引文来看，与辛格的完全一致。

生物相对论的原理很简单，即在生物学中不存在特殊的因果层面。[6]

我要论证的是，我们在谈论生理学时，无论生物体的各个部分多么复杂地相互依存，当我们转到达尔文主义自然选择进化论这个特殊话题时，都会有一个"特殊的因果层面"。这就是基因的层面。对这一点加以证明是本章的主要目的。

以下是辛格的整段生机论。这是他那本书的结束语，也是对诺贝尔"相对论"的完美预言。

此外，尽管有相反的解释，但基因理论并不是"机械论"。作为一个化学或物理实体，基因并不比细胞或生物体本身更容易理解。而且，虽然基因理论是以基因为单位，就像原子理论以原子为单位一样，但我们必须记住，这两种理论之间存在着根本的区别。原子是独立存在的，它们的单独特性可以被研究。它们甚至可以被分离出来。虽然我们看不到它们，但我们可以在各种条件下以各种组合形式来处理它们。我们可以单独处理它们，而基因则不然。基因只能作为染色体的一部分存在，而染色体只能作为细胞的一部分存在。如果我想要一个"活"的染色体，也就是唯一一种有效的染色体，那么除了在它的活体环境中，没有人能给我，就像没人能给我一条活的胳膊或腿一样。功能的相对性理论适用于基因，也适用于人体的任何器官。

> 它们的存在和功能只在与其他器官的相互关系中体现。因此，最后一种生物学理论让我们回到了最初的起点，即存在一种被称为生命或精神的力量，这种力量不仅是自成一类的，而且在它的每一次展示中都是独一无二的。

沃森（Watson）和克里克（Crick）在1953年推翻了这一理论。他们开创的数字基因组学取得了巨大的成功，这证明了辛格关于基因的每一句话都是错误的。如果没有细胞化学的自然环境，基因是无能为力的，这是事实，但却不再重要。诺贝尔再次出场，他让辛格不至于与时代脱节，但还是同意辛格的观点：

> DNA分子本身并没有什么生命力。如果我能完全分离出一个完整的基因组，把它放在一个培养皿里，加入我们所希望的各种营养物质，我可以把它保存一万年，它除了慢慢分解外，绝对不会有任何其他作用。

显然，培养皿中的基因什么都做不了，它作为一个实体分子在几个月内就会分解，更不用说一万年了。但DNA中的“信息”却可能是不朽的，并且具有因果性。这就是关键所在。别管实体分子，也别管培养皿，把生物基因组中A、T、C、G所构成的三连密码子序列写在长长的纸卷上吧。如果你觉得纸太易碎了，那么要想保存一万年，就把这些字母深深地铭刻在最坚硬的花岗岩上。当然，世界范围内的高原地块还是太小了，没那么多花岗岩，但这只是表面上的困难。一万年后，如果地球上还有科学家，他们就会读取序列，并将其输入DNA合成机器，就像我们已有的早期形式一样。他们将掌握胚胎学知识，为当初捐献基因组的人制造一个克隆人（就像制造克隆羊多利那样）。当然，DNA信息的表达需要子宫中卵细胞的生化基础，但这可以由任何有意愿的妇女提供。她怀上的孩子，是死去一万年的先人的同卵双胞胎，也是对辛格和诺贝尔的活生生的否定。

创造这个双胞胎所需的信息可以刻在没有生命的花岗岩上，并留存一万年，即使在沃森和克里克为我们铺垫了70多年之后，这个事实仍然让我感到惊讶。查尔斯·辛格将不得不重新考虑他的生机论，而查尔斯·达尔文，我猜想，则会欣喜若狂。

问题的关键在于，尽管DNA实体分子本身可能短寿，但其核苷酸序列中所包含的信息却可能是永恒的。尽管围绕基因的机器——mRNA、核糖体、酶、子宫等都是必不可少的，但它们可以由任何女性重新提供。但个人DNA中的信息是独一无二、不可替代的，而且可能是不朽的。将其铭刻在花岗岩上是彰显这一点的一种夸张方式，但并不是实用的方法。在正常情况下，DNA信息通过复制，再复制，无限复制，甚至可能是世世代代的永恒复制来实现其不朽。当然，DNA不能自己复制自己。很明显，就像计算机文件没有硬件支持就无法自我复制一样，DNA也需要精巧复杂的细胞化学基础设施。但是，在所有参与复制的分子中，无论它们对复制过程有多重要，只有DNA能够被真正复制。身体中的其他任何东西都不会有此幸运。只有写在DNA中的信息能如此。

你可能会认为身体的每一部分都是复制的。每个人都有手臂和肾，这些器官每一代都在更新，不是吗？是的，但如果你把它称为“基因复制”意义上的复制，那就大错特错了。手臂和肾不会复制出新的手臂和肾。这很重要，要做严格的区分。对手臂进行一些“改变”，比如骨折或锻炼，这种改变不会传给下一代。而另一方面，如果改变了生殖基因，这种突变可能会延续万年之久，一代又一代地复制下去。

在发明印刷术之前，抄写员每隔一段时间就要辛苦地抄写一遍《圣经》，以防止经文因羊皮、纸张腐烂而失传[7]。纸莎草纸可能会碎裂，但信息却会留存下来。卷轴不会自我复制，它们需要抄写员，而抄写员的组成很复杂，就像参与DNA复制的酶很复杂一样。通过抄写员/酶的介导，卷轴/DNA中的信息被高保真地复制。实际上，抄写员复制的保真度可能低于 DNA 复制所能达到的保真度。即使意愿再好，人类抄写员也会犯错误，而一些热心的抄写员还会进行一点善意的改进。《圣经 · 马可福音》第 9 章第 29 节的旧手抄本引用耶稣的话说，一种特殊的恶魔（或者说"鬼"）的附身只能通过祈祷来治愈。而后来版本的文本则不满足于仅仅祈祷，而是说"祈祷和禁食"。似乎是某个热心的抄写员——也许他隶属于一个特别重视禁食的修会——认为耶稣肯定想提到禁食，他怎么可能不提到呢？所以就毫不冒昧地把这些话借耶稣之口宣出。DNA 复制的保真度比这些抄写员高，但即使是 DNA 复制也不是完美的。它确实会出错，这种错误即突变。在一个重要的方面，DNA 与过分热心的抄写员不同：突变从不偏向于改进[8]。突变无法判断改进的方向[9]。改进的判断是回溯性的，须通过自然选择。

因此，尽管 DNA 的实体介质是有限的，但 DNA 中的信息可能是永恒的。让我再重复一下为什么这很重要。只有 DNA 中包含的信息注定会超越身体的寿命，而且是大大超越。大多数动物在数年甚至数月或数周内就会死亡，很少有动物能活几十年，能活几个世纪的则几乎没有。它们身体中的 DNA 分子也会随动物的过世而消亡[10]。但是，DNA 中的信息却可以无限期地保存下去。我曾经参加过一次在美国举行的进化论会议，在告别晚宴上，我们都被要求写一首切题的诗。我的打油诗如下：

一个变动不居的自私基因
说道："我见过很多身体。
你自以为聪明
但我会永远活下去：
而你只是个生存机器。"

我从鲁德亚德 · 吉卜林（Rudyard Kipling）那里抄到了身体的回答：

一具身体，你首先占有她，
让她成长，然后抛弃她，
这又算什么，
去找老盲眼钟表匠吧。

我强调了基因以复制的形式而不朽。但是，如此不朽的单位有多大呢？不是整个染色体：它远非不朽。除了像Y染色体这样的小例外[11]，我们的染色体不会原封不动地延续几个世纪。它们每一代都在染色体交换（crossing over）的过程中分开[12]。就本论点而言，从长远来看，应被视为意义重大（可以不朽）的染色体的长度究竟是多长，取决于在相关的选择压力下，通过交换，这个长度被允许在多少代内完整保留。在我的第一本书《自私的基因》中，我略带调侃地表达了这一点，我说该书书名严格来说应该是《略为自私的染色体大片段和甚至更加自私的染色体小片段》（或《染色体有点自私的一大部分以及更为自私的一小部分》）。染色体的一个小片段，比如负责编程一条蛋白质链的基因，可以延续一万年。它以副本的形式存在。但只有那些成功通过自然选择这一“障碍赛”考验的片段才能真正做到这一点。我也可以说，一个更好的书名应该是《不朽的基因》（*The Immortal Gene*），我已经把它用作这一章的标题。正如我们将在第12章中看到的那样，《合作的基因》（*The Cooperative Gene*）同样适用[13]，这并不矛盾。

一个基因是如何不朽的？以复制的形式，它影响了一连串的身体，使它们生存和繁殖，从而将成功的基因传递给下一代，甚至可能传递到遥远的未来。不成功的基因往往会从种群中消失，因为它们相继寄寓的身体无法存活，无法繁衍生息。成功的基因是那些在统计上倾向于寄寓在善于生存繁衍的身体中的基因。而它们之所以体现这种统计趋势，无论是积极的还是消极的，都是因为它们对身体施加了因果影响。至此，我们得以明白为什么说基因不是“主动因素”是大错特错的。主动因素正是它们必须拥有的本质。否则，自然选择和适应进化就无从谈起。

“因素”具有可检验的含义。在实践中，我们如何确定因果关系呢？可以通过实验干预来做到这一点。实验干预是必要的，因为相关性并不意味着因果关系。我们需要移除假定的原因，或以其他方式对其加以操纵，而且严格来说，我们必须随机地、大量地这样做。然后，再看看其推定的效果是否会出现统计学上显著的变化。举个荒谬的例子，假设我们注意到伦顿橡果村的教堂大钟在伦顿小虾村的教堂大钟报时后也立即报时。如果我们非常天真，就会得出结论，认为是前者的报时导致了后者的报时。当然，仅仅观察到相关性是不够的。证明因果关系的唯一方法就是爬上伦顿小虾村的教堂塔楼，并操纵时钟。理想情况下，我们强迫它在随机时刻报时，并多次重复实验。如果与伦顿橡果村报时的相关性得以保持，我们就证明了因果关系。重要的一点是，只有我们反复、随机地操纵假定的原因，才能证明因果关系。当然，没有人会傻到真的用教堂的钟做这个实验。结果太过明显了。我使用这个例子只是为了澄清“因素”的含义。

现在回到丹尼斯 · 诺贝尔的说法：“基因只是被使用。它们不是主动的因素。”而根据我们对“教堂时钟”的定义，基因绝对是主动因素，因为如果基因发生突变（随机变化），我们就会在下一代的身体中持续观察到变化，而且在无限期的未来，我们还会观察到之后数代的身体变化。突变相当于爬上伦顿小虾村的塔楼改变时钟。与此相反，如果身体发生了非遗传变化（一道疤痕、失去一条腿、割礼、因锻炼而手臂肌肉发达、晒黑的皮肤、世界语的流利程度或低音管的演奏技巧），我们在下一代身上观察不到同样的变化。这之间没有因果关系。

因此，遗传信息具有潜在的不朽性和因果性，而在这些潜在的不朽基因中，真正不朽的基因与在这方面失败的基因之间有着明显的区别。一些基因成功而另一些基因失败，其原因恰恰在于，它们对自身所寄寓的众多身体的生存和繁殖前景产生了因果影响，尽管这种影响是统计性的。强调“统计性”很重要。一个好基因的一个副本也可能因为它所寓居的身体被闪电击中或遭受其他厄运而无法存活到下一代。更贴切的情况是，一个好基因的副本可能碰巧发现自己与坏基因共享一个身体，并被它们拖累。统计数字的加入，是因为性重组确保了好基因不会一直与坏基因共享同一身体。如果一个基因总是出现在生存能力差的身体中，我们就会得出一个统计结论：这是一个坏基因。经过一万年的重组、洗牌、再重组，一个仍然留在基因库中的基因就是善于构建身体的基因：它与身体中的其他基因合作，共享身体，这也意味着它与物种基因库中的其他基因合作（你可能还记得第 1 章的内容，物种可以被看作一台求平均值的计算机）。

在《自私的基因》中，我借用牛津大学与剑桥大学的赛艇比赛，即赛艇运动员的比喻来解释基因的合作。八名桨手和一名舵手各司其职，整条船的比赛结果取决于他们的合作。他们不仅要有很强的划船能力，还必须是很好的合作者，善于与其他船员步调一致。当然，这里的桨手代表基因，他们沿着赛艇纵向排列，就像基因沿着染色体排列一样。很难将每个桨手的角色区分开来，因为他们之间的合作是如此密切，而为了整条船的成功，他们之间的通力合作又是如此重要。教练会在试训过程中轮换桨手。虽然很难通过观察来判断每个人的表现，但他注意到，某些人似乎一直是最快的试训队的成员，而另一些人则一直是速度较慢队伍的成员。虽然没有让每位试训队员单独划船，但从长远来看，最优秀的桨手都能从他们所在船队的表现中脱颖而出。

正是由于基因对身体施加的因果影响，自然选择才能将好基因与坏基因区分开来。具体实施细节因物种而异。造就优秀游泳者的基因在海豚基因库中是“好基因”，但在鼹鼠基因库中却不是。造就优秀挖掘者的基因在鼹鼠、袋熊或土豚的基因库中是“好基因”，但在海豚或鲑鱼的基因库中却不是。致力于攀爬的基因在猴子、松鼠或变色龙的基因库中很盛行，但在剑鱼、犀牛或蚯蚓的基因库中却并不存在。致力于精湛空气动力学技术的基因在燕子或蝙蝠的基因库中繁盛，但在河马或短吻鳄的基因库中则不然。

但是，无论物种之间“好”与“坏”标准的细节有多大差异，核心要点始终是不变的。根据基因对身体的因果影响，基因要么存活下来，要么无法存活到下一代，再下一代，再下一代……乃至无穷无尽。让我说得更有力些：任何达尔文式的过程，在宇宙的任何地方——我敢肯定，如果宇宙的其他地方有生命，那一定是遵循达尔文主义的生命[14]——都依赖于跨代复制的信息，而这种信息必须对其从一代复制到下一代的概率产生因果影响。而在我们的星球上，这种复制的信息、达尔文式过程中的因果因子，恰好是DNA[15]。否认DNA在达尔文主义进化进程中作为一个“因素”的根本作用，就是完全的、盲目的、肤浅的且彻头彻尾的错误。

我是不是在这一点上讲得太多了？讲得多才好，但不幸的是，我们有理由认为，像我在此处所批评的那些观点已经产生了广泛的影响力。斯蒂芬·杰·古尔德（他的错误总是被他优雅的谈吐掩盖）甚至将基因在进化中的作用简化为“簿记”（bookkeeping）。这个簿记员的比喻具有极为夸张的蛊惑力，显然连古尔德本人都深受其害[16]。但这是最离谱的错喻。簿记员的职责是在交易发生后对其进行被动记录。当簿记员在他的分类账上记账时，该行为并不引起随后的货币交易。基因的情况却正好相反[17]。

我希望前面的内容能让你相信，“簿记”的比喻不仅仅是对基因在进化中所扮演的核心因果角色的空洞嘲弄，甚至比这更甚。它与事实背道而驰，虽然表面上很有说服力，却是一个错误至极的隐喻。古尔德也是“多层次选择”的支持者，这也是他被视为基因进化论反对者的另一个原因[例如，可参阅哲学家金·斯泰尔尼（Kim Sterelny）颇具洞察力的著作《道金斯对古尔德：适者生存》（*Dawkins Versus Gould: Survival of the Fittest*）]。古尔德等人坚持认为，自然选择发生在生命层次的多个层面：物种、种群、个体、基因。关于这一点，首先要说明的是，虽然这个层次结构貌似一个真正的阶梯，显得颇有说服力，但基因并不在这个结构之中。基因远不是这个阶梯的最底层，也根本不在这个阶梯上，而是明显位于其之外。这正是因为基因在进化过程中扮演着因果因素这一特殊角色。基因是一个“复制因子”（replicator），而阶梯上的所有其他梯级都只是“载具”（vehicle）而已，我将在本章后文解释这个术语。

至于更高层次的选择，可以肯定的是，在某种意义上，一些物种的生存确是以牺牲其他物种为代价的。这看起来有点像物种层次的自然选择。19 世纪，英国第十一代贝德福德公爵一时兴起，引进了美洲灰松鼠，直接导致英国本土红松鼠趋于灭绝。灰松鼠在竞争中淘汰了体型较小的红松鼠，还使红松鼠感染了松鼠痘，而灰松鼠本身在美国经过许多代的进化，已经对这种疾病产生了抵抗力。一个物种在生态学上被一个竞争物种取代，这从表面上看很像自然选择。但这种相似之处是空洞无意义的，只会误导他人。

这种“选择”不会促进进化适应。它不是达尔文意义上的自然选择。你不会说灰松鼠身体或行为的任何方面都是导致红松鼠灭绝的手段，但你可能会兴高采烈地谈论灰松鼠膨大的尾巴在达尔文自然选择意义上的功能，即尾巴的某些方面帮助其祖先在与尾巴略有不同的同种松鼠个体竞争时胜过了对手。

1988 年，我发表了一篇名为《可进化性的进化》（*The Evolution of Evolvability*）的论文。这是我最接近于支持“多层次选择”观点的论文。我的论点是，某些身体结构，例如节肢动物、无脊椎动物和脊椎动物的分节身体结构，比其他动物的身体结构更具“可进化性”。我在此引用那篇论文中的话：

> 我怀疑第一只分节动物并不是一个非常成功的个体。它是一个怪胎，拥有双重（或多重）躯干，而它的父母只有单一躯干。它父母的单一躯干结构至少相当适应该物种的生活方式，否则它们就不会成为父母。从表面上看，双重躯干不可能更好地适应……关于第一只分节动物，重要之处在于它的后代在进

化中胜出。它们经历适应辐射，形成物种，产生了全新的门。无论分节在第一只分节动物的一生中是不是一种有益的适应，这种分节都代表了胚胎学的变化，它蕴含着进化的潜力。

我设想我的这一“可进化性”概念应被视为胚胎学的一种属性。因此，分节的胚胎具有高进化潜能，这意味着胚胎本身具有丰富的进化分化可能。世界往往由具有高进化潜能的“分支”（clade）组成。分支是生命树的一个支系，指一个种群加上其共同祖先。“鸟类”是一个分支，因为所有鸟类都有一个单一共同祖先，而任何非鸟类都没有。“鱼类”则不是一个分支，因为所有鱼类的共同祖先也是包括我们人类在内的所有陆生脊椎动物的共同祖先，而我们不是鱼类。“哺乳类”是一个分支，但前提是其中包括所谓的“似哺乳类爬行动物”。将“可进化性的进化”称为群体选择是无益的，也会造成混淆。乔治 · C. 威廉斯（George C. Williams）提出的“分支选择”（clade selection）正好符合这一要求[18]。

我们还应该考虑对基因视角的哪些批评？许多潜在的批评者指出，基因与身体的“一小部分”之间并不存在简单的一对一映射关系。虽然这是事实，但这根本不是一个有效的批评，不过我需要解释一下，因为有些人认为它是有效的。你见过令人毛骨悚然的“屠宰示意图”吗？在这些图中，牛的身体被一些线条切分成不同的肉块：臀肉、胸肉、里脊肉等等。好吧，你无法为基因区域绘制这样的图谱[19]。身体上没有“边界”可以划分，无法标记一个基因的“领地”在哪里结束，下一个基因的“领地”从哪里开始。基因并不映射到身体的各个部位，而是映射到特定时间的胚胎发育“过程”中。基因影响胚胎发育，基因的变化（突变）映射到身体的变化。当遗传学家注意到一个基因的影响时，他们真正看到的是具有该基因的一个版本（“等位基因”）的个体与不具有该基因版本的个体之间的差异。遗传学家一一清点的表型单位，或通过谱系追踪的特征，如哈布斯堡型突颌、白化病、血友病、嗅识小苍兰的能力、舌头绕圈的能力，或在接触啤酒时驱散泡沫的能力，都被认为是个体之间的差异。当然，任何颌骨的发育都有无数的基因参与，不管这颌骨的主人是不是哈布斯堡家族的；任何舌头的发育也是如此，不管这舌头能不能绕圈。哈布斯堡型突颌基因只不过是一个基因，以实现某些个体和其他个体之间的差异为目标。每当有人谈到基因“以任何事物为目标”，这就是其真正的含义。基因是以个体差异为目标而存在的。就像遗传学家的眼睛专注于表型上的个体差异一样，自然选择之天眼也犀利而敏锐地关注着那些具备生存条件的个体和那些不具备生存条件的个体之间的差异。

至于影响表型的所有重要基因之间的相互作用，这里有一个比屠宰示意图更好的比喻。我们在天花板上挂一张大床单，床单各处的钩子上系着几百根绳子。如果把这些绳子看成灵活且有弹性的，可能有助于这个类比。这些绳子不是垂直独立悬挂的。它们可以沿对角线或任何方向伸展，并通过交叉连接与其他绳子互相干扰，而不一定直接与床单本身相连。在这个大号“猫吊篮”里，由于数百根绳子缠绕在一起相互作用，床单呈现出凹凸不平的形状。正如你所猜到的，床单的形状代表了表型，也就是动物的身体。天花板挂钩上绳子的张力则代表基因。突变要么是向钩子方向拉扯，要么是放松，甚至切断钩子上系的绳子。当然，这个比喻的重点是，任何一个钩子上发生的突变都会影响缠绕在一起的绳子上张力的整体平衡。任何一个钩子发生改变，整张床单的形状就会改变，牵一发而动全身。[20]与这个床单模型相一致的是，许多（甚至可能是大多数）基因具有“多效性”（多重效应），如第4章中所定义的。

出于实际原因，遗传学家喜欢研究少数确实具有可定义的、看似单一的效应的基因，例如格雷戈尔·孟德尔选用的表面要么光滑要么褶皱的豌豆。但是，即使是这样的“主效基因”（major gene），也常常有着令人惊讶的杂七杂八的其他多效性作用，且这些效应似乎随意地散布在身体各处。出现这种情况并不奇怪：基因在胚胎发育的许多阶段都会发挥作用。因此，可以预料的是，即使在身体的

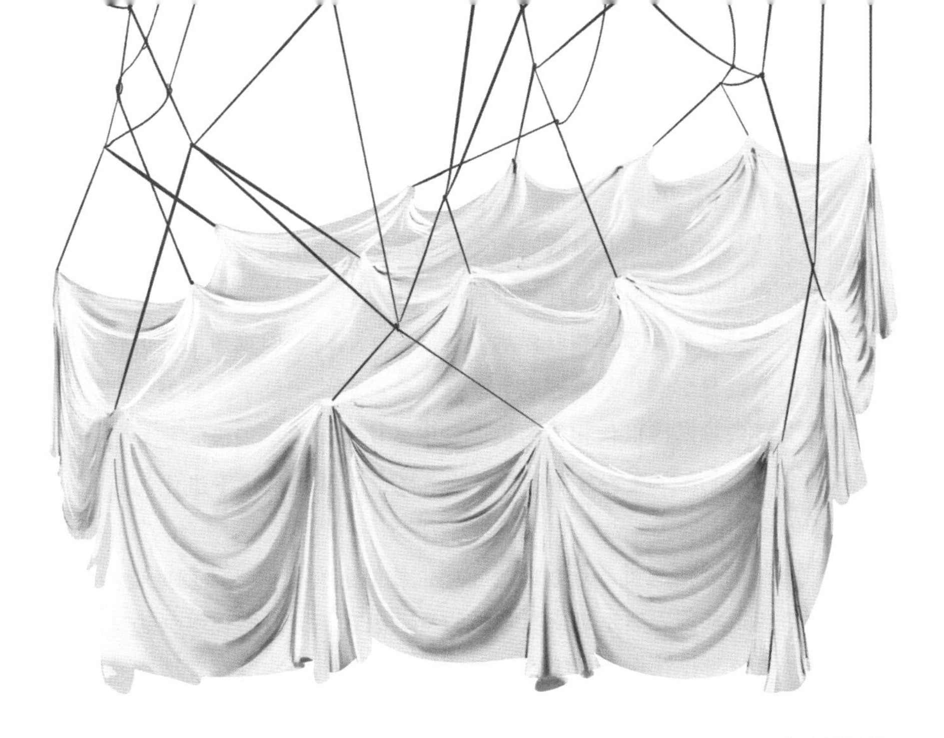

张力的平衡

两端，这些基因也会产生多效性后果。一个钩子上的张力变化会导致整张床单发生全面变形。

因此，从单个基因到身体的单个“部位”不存在一对一的映射关系。这里没有屠宰示意图之类的存在。但这一事实丝毫没有威胁到基因视角的进化观点。无论基因的效应是如何多重、如何复杂和相互作用，你仍然可以把它们加总，得出基因变化（突变）对身体影响的净正效应或净负效应，即对基因存活到下一代的机会的净效应。这种对基因本身在基因库中存活的因果影响，尽管与其他基因——与它共同影响所有“绳子”共同张力的其他基因——有无数的相互作用，但这种错综复杂的局面并无损于这种因果影响。当有关基因发生突变时，整张床单的形状就可能会发生变化，也许整个身体都会发生许多多效性变化。但是，在身体的不同部位，在与许多其他基因的相互作用下，所有这些变化对生存、繁殖方面的净效应必然要么是积极的，要么是消极的（或者是中性的）。这就是自然选择。

这些基因“绳子”的张力也会受到环境影响。可以将这些环境因素看成从侧面而不是从天花板上的钩子拽下来的更多的绳子。当然，发育中的动物既受到环境的影响，也受到基因的影响，而且单个基因总是与众多基因相互作用。但同样，这对基因视角下的进化观点没有丝毫影响。某种程度上，在现有的环境条件下，只要基因的改变导致该基因世代相传的机会发生变化（无论是积极的还是消极的），自然选择就会发生。而自然选择正是基因视角下进化观点所涉的全部内容。

对基因视角的批评就到此为止吧。我们还有什么批评意见呢？有人会说，基因固然是进化过程中的主动因素，但我们观察到的是整个“个体身体”作为积极行动者的行为。这一事实也常常被错误地视为基因视角的不足。毋庸置疑，只有作为整体的动物才拥有与世界互动的执行手段——腿、手、感觉器官。是整只动物（而不是基因）在不知停歇地寻找食物，先是尝试一条希望之路，然后又转到另一条，追求满足食欲的所有可能状况都在此过程中表现出来，直到它达到目的。表现出对捕食者的恐惧，警惕地抬头四处张望，受到惊吓时会跳起来，被追赶时会惊恐奔跑的，都是动物个体。在追求异性时表现得如同一个单一行动者的也是动物个体。会巧妙地筑巢，并竭尽所能照顾幼崽的还是动物个体。

动物，作为个体的动物，作为各部位集合的完整动物，确实是一个施动者，其为了某个目的或一系列目的而奋斗。有时，这目的似乎便是个体的生存，通常是为了繁衍后代。有时，特别是在社会性昆虫中，这目的则是为了子女以外的亲属——姐妹和侄女、侄子和兄弟——的生存和繁衍。我已故的同事 W. D. 汉密尔顿（就是第 1 章中那张重写本明信片的描绘者）对此提出了一个精确数学量的一般定义，即在自然选择下，个体在进行有目的的奋斗时，预期会对这个量加以最大化。这个量囊括了个体生存，囊括了繁殖，但它还包含更多，因为个体的多数基因是与其亲属共享的，因此该基因的生存可以通过帮助姐妹或侄甥的生存和繁衍而得到促进。他给生物个体应努力实现最大化的确切量起了一个名字："广义适合度"。他将自己艰深的数学计算浓缩为一个冗长而复杂的口头定义[21]：

> 我们可以把"广义适合度"想象成一个个体在生产成年子代时实际表现出来的个体适合度，这种适合度首先被剥离一些成分，然后以某种方式得到增强。它剔除了所有可以被认为是由于个体所处的社会环境而产生的成分，剩下的就是如果个体没有受到该环境的任何伤害或从该环境获得益处时所表现出来的适合度。然后，再根据个体自身对其同胞的适合度所造成的利害量的一定分数来增加这个数量。我们所讨论的这些分数就是他与其所影响同胞的亲缘系数：克隆个体为1，同胞兄弟姐妹为1/2，半同胞的兄弟姐妹（如同父异母）为1/4，表兄弟姐妹为1/8……最后，所有亲缘关系小到可忽略不计的则为0。

这定义太过绕来绕去？有点晦涩难懂？嗯，是有点绕，因为"广义适合度"是一个很难理解的概念。在我看来，它必然是迂回曲折的，因为从个体的角度来看这个问题，本身就是一种不必要的迂回曲折的达尔文主义思维方式。如果你完全撇开生物个体，直接从基因的层面来思考，一切都会变得极其简单明了。比尔·汉密尔顿本人就是这样实践的。他在一篇论文中写道：

> 让我们暂时赋予基因以智慧和某种选择自由，从而使论证更加生动。想象一下，一个基因正在考虑增加其副本数量的问题，想象它可以在导致基因携带者做出纯粹利己行为……和导致其做出在某种程度上使亲属受益的"无私"行为之间进行选择。[22]

看看，与前面关于广义适合度的引文相比，这段话是多么清晰易懂。不同之处在于，这段话采用的是自然选择的基因视角，而上述晦涩难懂的段落则是从生物个体的视角来表达同样的观点。汉密尔顿曾对我半开玩笑的非正式定义表示赞同："广义适合度是指个体看似追求最大化的量，而真正最大化的是基因的生存。"

	角色	最大化
基因	复制因子	生存
生物体	载具	广义适合度

比尔·汉密尔顿

用我的术语来说，生物个体是一个“载具”，它承载着内部“复制因子”的副本。哲学家戴维·赫尔（David Hull）在与我曾经的学生马克·里德利（Mark Ridley）进行了大量通信后也明白了这一点，但他用“交互因子”（interactor）一词代替了我的“载具”[23]。我一直不太明白为什么。根据你的偏好，你可以将载具或复制因子视为最大化某些量的行动者。如果是载具，那么其最大化的量就是“广义适合度”，而且相当复杂。但反过来，如果是复制因子，那么其最大化的量就很简单：生存。我不想贬低载具作为行动单位的重要性。生物个体拥有大脑，根据感官提供的信息做出决定，并由肌肉加以执行。生物体（“载具”）是行动的单位，但基因（“复制因子”）才是生存的单位。从基因的视角来看，载具的存在不应该被视为理所当然，而是需要根据其本身权利加以解释[24]。我在《延伸的表型》的最后一章《重新发现生物体》中尝试做出了一种解释。

复制因子（在我们的星球上，是 DNA 片段[25]）和载具（在我们的星球上，是生物个体的身体）是同等重要的实体，它们同样重要，但扮演着不同且互补的角色。复制因子可能曾经在海洋中自由地漂浮，但用我在《自私的基因》中的话来说，“很久以前，它们已经放弃这种自由自在的生活方式了。在今天，它们群集相处，安稳地寄居在庞大的步履蹒跚的‘机器人’（个体身体、载具）体内”。基因视角的进化并没有贬低个体身体的作用，它只是坚持认为，个体的角色（“载具”）与基因的作用（“复制因子”）是不同的。

因此，成功的基因会在一具具不同身体中世代相传，它们通过对自身所寄寓的身体产生“表型”影响，而（在统计学意义上）成为自身生存之因。不过，我接着又引入了“延伸的表型”的概念，从而扩大了基因视角的观点。因为基因射出的因果箭头并不止于生物的体壁。任何对整个世界的因果效应——任何可以归因于基因的存在而非其不存在，并影响基因生存概率的因果效应，都可以被视为具有达尔文式意义的表型效应。它只需对该基因在基因库中存活的概率产生某种统计学意义上的影响即可，无论这种影响是积极的还是消极的。现在，我必须重新对“延伸的表型”的概念加以审视，因为对我来说，它是基因视角进化观点的重要组成部分。

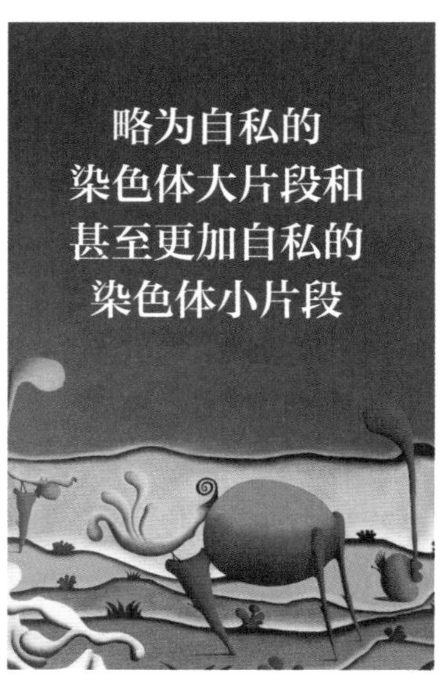

《自私的基因》的其他替代标题，都与它的内容相符

第9章

超越体壁

想象一下，如果珍·古道尔报告说看到黑猩猩在林间空地上建造了一座令人惊叹的石塔，会引起多大的轰动。它们精心挑选形状合适的石头，调整每一块石头的角度，直到与邻近的石头严丝合缝。然后，黑猩猩们用水泥将其牢牢固定，再开始挑选另一块石头。它们很明显地喜欢使用两种大小差异较大的石头，小的用来砌墙，大得多的则用来构建外部防御和结构强度，也就是构建最重要的支撑墙。这一发现将引起轰动，成为头条新闻，成为英国广播公司从早到晚都要讨论的话题。哲学家们会摩拳擦掌，就黑猩猩的人格、道德权利和其他哲学话题展开激烈辩论。这座塔并不适合它的建造者居住。如果不是功能性建筑，那么它是某种纪念碑吗？它是否像巨石阵一样具有仪式或礼仪意义？这座塔是否表明宗教比人类更古老？它是否威胁到人类的独特性？

下页图中的建筑是真实存在的动物建筑，但却不是黑猩猩建造的；现实中的这些建筑要小得多，而且不像纪念碑那样笔直矗立，而是平躺在溪流的底部。它是石蛾（*Silo pallipes*）的幼虫石蚕的“房子”。石蛾会为寻找配偶而离水飞行，寿命只有几周，但其幼虫石蚕却能在水下生长长达两年。它们生活在移动房屋中，这些房屋是石蚕从周围环境中收集材料，并用头部腺体分泌的丝将其黏合建造而成的。石蚕（见第 192 页图）的建筑材料是当地的石头。揭开这种动物惊人建筑技巧的神秘面纱的是目前动物建筑研究领域的顶尖专家迈克尔 · 汉塞尔（Michael Hansell）[1]。

如果黑猩猩有石蛾幼虫的本领就好了……

这些幼虫是大师级石匠[2]。看它们把小石头放在精心挑选的大石头之间，以支撑两侧的大石头，就知道它们是多么细心了。汉塞尔向我们展示了它们是如何挑选石头的——它们根据大小和形状挑选石头，而不是根据重量。他还进行了巧妙的实验，将这个石制房屋的一部分移走，然后展示了幼虫是如何将合适的石头塞进缝隙中，并将它们固定到位的。同样令人印象深刻的还有第 192 页右上方的木屋。这不是由石蚕建造的，而是由一种毛虫，即所谓的蓑蛾幼虫建造的。水中的石蚕和陆地上的蓑蛾幼虫都有用从周围环境中收集的材料建造房屋的习惯。该图展示了一些石蚕和蓑蛾幼虫的房子。

“表型”一词是指基因（基因型）在身体上的表征。足、触角、眼睛和肠道都是石蚕表型的组成部分。基因视角的进化观点将基因的表型表征视为一种工具，通过这种工具，基因可以将自己植入下一代，并由此影响到无数后代。本章补充了延伸的表型的概念。就像蜗牛的壳是其表型的一部分，其形状、大小、厚度等都受蜗牛基因的影响一样，石蚕的鞘壳或蓑蛾幼虫用树枝堆砌的茧房的形状、大小等也都是基因的表征。由于这些表型不是动物身体的一部分，因此我将其称为“延伸的表型”。

这些优雅的构造一定是达尔文主义进化的产物，就像龙虾、乌龟、犰狳的盔甲体壁，以及你的鼻子或大脚趾一样。这意味着它们是通过基因的自然选择组合在一起的。这就是我们基于达尔文主义在此探讨延伸的表型的正当理由。一定有基因“以石蚕和蓑蛾幼虫所建房屋的各种细节为目标”。这只能说明，昆虫细胞中一定存在或曾经存在某些基因，且这些基因的变异会导致这些房屋的形状或性质发生变化。要得出这样的结论，我们只需要假设这些房屋是通过达尔文式的自然选择进化而来的，鉴于它们优雅的适用性，任何严肃的生物学家都不会质疑这一假设。蜾蠃蜂、泥蜂和灶鸟的巢穴也是如此，它们是用泥土而不是活细胞建造的，是建造者体内基因的延伸的表型。

尽管蟋蟀的表亲蚱蜢用锯齿状的腿歌唱，但雄性蟋蟀却是用翅膀唱歌。雄性蟋蟀用一只前翅的顶部摩擦另一只前翅底部的粗糙“锉刀”来发声。它们的“呼唤之歌”足够响亮，可以吸引一定范围内的雌性，并吓跑雄性竞争对手。但是，如果这种声音可以被放大，以扩大吸引雌性的范围呢？也许可以借用某种扩音器？我们使用扩音器作为简单的定向放大器，其工作原理是“阻抗匹配”。没有必要深究这个术语意味着什么，这只是说，与电子放大器不同，它不需

石蚕及其鞘壳

蓑蛾幼虫及其茧房

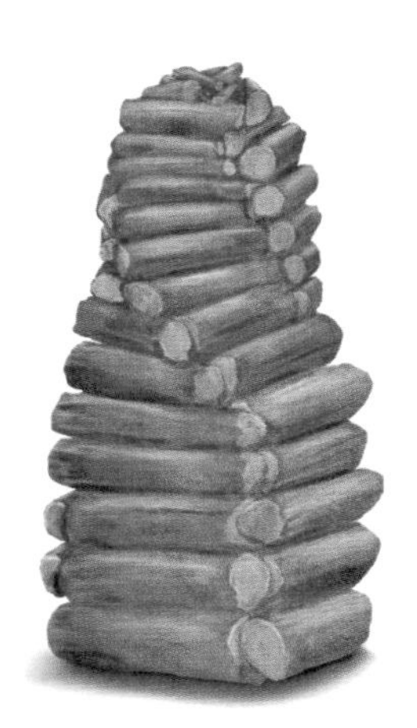

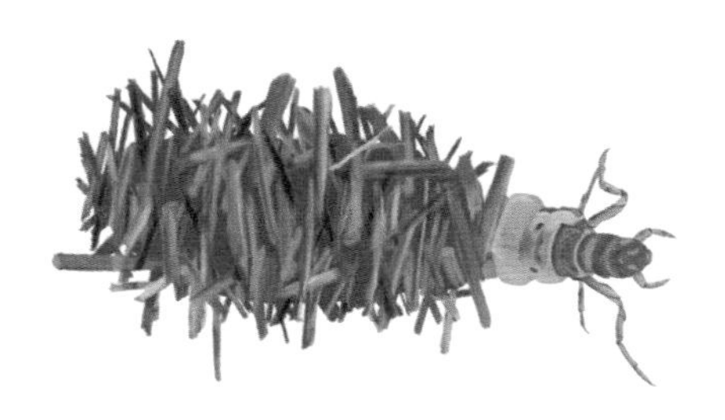

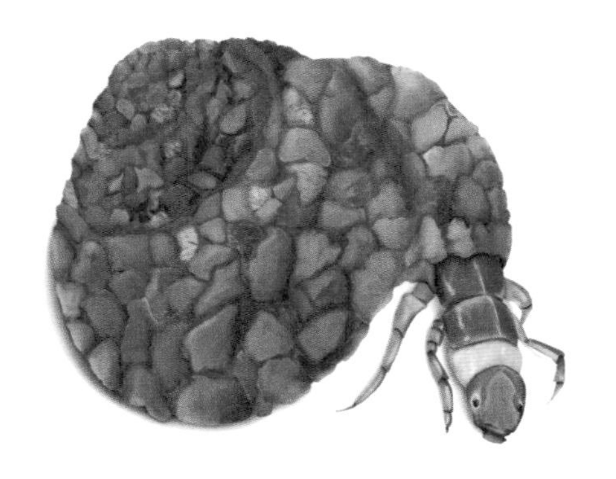

用泥土建造的延伸的表型

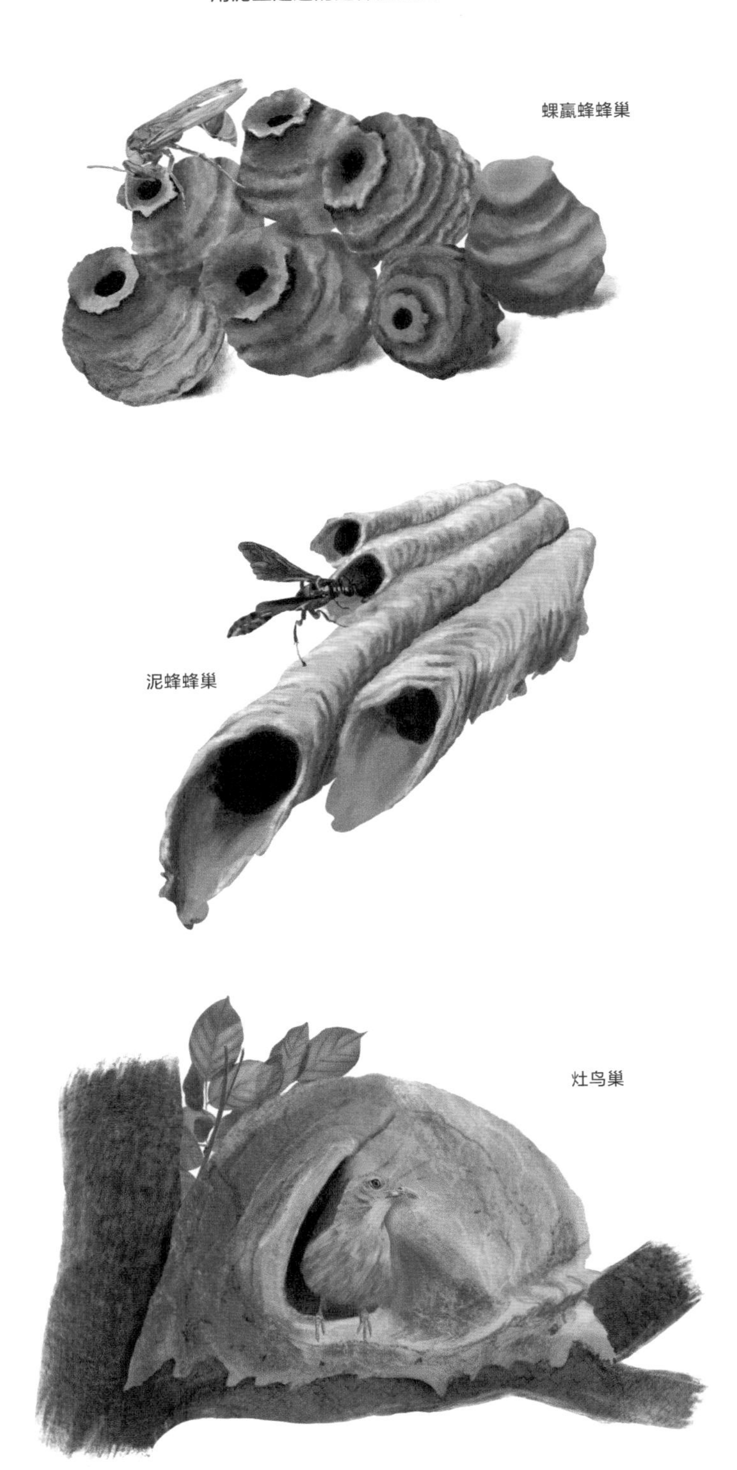

输入额外的能量。相反，它是把可用的能量集中在一个特定的方向上。蟋蟀能从角质层中长出扩音器吗？如果是这样，这会是一种传统意义上的表型，就好像副栉龙（*Parasaurolophus*）头上向后延伸的非凡“长号”——它可能是这种恐龙吼叫时的共鸣器[3]。蟋蟀也可能进化出类似的东西。还有一种更容易获取的材料，鼹鼠蟋蟀（蝼蛄）便利用了它。

顾名思义，鼹鼠蟋蟀，也就是我们所说的“蝼蛄”是个挖掘专家。它们的前肢被改造成粗壮的锹形，与鼹鼠的前肢十分相似，尽管尺寸小了不少。当然，这种相似是趋同的。有些种类的蝼蛄生活在极深的地下，根本无法飞行。既然拥有一个扩音器可以让蝼蛄从中获益，又鉴于它挖了一个洞穴，还有什么比把洞穴塑造成扩音器更自然而然的选择呢？葡萄蝼蛄（*Gryllotalpa vineae*）的洞穴还是一个双扩音器，就像有两个喇叭的老式发条留声机。亨利·贝内特－克拉克（Henry Bennet-Clark）发现，双喇叭结构能将声音集中到一个扇区[4]，而不是像半球形扩音器那样让声音向四面八方散去。贝内特－克拉克能够在600米之外听到一只葡萄蝼蛄（他自己发现的物种）的声音。普通蟋蟀的叫声所及范围根本无法与之相提并论。

副栉龙

鼹鼠蟋蟀（蝼蛄）

鼹鼠

假设蝼蛄扩音器的功能如它的外表所显示的那样完善，那么它一定是通过自然选择逐步改进进化而来的，就像蝼蛄掘土的前肢或其身体的任何部分一样。因此，一定存在控制这个“喇叭”形状的基因，就像存在控制翅膀形状或触角形状的基因，存在控制蟋蟀鸣叫模式的基因一样。如果没有控制“喇叭”形状的基因，自然选择就无从选择。请再次记住，“以任何事物为目标”的基因都只是这样一种基因：其一众替代性等位基因负责编码个体间差异。

有双扩音器洞穴的鼹鼠蟋蟀

现在，当你注视着这个双扩音器洞穴（或者是石蚕和蓑蛾幼虫的房屋）陷入沉思时，你可能忍不住想说出下面这番话。蟋蟀的洞穴不像翅膀或触角，它们是蟋蟀行为的产物，而翅膀和触角则是解剖结构。我们习惯于认为解剖结构受基因控制。那么，生物的行为，或者说蟋蟀的挖掘行为、石蚕复杂的石匠行为是否也如此呢？当然。没有什么能阻止我们将这些行为所产生的“动物造物”（artifact）同归于此类。从基因到蛋白质，再到胚胎……一连串漫长过程，最终形成成体，这些动物造物不过是这条“因果链”的进一步延伸而已。

关于行为遗传学的研究不胜枚举，其中就包括蟋蟀鸣唱的遗传学研究。我想讨论这项研究，因为奇怪的是，行为遗传学引起了解剖遗传学从未遭受过的怀疑[5]。戴维 · 本特利（David Bentley）、罗纳德 · 霍伊（Ronald Hoy）及其在美国的同事对蟋蟀的歌声（虽然不是特定蝼蛄的歌声）进行了深入的遗传学研究[6]。他们研究了两种田野蟋蟀，一种是来自澳大利亚的澳洲黑油葫芦（*Teleogryllus commodus*），另一种是同样来自澳大利亚，但也出现在太平洋岛屿上的滨海油葫芦（*Teleogryllus oceanicus*）。与其他蟋蟀隔离开来饲养的成年蟋蟀会正常歌唱。尚未完成最后一次蜕皮的若虫从未鸣唱过，但在实验室中，研究人员可以诱导它们的胸部神经节发出神经脉冲，其时间模式与物种的鸣唱模式相同。这些事实有力地说明，唱出物种之歌的指令是由基因编码的。而这些基因在两个物种中一定存在着与亲缘相关的差异，因为它们的鸣唱模式是不同的。杂交实验很好地证实了这一点。

在自然界中，这两种油葫芦不会杂交，但在实验室中可以诱导它们杂交。本特利和霍伊绘制的示意图（见下页）显示了这两个物种以及它们之间各种杂交种的鸣唱模式。所有蟋蟀的歌声都由脉冲和脉冲间的停顿组成。滨海油葫芦（图中 A）的唧唧声由大约 5 个脉冲组成，随后是大约 10 个“颤音”，每个颤音总是由两个脉冲组成，比唧唧声的脉冲间隔更短。我们听到的是有节奏的重复的颤音。在我听来，颤音的音量比唧唧声稍小一些。大约 10 次双脉冲颤音之后，又是一通唧唧声。如此有节奏地循环往复，一遍遍无休止。澳洲黑油葫芦（图中 F）也有类似的唧唧声和颤音交替出现的模式。但在唧唧声之间只有一个或两个长颤音，而不是一系列十来个双脉冲颤音。

现在我们来讨论一个有趣的问题：杂交种的情况如何？杂交种的鸣叫模式（C 和 D）介于两个亲本（A 和 F）之间。在杂交中哪

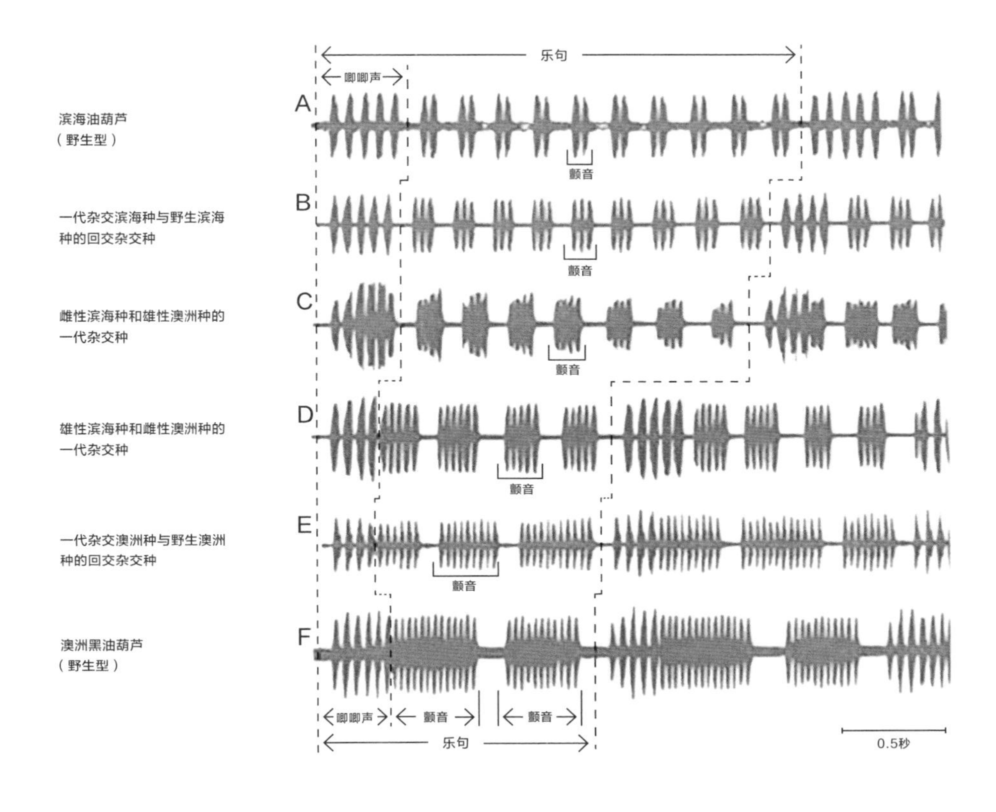

纯种蟋蟀和杂交蟋蟀的鸣叫

一个物种充当雄性（比较 C 和 D）是有区别的，但我们不必在这里讨论这个问题，尽管它可能会为我们揭示有关性染色体的有趣信息。无论如何，杂交种的鸣唱模式是基因控制行为模式的一个很好的证据。进一步的证据（B 和 E）来自杂交种与两个野生种的杂交（遗传学家称之为回交）。如果比较所有鸣声，你会发现一个令人满意的结论：杂交种的鸣声与两个野生物种的鸣声相似，其相似程度与杂交个体从每个物种继承的基因数量成正比。一个个体继承的滨海种基因越多，它的歌声就越像野生滨海种，而非澳洲种，反之亦然。当你的视线从图中的滨海种向下移向澳洲种时，你会发现越是在下方的杂交种，其鸣唱模式与澳洲种的越相似。这表明，几个影响较小的基因（“多基因”）会将其效应叠加。毋庸置疑的是，区分这两种蟋蟀的物种特异性鸣唱模式是由基因编码的：这是一个很好的例子，说明行为和解剖结构一样受基因控制。究竟为什么不应该如此呢？两者的基因因果逻辑是一样的。两者都是一连串因果链的产物，而行为不过是这条因果链中增加的一环而已。

你可以做一个类似的研究，研究控制蝼蛄扩音器建造行为的基因。但你不妨去看看这条因果链的下一个环节，即扩音器本身。之所以对扩音器之间的差异进行基因研究，是因为扩音器是蝼蛄基因的延伸的表型。还没有人做过这些实验，但没有什么能阻止人们做这些实验。同样，还没有人研究过石蚕房子的遗传学，但没有理由不去研究，尽管在实验室里培育这些虫子可能存在实际困难。迈克尔·汉塞尔曾经在牛津大学做过一次演讲，主题便是石蛾幼虫的筑巢行为。他在演讲中也顺便哀叹了自己在实验室培育石蚕的失败尝试，因为他希望自己能研究它们的遗传学。听到这里，坐在前排的昆虫学教授咆哮道："你没想过去掉它们的头吗？"似乎昆虫的脑部会发挥对交配的抑制作用，因此去头可以预期产生配子释放效应。

如果你成功地人工繁殖了石蚕，就可以系统地对石蚕房屋的世代变化进行选择。或者，你也可以人为地选择蝼蛄扩音器的大小或形状，一代复一代地让那些喇叭碰巧更宽、更深或形状不同的个体进行繁殖。你可以培育出巨大的扩音器，就像培育巨大的触角或下颚一样。

这就是人工选择，但类似的事情一定已经通过自然选择发生过[7]。不管是人工选择还是自然选择，朝着更大号扩音器进化只能通过以扩音器的大小为目标的基因的差异性存活来实现。而为了让扩音器作为达尔文式的适应开始进化，首先就必须有以扩音器形状为目标的基因。延伸的表型的概念是基因视角进化观点的必要组成部分。延伸的表型应该是对达尔文理论的一个无争议的补充。

但是，这些"以扩音器形状为目标的基因"不正是以改变挖掘行为为目标的基因吗？而挖掘行为不是蝼蛄"普通"表型的一部分吗？同样，以石蚕房屋形状为目标的基因难道不"正是"以石蚕建筑行为为目标的基因吗？也就是说，这不是其体内的“普通”表型表征吗？那为什么还要谈论体外的“延伸”的表型呢？同样，你也可以说，以改变挖掘行为为目标的基因实际上“正是”以改变蝼蛄胸部神经节回路为目标的基因。而以胸部神经节变化为目标的基因，实际上“正是”以胚胎发育过程中细胞间相互作用变化为目标的基因。它们又实际上“正是”某基因……以此类推，直到我们达到最终的“正是”基因。基因实际上“真真正正”只是以改变蛋白质为目标的基因，根据将六十四种可能的DNA三联密码子翻译成二十种氨基酸加一个标点符号的规则进行组装。因为这很重要，所以我要再说一遍：我们这里有一条因果链，它的第一个环节（DNA密码子决定氨基酸）是可知的，它的最后一个环节（扩音器形状）是可观察和可测量的，而它的中间环节隐藏在胚胎发育和神经连接的细节中——也许难以捉摸，但必然存在。问题的关键在于，因果链中众多中间环节中的任何一个都可以被视为“表型”，并且可以成为人工或自然选择的目标。从逻辑上讲，没有理由让这条因果链止于动物的体壁。扩音器是“表型”，就像神经连接是表型一样。蝼蛄体内和体外延伸的每一个环节都可以被视为由基因差异引起的。同样的道理也适用于从基因到石蚕房子的因果链，尽管其行为环节，即实际的建筑活动本身，在选择合适的石头并将它们调整放置到适合现有结构的位置时涉及复杂的试错行为。现在让我们进一步推进这个论证。一个基因的延伸的表型还可以进入另一个不同个体的身体。

自然选择不会直接看到以挖掘行为为目标的基因，也不会直接看到神经元回路，更不会直接看到扩音器的形状。它看到的——或者更确切地说是听到的——是鸣叫的响亮程度。基因选择才是最终的关键，而鸣叫的响亮程度则是基因选择通过一长串中间环节进行调节的替代物。但是，鸣叫的响亮程度仍不是因果链的终点。就自然选择而言，鸣叫的响亮程度只有在吸引雌性（和阻止雄性，但我们还是不要把问题复杂化了）时才是重要的。因果链此时延伸到了对雌性蝼蛄产生影响的范围。这就意味着，雌性行为的改变是雄性蝼蛄基因的延伸的表型的一部分。因此，一个基因的延伸的表型可以存在于另一个个体中。我想说的是，基因的表型表达甚至可以延伸到基因所寄寓的物种身体之外的其他生物的身体中。正如我们可以谈论“以哈布斯堡型突颌为目标”的基因或“以蓝眼睛为目标”的基因一样，谈论“以另一个个体（这里指雌性蝼蛄）行为改变为目标的（雄性蝼蛄体内的）基因”也是完全合理的。

我们在第 7 章中看到，雄性金丝雀和斑鸠的歌声会对雌鸟的卵巢产生显著效应，雌鸟的卵巢会急剧膨胀，激素也会随之大量分泌。随之而来的雌性行为和生理变化实际上是雄性基因的表型表达——延伸的表型的表达。除非你否认达尔文式选择本身，否则你就无法否认这一点。

雄性斑鸠的基因可能会通过雌性斑鸠的耳朵对其产生延伸的表型效应，但耳朵并不是通向雌性斑鸠大脑的唯一通道。许多物种的雄鸟都会给自己披上亮丽显眼的色彩。这些颜色对个体的生存并没有益处，但对形成这些颜色的基因的生存还是有好处的。它们以牺牲个体存活为代价来帮助个体繁殖，从而实现了这种好处。除少数例外，在动物界通过披上具有性吸引力的色彩，将个体自身的寿命作为牺牲摆上基因存活的祭坛的，从来都是雄性。在雉鸡或天堂鸟这样物种中，雄性身上的色彩会绚烂得让人眼花缭乱，而雌性的色彩通常比较单调，而且往往伪装得很好。雄鸟的鲜艳色彩受到青睐，要么是通过吸引雌鸟，要么是通过击败其他雄鸟[8]。在这两种情况下，自然所选择的以鲜艳色彩为目标的基因都会通过改变其他个体的行为来延伸表型表达。我不知道看到雄性孔雀的尾羽是否会导致雌性孔雀的卵巢发生变化，就像雄性斑鸠的鸣叫会导致雌性斑鸠的卵巢发生变化一样。如果是这样，我并不会感到惊讶，如果不是这样，我反而会很惊讶。

不幸的是，捕食者的眼睛往往和雄性猎物想要讨好的雌性的眼睛别无二致。对一个人来说显眼的东西，可能对所有人来说都是显眼的。这对雄性来说是值得的，或者说对赋予他鲜艳色彩的基因来说是值得的。即使他的外表让他付出了生命，但他已经在与雌鸟相处时成功获得了回报。但是，有没有一种办法，可以让雄鸟在不引起捕食者注意的情况下，通过雌鸟的眼睛来操纵雌鸟呢？他能不能舍弃这套危险而醒目的个体表型，并将其转移到与自己身体保持安全距离的延伸的表型上？当然，这里的“舍弃”和“转移”必须在进化过程中加以理解。我们并不是在谈论一年一度的换羽，虽然这也会发生——也许是出于同样的原因。例如，繁殖季节一结束，黑头鸥就会脱掉它们那个色彩对比鲜明的面罩。

园丁鸟（bower bird）是一科栖息在新几内亚和澳大利亚森林中的鸟类[9]，名字源于一种非凡而独特的习性。雄性园丁鸟会建造“求偶亭”（bower）来引诱雌鸟。建造这种求偶亭所需的技能可以被看作筑巢技能的遥远衍生物，也许就是肇始于筑巢技能。但求偶亭显然不是巢。鸟不会在里面产卵，也不在里面养育雏鸟。雌性园丁鸟和其他鸟类一样筑巢产卵，她们的巢与雄性园丁鸟的求偶亭并不相似。

建造求偶亭的唯一目的是吸引雌鸟，雄鸟在建造过程中可谓煞费苦心。首先，他们要清除建造场地上的落叶和其他杂物。然后，用树枝和草组装起求偶亭本身。求偶亭的细节因物种而异，有的像一顶鲁滨孙的帽子，有的像一座宏伟的拱门，有的则像一座塔。我认为，求偶亭设计的最后阶段是所有阶段中最引人注目的。求偶亭前方和下方的地面会被装饰得五彩缤纷，而且不得不说，它被装饰得很有品位。雄鸟会收集装饰品——彩色的浆果、花朵，甚至瓶盖。雄性园丁鸟努力工作的情景让我不禁想起一位艺术家在画布上完成最后的修饰时的情景：身体向后倚，歪着头评判效果，然后向前俯身去做一些微妙的调整，再次向后，把头侧向一边观察效果，然后再次向前俯身。这就是我大胆使用“有品位”这个说法的原因。雄鸟的行为会给人留下这样的印象：这只鸟儿正在用自己的审美判断力完善一件艺术品。即使装饰好的求偶亭并不符合所有人的喜好，

甚至也不符合所有雌性园丁鸟的品位，但雄鸟的“修饰”行为也足以让人得出这样的结论：雄鸟有自己的品位，且它正在调整自己的求偶亭以满足自己的品位。

还记得在第 7 章的讨论中，我提出雄性鸣禽在学习唱歌时，是在行使自己的审美判断吗？你应该记得，有证据显示，雏鸟会随意地鸣叫，并通过参照模板来选择将哪些随机鸣唱片段纳入自己成熟的歌声中。我认为，雄鸟的大脑与同类雌鸟的大脑相似。因此，对雄鸟有吸引力的东西也会对雌鸟有吸引力，这并不奇怪。雏鸟的鸣声发展过程可以被视为雄鸟的创造性创作过程，在这一过程中，雄鸟采取的原则是“能让我兴奋的东西可能也会吸引雌鸟”。我认为没

有理由不对建造求偶亭的行为做出类似的美学解释。“我喜欢那一堆蓝色浆果的样子。所以，很有可能我的同类也会喜欢……也许那边还可以加一朵红色的花……或者，不，这样看起来更好……稍微靠左一点，这样更好，为什么不用一些红色浆果来做衬托呢？”当然，我并不是说那只雄鸟在思考这个问题时会说这么多话。

不同种的园丁鸟所钟爱的装饰颜色以及求偶亭的形状也不尽相同。缎蓝园丁鸟（左页图）喜欢蓝色，这可能与其羽毛的蓝黑色光泽有关，也可能与它闪亮的蓝眼睛有关。建造图中这个求偶亭的雄性缎蓝园丁鸟发现了些蓝色的吸管和瓶盖，并用它们布置了一场丰富的蓝色盛宴来取悦雌鸟的眼睛。大亭鸟（*Chlamydera nuchalis*）

的风格则更为朴素，它们会用贝壳和鹅卵石来表达自己的爱慕（上页图）。

求偶亭是雄性园丁鸟体内基因的延伸的表型。这是一种外部表型，其优点可能是华丽铺张的装饰并不直接披在雄鸟身上，因此不会引起捕食者对雄鸟本身的注意。我不知道置身于一个比平常更华丽的求偶亭中是否会刺激雌鸟血液中的激素飙升，但对斑鸠和金丝雀的研究再次让我产生了这样的猜想。

我们习惯于认为基因在物理距离上接近它们的表型目标。但延伸的表型可能很大，而且与导致它们的基因相距甚远。河狸建造的大坝催生的湖泊是河狸基因的延伸的表型，在某些情况下其可以扩展至几英亩（1 英亩 =4046.86 平方米）大。长臂猿的叫声可以在 1 千米外的森林里被听到，吼猴的叫声则可以在 5 千米外被听到：这是真正的基因的“远距离作用”。这些叫声受到自然选择的青睐，因为它们对其他个体具有延伸的表型效应。化学信号在飞蛾之间的传播范围很广。传递视觉信号需要视线不被阻隔，但基因远距离发生作用的原则仍然存在。基因视角的进化观点必然包含了延伸的表型的理念。自然选择偏爱具有表型效应的基因，无论这些表型效应是否局限于细胞中含有这些基因的个体体内。

2002 年，《生物学与哲学》杂志的编辑金 · 斯泰尔尼为纪念《延伸的表型》出版 20 周年，委托他人撰写了三篇评论性文章，还加上了我的一篇回复。该杂志的特刊于 2004 年出版[10]。这些文章中的批评很有思想，也很有趣，我也试图在我的回复中效仿，但所有这些都会让我们离题太远，就不在此展开了。在那篇回复文章中，我以一个幽默而宏大的幻想作为结尾，这个幻想是关于未来建立一个“延伸的表型研究所”的。这座异想天开的研究所有三座配楼，分别是动物造物博物馆（Zoological Artifacts Museum，ZAM）、寄生生物延伸遗传学实验室（laboratory of Parasite Extended Genetics，PEG）和远距离作用中心（Centre for Action at a Distance，CAD）。本章主要讨论 ZAM 和 CAD 所涵盖的主题，PEG 则要等到最后一章。寄生生物通常会对宿主产生引人注目的延伸的表型效应，它们操纵宿主的行为，使之对己有利，而且往往以怪诞可怕的方式进行。寄生生物并不一定要寄生在宿主体内，因此这与CAD的课题有重叠之处。杜鹃雏鸟就是一种体外寄生生物，它们会对自己义亲鸟的行为产生广泛的表型影响。杜鹃是如此迷人，值得为之单独写一章。将其单独成章还有一个原因，接下来我会对此加以解释。

第 10 章

基因视角的回望

前两章是对我在《自私的基因》和《延伸的表型》中所解释的基因视角下的进化观点的简短重述。而在本章和下一章，我想以另一种方式来阐述基因视角，这种方式尤其适合于“遗传之书”。这个方法是想象一个基因在“回望”其祖先的历史时所看到的景象。杜鹃就是一个生动的例子，我们现在就来看看这种劣迹斑斑的鸟。

“劣迹斑斑的鸟”？我当然不是这个意思。这句话是我在一本属于我的祖父母的维多利亚时期的鸟类书籍中看到的，它让我觉得很有趣。那本书的每一页都专门介绍一个物种，书中用这一短语形容鸬鹚。当你翻到鸬鹚那一页时，映入眼帘的第一句话就是：“这种劣迹斑斑的鸟没什么好说的。”我已经不记得作者到底对鸬鹚有什么怨恨了。他应该更有理由把这种描述留给杜鹃，毕竟从杜鹃的义亲鸟的角度来看，杜鹃当然称得上劣迹斑斑，但作为一名达尔文主义生物学家，我认为杜鹃堪称世界上的一大奇迹。是的，“奇迹”一词恰如其分，但一只小鹪鹩专心致志地喂养一只大到足以将前者一口吞下的杜鹃雏鸟的景象也确实有那么一丝令人毛骨悚然的成分。

众所周知，杜鹃，或称布谷鸟，是一种幼雏寄生生物，它们会诱骗其他筑巢鸟类哺育自己的雏鸟。“杜鹃入巢”已成了一句熟语。约翰·温德姆（John Wyndham）的《米德威奇布谷鸟》（*The Midwich Cuckoos*）讲述了外星人在人类不知情的情况下将自己的幼子植入人类子宫的故事，是几部书名听起来和杜鹃沾边的虚构作品之一。此外，自然界还有杜鹃蜜蜂、杜鹃黄蜂（青蜂）和杜鹃蚁，它们作为六足昆虫，以自己的方式操纵了其他种类昆虫的哺育本能。杜鹃鱼是坦噶尼喀湖中的一种鲇鱼，它把卵产在其他鱼类的卵中，宿主是口育鱼（mouthbreeder），一种丽鱼。这种丽鱼会把卵和幼鱼含入自己的口中以求保护自己的孩子。杜鹃鱼的卵及后续长成的鱼苗会被纳入毫无戒心的宿主口中，并像口育鱼自己的鱼苗一样得到精心照料。

许多鸟类都独立进化出了自己版本的杜鹃习性，例如新大陆的牛鹂和非洲的杜鹃雀。在杜鹃科的141个物种中有59个会寄生在其他物种的巢中，这种习性在杜鹃科中独立进化出了3次。在本章中，除非另有说明，为了简洁起见，我使用“杜鹃”这个名称指代“大杜鹃”（*Cuculus canorus*），即常见的杜鹃。唉，它已经不常见了，至少在英国是这样。我很怀念它们在春天鸣唱的歌声，即使它们的受害者并不怀念。我很高兴最近在苏格兰西部一个美丽而偏僻的角落听到了它们的歌声，它们在那里“整天无所事事地叫喊”[1]。我在这一领域参照的主要权威——实际上也是当今世界的权威——是剑桥大学的尼克·戴维斯（Nick Davies）教授[2]。他的《大杜鹃》（*Cuckoo*）一书将博物学和他在剑桥附近的威肯沼泽地（Wicken Fen）进行野外研究的回忆融为一体，读来令人愉悦。戴维·爱登堡称他为英国最伟大的野外博物学家之一，他的抒情文字达到了现代博物文学中无与伦比的高度：

> 北望地平线，映入眼帘的是建于11世纪的伊利大教堂，它坐落在伊利岛的高地上，赫里沃德就是在这里率军袭击诺曼

人的。清晨，薄雾低垂之时，大教堂就宛如一艘在沼泽地上巡弋的巨轮。

杜鹃的冷酷无情从破壳就显露无遗。刚孵出的雏鸟背上有一个凹陷。你可能会觉得这也没什么可怕的，但当你得知它的唯一用途时，可能就不这么想了。杜鹃雏鸟需要义亲鸟心无旁骛地照料自己，因此必须毫不拖泥带水地处理掉那些与它争夺珍贵食物的对手。如果它发现自己与寄生的物种的蛋或雏鸟共处一巢，刚孵化的杜鹃雏鸟就会背对着它们，并把它们规整地嵌进背上那块凹陷里。然后它向后蠕行到巢的一侧，把作为自己竞争对手的蛋或雏鸟顶出巢去。当然，它并不知道自己在做什么，也不知道为什么要这么做，更不会因这一行为感到内疚或懊悔（或得意）[3]。它的行为就像上了发条一样。世世代代，自然选择偏爱那些能塑造某种神经系统的基因，也就是使杜鹃实施杀害同巢“义兄弟姐妹”的本能行为的基因。这就是我们能够断言的。

而且，当义亲鸟中了杜鹃的诡计时，也没有理由指望它们知道自己在做什么。鸟儿并不是长着羽毛的小人儿，它们不会通过智能认知的视角来观察世界。把鸟儿看成无意识的自动机至少在这方面有其道理。若非如此，我们便难以理解义亲鸟那些令人惊讶的行为。20 世纪初，狂热的鸟类学家埃德加 · 钱斯（Edgar Chance）是拍摄杜鹃黑暗行为的先驱摄影师。据尼克 · 戴维斯描述，在埃德加拍摄的影片中，一只雌性草地鹨眼睁睁地看着自己的珍贵后代被巢中的杜鹃雏鸟杀害，却显得无动于衷。然后，这只雌鸟就离开去觅食了，好像什么不测都没有发生过一样。当她回来时，她看到自己的雏鸟奄奄一息地躺在地上，然后开始毫无意义地喂食。从人类的认知角度来看，她的行为毫无意义：无论是冷漠地旁观最初的谋杀，还是随后徒劳地喂食濒临死亡的雏鸟。我们将在本章中反复讨论这一点。

杜鹃的另一个名称“布谷鸟”源于杜鹃雄鸟简单的双音调歌声，事实上它的歌声非常简单，以至于一些鸟类学家把它的鸣声从“歌声”降级为“叫声”（与冥王星被降级为矮行星的理由类似，都非常不得人心[4]）。杜鹃的歌声（或叫声）通常被描述为小三度降调，但我很乐意引用贝多芬这位权威人士的话来支持我把它听成大三度的观点[5]。在他著名的《田园交响曲》中，杜鹃啼叫声就从 D 调降到了降 B 调。但无论是大调还是小调，无论是歌声还是叫声，它都很简单——也许必须很简单，因为雄鸟从来没有机会通过模仿来学习歌唱。杜鹃从未见过亲生父母。它只认识自己的养父母，而后者可能属于各种不同的鸟类物种，每种鸟都有自己的歌声，这是杜鹃雏鸟绝不会学的。因此，根据常识可以得出一个结论，雄性杜鹃的歌声必须是天生的，它应该是简单的，虽然我对此也不是很有把握。

现在，让我们来看看杜鹃的非凡故事，正是这个故事让杜鹃在关于基因“回望”的篇章中占据一席之地。杜鹃的蛋会模仿其所在特定寄生巢中其他鸟蛋的颜色和图案。尽管寄生涉及许多不同的物种，它们的蛋也大相径庭，但杜鹃蛋还是会模仿它们。下图是六枚燕雀蛋加一枚杜鹃蛋。我唯一掌握的分辨哪枚是杜鹃蛋的方法，就是看它的个头是否比其余蛋稍大一些，毫无疑问你们也一样。

乍一看，这种蛋的模仿似乎并不比第 2 章中介绍的“绘画”更引人注目。好吧，这已经够了不起的了！但现在请看下一张图片，图中是一窝被杜鹃寄生的草地鹨的蛋。

再一次，你可以看到杜鹃蛋明显更大。但真正值得注意的是，第二张图片中的杜鹃蛋是深色的，有黑色的斑点，就像草地鹨的蛋，而第一张图片中的杜鹃蛋是浅色的，有铁锈色斑点，就像燕雀的蛋。草地鹨蛋与燕雀蛋截然不同。然而，杜鹃蛋在两个巢中都实现了近乎完美的颜色匹配。

你可能会觉得这种模仿似乎不足为奇，与第 2 章中的蜥蜴、蛙、蜘蛛或柳雷鸟身上的“绘画”别无二致。如果寄生于燕雀的杜鹃与寄生于草地鹨的杜鹃是不同的物种，这种模仿确实没有那么引人注目。但事实并非如此。它们是同一物种。雄性杜鹃会不加选择地与任何宿主物种所抚养的雌性杜鹃交配，因此整个物种的基因随着世代的传递而混杂在一起。正是这种混杂将它们定义为同一物种。不同的雌鸟，都属于同一个物种，并与同种的雄鸟交配，然后寄生在红尾鸲、知更鸟、雀、鹡鸰、苇莺、大芦苇莺、鹡鸰等鸟类的巢中。但每只雌性杜鹃只寄生于其中一个宿主物种。值得注意的事实是（除了少数明显的例外），每只雌性杜鹃的蛋都忠实地模仿特定宿主的蛋，唯一的共同破绽是杜鹃蛋略大于它们模仿的宿主的蛋。即便如此，就杜鹃本身的体型而言，它们的蛋也比"应有"的尺寸要小。据推测，如果模仿的压力迫使它们的蛋变得更小，雏鸟就会以某种方式受到惩罚。蛋的实际尺寸是杜鹃为了模仿宿主的蛋而承受的变小压力和为了适应自身体型而承受的变大压力的折中[6]。

我猜你在思考，为什么模仿鸟蛋对杜鹃有利。因为义亲鸟大多很擅长发现杜鹃蛋，它们经常把这些蛋扔出巢去。如果杜鹃蛋的颜色不对，就会像"疼痛的大拇指"① 一样显眼。这其实是一个非常拙劣的陈旧比喻。你见过疼痛的大拇指吗？它是否很显眼？还是让我们换一个新的比喻。可以说，它像下议院里的棒球一样显眼，或像一篮红苹果里的金苹果一样显眼。只要看看燕雀巢里的杜鹃蛋，想象一下把它移到草地鹨的巢里，就明白它有多显眼了，反之亦然。宿主鸟会毫不犹豫地把它扔出去。或者，如果把它扔掉太难，那就完全放弃这个鸟巢。考虑到鸟类的眼睛足够敏锐，可以完美地辨别出模仿地衣的飞蛾和模仿树枝的尺蠖，拥有分辨鸟蛋的高超能力就不足为奇了。

因此，无论是作为自动机还是作为认知机，义亲鸟都可以提供选择压力，这就解释了为什么杜鹃蛋会表现出如此卓越的模仿行为。义亲鸟会把看起来不像自己下的蛋的蛋移出巢去。但令人惊讶的是，杜鹃作为种内交配的物种，竟然能够模仿许多不同的宿主物种的蛋。为了说明这一点，下页图片提供了一个例子：一个苇莺的巢，同样，一个稍大一点的杜鹃蛋完美地混入其中。

---

① "a sore thumb"为英语俚语，字面意思为"疼痛的大拇指"，引申为"某人或某物在群体中非常显眼，因为其与周围的人或物非常不同"。

这些出色的模仿示例迫使我们回到整个讨论的中心问题。雌性杜鹃都属于同一个物种，而且都是由肆意交配的雄性杜鹃作为父鸟，它们怎么可能生出与如此多种不同的宿主蛋相匹配的蛋？难道我们要相信，雌性杜鹃只要看一眼巢中的蛋，就能决定开启自己输卵管内壁的某种替代性着色机制？这怎么说也是不可能的。有些女性可能会出于不同的原因，喜欢用意志力控制自己的行为。但给蛋上色不是意志力所能做到的。而且，即使有再强的意志力，我们也不清楚意志力是如何控制蛋的颜色的。

雌性杜鹃表现出这种"因蛋制宜"的能力的真正原因是什么？没有人知道确切答案，现有的最佳猜想是其利用了鸟类遗传学的一个特点。众所周知，我们哺乳动物的性别是由 XX/XY 染色体系统决定的。每个雌性的体细胞中都有两条 X 染色体，因此她的每个卵子中都有一条 X 染色体。每个雄性的体细胞中都有一条 X 染色体和一条 Y 染色体。因此，他的精子有一半含有 Y 染色体（与一定带有 X 染色体的卵子结合会生出儿子），另一半含有 X 染色体（与一定带有 X 染色体的卵子结合会生出女儿）。鲜为人知的是，鸟类也有一个类似的系统，但显然是独立进化的，因为它和哺乳类的系统是相反的。鸟类性染色体被称为 Z 和 W，而不是 X 和 Y，但这并不重要。重要的是，在鸟类中，雌性是 ZW 型，雄性是 ZZ 型。这与哺乳动物的惯例相反，但原理是一样的。哺乳动物的 Y 染色体只传给雄性，而鸟类的 W 染色体只传给雌性。W 染色体来自母亲、外祖母、外曾祖母，以此类推，可追溯至无数的雌性世代。

现在回想一下这一章的标题："基因视角的回望"。这一章讲的是基因如何回顾自己的历史。想象你是一只杜鹃 W 染色体上的一个基因，正在回顾你的祖先。今天你存在于一只雌鸟体内，回往过去，你从来没有在任何雄鸟体内出现过。不同于其他普通染色体（常染色体）上的基因，W 染色体的祖先环境完全局限于雌鸟的身体，而常染色体上的基因在雄鸟和雌鸟身体中出现的频率是一样的。如果基因能记住它们曾经寄寓过的身体，那么 W 染色体的记忆将会只限于雌鸟的身体，而不是雄鸟的身体。而 Z 染色体则会同时拥有雄鸟和雌鸟身体的记忆。

记住这个想法，然后我们来看一种更熟悉的记忆：大脑的记忆，即个体经验。事实上，雌性杜鹃会记住自己在哪种类型的巢中长大，并选择在同一种被寄生物种的巢中产卵。比起控制自己的输卵管这种不太可能实现的壮举，记住早期经验才是鸟类大脑所能做到的事情。正如我们在第 7 章中所见，鸟类的很多物种在选择配偶时会回想起它们在孵化而出、第一次遇到亲鸟时"拍摄"的心理照片（"印记"）：即使它们第一眼见到的不是亲鸟——例如在孵化器中孵化的小灰雁第一眼看到的是康拉德·洛伦茨，日后也会发现他对它们具有吸引力。不管是记住洛伦茨，还是记住亲鸟的羽毛，父鸟的歌声，或者义亲鸟的巢，都是同样的问题。同样的大脑印记机制在自然界中运作无碍，即使在人工饲养的情况中也是一样的，只是它在后一种情况中搞错了对象。

我想你能明白这种说法的用意。每只雌鸟都会在同一种寄生巢中留下与其母亲相同的心理印记，因此也会留下与外祖母相同的心理印记，以及曾外祖母、曾曾外祖母……以此类推。在她的童年打下的印记使她选择了与她的雌性祖先所寄生的相同的巢穴来寄生。因此，她属于一种只沿着雌性世系传递的“文化”传统。在雌性杜鹃中，有寄生知更鸟的、苇莺的、篱雀的、草地鹨的……每一种都有自己的雌性传统。但只有雌鸟才属于这些文化传统。一个这样的雌性文化世系被称为“宿主专一类群”（gens）。雌鸟可能属于草地鹨宿主专一类群、知更鸟宿主专一类群，或苇莺宿主专一类群等。雄鸟不属于任何专一类群。它们是所有类群雌鸟的后代，也是所有类群雌鸟的父亲。

最后，我们再根据本章的标题，把这两个思路结合在一起。除了 W 染色体基因外[7]，雌性杜鹃体内的所有基因都可以追溯到属于每一个宿主专一类群的祖先链。撇开 W 染色体不谈，不同类群的雌性杜鹃在基因上并不像真正的物种那样是彼此独立的，因为雄性杜鹃会把这些基因混在一起。只有 W 染色体的基因才具有基因特异性。只有 W 染色体才会对某一特定基因的祖先进行回溯，而排除对其他基因的回溯。至此，我们谈到了两种记忆：基因记忆和大脑记忆。现在来看看这两种记忆在 W 染色体基因上是如何重合的！

对于 W 染色体——也只有 W 染色体——来说，宿主专一类群是独立的遗传族。所以——我想你自己已经完成了论证——如果决定蛋的颜色和斑点的基因是 W 染色体携带的，那我们一开始提出的谜题——为什么一种杜鹃的雌性产的蛋可以模仿多种宿主的蛋——也就迎刃而解了。选择鸟蛋颜色的不是意志力，而是 W 染色体。

你可能已经猜到事情并没有那么简单。生物学上的事情很少有这么简单的。虽然雌性杜鹃在产卵时对自己所出生的巢的类型有强烈的偏好，但它们偶尔会犯错，在与出生巢不同的“错误”巢中产卵。新的宿主专一类群大概就是这样肇始的。并不是所有的类群都能很好地模仿宿主的蛋。下页左图中篱雀的蛋是美丽的蓝色，但是杜鹃的蛋不是蓝色的。我们可以说，它们甚至没有“试图”变成蓝色。图中的杜鹃蛋很显眼，就像一群矮脚腊肠犬中混入的一只长腿大猎犬。杜鹃是不是天生就不能产蓝蛋？并非如此。芬兰的大杜鹃就完美地模仿了红尾鸲的蛋，产下了最漂亮的蓝色蛋（下方右图）。那么，为什么下方左图中的杜鹃蛋不模仿篱雀蛋呢？杜鹃是怎么逃脱惩罚的？答案很简单，尽管这答案仍然令人费解。篱雀是几种不区分也不丢弃杜鹃蛋的物种之一。它们似乎对在我们看来显而易见的问题视而不见。既然其他小型鸣禽有足够敏锐的辨别能力，以至于各个宿主专一类群的雌性杜鹃在鸟蛋模仿方面不得不做到尽善尽美，那篱雀怎么可能如此粗枝大叶呢？要知道鸟类的眼睛可是能够完美地辨别枯枝毛虫，或是模仿地衣的飞蛾等的拟态细节的啊。

杜鹃及其宿主，就像枯枝毛虫及其捕食者一样，它们之间正在进行一场“进化军备竞赛”。正如第4章所述，军备竞赛是在“进化时间”中进行的。这与人类的军备竞赛有异曲同工之处，人类的军备竞赛是在“技术时间”内进行的，而且速度更快。喷火式战斗机和梅塞施密特战斗机的空中转向和躲避追逐[8]是在刹那间实时开展的。在英国、德国的工厂和制图室里，改进发动机、螺旋桨、机翼、尾翼、武器装备等的竞赛往往是针对对方的改进而进行的。这种技术军备竞赛的时间跨度以月或年计。杜鹃与各种宿主物种之间的军备竞赛则已经持续了数千年，每一方的改进都会引起另一方的反制性改进。

尼克·戴维斯和他的同事迈克尔·布鲁克（Michael Brooke）

认为，有些宿主专一类群进行各自的军备竞赛的时间比其他类群长。杜鹃与草地鹨、苇莺的军备竞赛是一场古老的竞赛，这就是为什么双方都如此擅长胜过对方一筹，也是为什么杜鹃蛋模仿这两种鸟蛋的能力如此之强。他们认为，杜鹃与篱雀的军备竞赛才刚刚开始，没有足够的时间让篱雀进化出辨别杜鹃蛋并加以排除的能力，也没有足够的时间让篱雀宿主专一类群的杜鹃进化出蓝色的蛋壳。

如果杜鹃真的只是刚刚“迁入”篱雀巢，那么我们必须假设这些“先驱”杜鹃是从另一个宿主物种那里“迁移”而来的，这些原宿主的蛋可能是带锈斑的灰色蛋，因为“新来的”篱雀宿主专一类群的杜鹃产下的蛋就是这个样子。我想任何新的宿主专一类群杜鹃都是这样起源的。但不要被“先驱”和“迁移”等字眼误导了。向新的巢穴和新的居所进军并不是什么充满勇气的决定，这不过是一个错误。正如我们所看到的，杜鹃确实偶尔会在错误的巢里产卵，一个与另一宿主专一类群相匹配的巢。这样一来，它们的蛋就会像“疼痛的大拇指”——你可以自己发明一个词来代替“疼痛的大拇指”这样的陈词滥调——一样引人注目。我们可以推测，自然选择通常会很快惩罚这种错误。但如果这个巢属于一个未被杜鹃“入侵”过的新宿主物种呢？这个新的宿主物种还很天真幼稚，到目前为止，它们还没有理由把不匹配的蛋扔出巢去。请再一次记住，鸟类不是长着羽毛的人，也没有人类的判断力。军备竞赛尚未正式开始。在军备竞赛刚刚开始没多久的时候，宿主物种还可以保持天真幼稚。但“没多久”又是多久？奇妙的是，正如尼克·戴维斯指出的那样，我们并非完全没有证据来证明这个问题。

让我们传召证人杰弗里·乔叟。在《众鸟之会》（*The Parlement of Foules*，1382）中，杜鹃受到了责备：“你这杀害了把你养育大的树枝上的‘heysugge’的凶手。”篱雀在中古英语中被称作 heysugge（或 heysoge，heysoke，eysoge）。这似乎表明，在乔叟创作此作的 14 世纪，杜鹃已经寄生在篱雀巢中了。约 650 年的军备竞赛足以让模仿达到完美水平吗？也许不能。因为正如戴维斯指出的那样，只有 2% 的篱雀巢被杜鹃寄生。或许，这种选择压力是如此之弱，以至于一场已有 600 多年历史的军备竞赛确实还只能算“没（进行）多久”。

我想再补充两点。第一点涉及身份识别问题。乔叟说的“heysugge”真的是指篱雀吗？当我们说“麻雀”（sparrow）时，我们通常指的是家雀（house sparrow，学名 *Passer domesticus*），而不是篱雀（hedge sparrow，即林岩鹨，学名 *Prunella modularis*）。然而，英语中的“sparrow”一词却同时指这两种动物。对许多不热衷于观鸟的人来说，所有的棕色小鸟看起来都差不多，我们甚至可以把它们都称为“麻雀”。我不禁怀疑乔叟是否用“heysugge”来泛指棕色小鸟，而不是具体指“林岩鹨”。[9]

第二点在生物学上更有意思。如果我们仔细想一想，就没有理由认为每个宿主物种只对应一种杜鹃的宿主专一类群，不是吗？也许乔叟笔下那个篱雀宿主专一类群已经灭绝，而新的类群才刚刚开始军备竞赛。也许其他的篱雀宿主专一类群杜鹃如今已有完美的鸟蛋模拟能力，但却尚未引起鸟类学家的注意。它们之间不会有相关的基因流动，因为雄性杜鹃没有 W 染色体。

克莱尔·斯波蒂斯伍德（Claire Spottiswoode）和她的同事们正在对一种南非雀类进行平行研究，这种雀也进化出了杜鹃的习性，但与杜鹃无亲缘关系。杜鹃雀，学名寄生织雀（*Anomalospiza imberbis*），它在草莺的巢中产卵。不同宿主专一类群的杜鹃雀会模仿不同种的草莺蛋。有遗传学证据表明，区别不同类群的关键在于它们的 W 染色体，这让杜鹃也存在同样情况的观点更令人信服。正如斯波蒂斯伍德博士指出的那样，这并不意味着所有蛋的每一个色彩细节都是由 W 染色体携带的。在杜鹃和杜鹃雀中，制造所有蛋壳颜色的基因很可能是在其他染色体（常染色体）上经过许多代的积累而形成的，并由所有宿主专一类群携带，由雄鸟和雌鸟共同传递。而 W 染色体上只需要有开关基因——能开启或关闭常染色体上的整套基因的基因即可。至于相关的常染色体基因，则既可以由雄鸟携带，也可以由雌鸟携带。

事实上，性别本身就是这样决定的。如果你有 Y 染色体，你就有阴茎，如果没有 Y 染色体，则会有阴蒂。但我们没有理由认为，影响阴茎形状和大小的基因仅限 Y 染色体携带。事实远非如此。这些基因分散在众多常染色体上是完全有可能的。我们没有理由怀疑，影响一个男人阴茎大小的基因既可能遗传自母亲，也可能遗传自父亲。Y 染色体存在与否，只决定常染色体上哪一组基因被开启。在大多数情况下，你可以把整个 Y 染色体看作一个单独的基因，它可以开启基因组中其他常染色体上的其他基因。这里有一个涉及术语的知识点：这些成套常染色体基因的成员被称为“限性”（sex-limited）基因，有别于“性连锁”（sex-linked）基因。性连锁基因是指那些实际上由性染色体携带的基因[10]。

要解开杜鹃蛋的模仿之谜，最好的猜想可能是，多条染色体上的成套基因决定了蛋的颜色和斑点。这些基因相当于“限性的”，我们也可以称之为“限宿主专一类群的”。这些基因的开启或关闭取决于 W 染色体上一个或多个基因的存在与否。所有杜鹃常染色体上都可能有模仿其全部宿主蛋的多套基因。W 染色体则包含开关基因，决定开启哪一套基因。W 染色体是每一代雌鸟所特有的，W 染色体若是回望其历史，看到的会是一长串只由一种宿主物种构筑的巢。

这种对杜鹃蛋模仿能力的解释是我对“基因视角的回望”这一主题，即基因如何回头凝望自己祖先的介绍。下面这个鱼类的例子与此类似，但更复杂。不同种类的鱼有着令人眼花缭乱的性别决定系统。有些根本不使用性染色体，而是通过外部线索来决定性别。有些鱼像鸟一样，雌性是 XY 型，雄性是 XX 型。还有一些像我们哺乳动物一样，雄性是 XY 型，雌性是 XX 型。花鳉属（*Poecilia*）的小鱼，包括广受欢迎的观赏鱼花鳉和虹鳉，它们的性别决定系统与之前介绍的几种都不同。其中一种花鳉，即双点花鳉（*Poecilia parae*），具有显著的颜色多态性，且仅影响雄性。多态性是指在种群中存在由基因决定的不同颜色类型（在本例中为 5 种颜色模式），并且不同类型的比例在种群中保持稳定。在南美洲的溪流中，可以发现这 5 种形态的雄鱼在水中同游。而雌鱼只有一种形态——雌鱼看起来都一样。

由于这种多态性只影响一种性别，因此我们可以把它们称为 5 种“专一类群”，就像杜鹃一样，不同的是，在这些鱼中，按类群区分的是雄性。下页图显示了 5 种雄鱼和 1 种雌鱼。5 种雄鱼中，3 种有两条长长的横条纹，就像电车轨道一样。条纹之间有颜色，我据此分别称这 3 种雄鱼为“红色”、“黄色”和“蓝色”。出于多种目的，这 3 种“轨道鱼”可以混为一谈。第 4 种鱼是竖条纹。它们的正式名称是“双点花鳉”，但令人困惑的是，这也是整个物种的名称。这里，我称它们为“老虎”。第 5 种是“无瑕型”（immaculata），是相对普通的灰色，和雌性一样，但体型较小，我称它们为“灰色”。

“老虎”在雄性类群中的体型最大。它们表现得很凶猛，会把竞争对手赶走，并强行与雌性交配。“灰色”是最小的，它们的交配机会甚少，只能偶尔偷偷摸摸地接近雌性。它们之所以偶尔侥幸得逞，似乎是因为好斗的“老虎”把它们误认为雌性，而它们确实很像雌性。“灰色”有最大的睾丸，估计能够产生最多的精子，也许是为了充分利用难得的机会。红色、黄色和蓝色的“轨道鱼”体型适中。它们不会强行交配或偷偷摸摸交配，而是以文明的方式向雌性求爱，展示各自的侧腹颜色。

现在，与杜鹃相似的地方来了。有证据表明，颜色、形态的遗传完全沿着雄性世系进行。在学者们研究的每一个案例中，儿子都与父亲属于同一类型，因此也与祖父、曾祖父等属于同一类型。它们的母亲在颜色、形态遗传方面没有发言权，外祖父等也同样没有，尽管外祖父辈的每个个体自身都属于某种专一类群。这就催生出了一个假设，即 5 个类型的雄鱼在 Y 染色体上有所不同，就像雌性杜鹃的宿主专一类群遗传似乎是通过 W 染色体进行的一样。雄鱼的颜色模式和行为的细节可能是由常染色体上的多套基因携带的（限专一类群的），但决定个体属于哪个类群的基因（以及常染色体上哪

鱼类中的雄性“专一类群”？

套颜色和模式基因被开启）似乎是“性连锁专一类群的”，也就是说，是由 Y 染色体携带的。

研究人员正在对这些鱼的择偶问题进行深入研究，并致力于寻找这种多态性得以维持的原因。5 种雄性中的每一种似乎都有一个平衡分布频率，符合多态性的真正定义。如果它的频率低于平衡频率，它就会受到青睐，从而在种群中更频繁地出现。如果其出现频率过高，则会受到惩罚，频率就会下降。这种所谓的“频率依赖选择”（frequency-dependent selection）是多态性在种群中得以维持的一种已知方式。它在实践中是如何运作的呢？具体细节尚不清楚，但可能是如下这般。鬼鬼祟祟的“灰色”因被误认为雌性而受益。如果“灰色”出现的频率过高，也许真正的雌性或具有攻击性的“老虎”就会“识破”它们。“老虎”自己呢？如果它们出现得太频繁，它们就会把时间浪费在相互争斗而不是交配上。这可能会给“灰色”提供更多偷偷交配的机会。至于那三种“轨道鱼”，它们通过展示鲜艳的侧腹，以绅士的方式向雌性求爱。有证据表明，雌性更喜欢其中较为稀有的类型。这符合“平衡频率”的观点，但目前还不清楚雌性为什么会表现出这种偏好。我们需要更多的研究，目前这些研究正在进行中。我非常感谢前不列颠哥伦比亚大学、现康奈尔大学博士本 · 桑德卡姆（Ben Sandkam）与我分享他对这些问题的看法。

现在，让我们再次运用本章的“回望”方法。双点花鳉的每个雄性个体都可以回顾一长串的雄性祖先，这些祖先都与它属于同一专一类群，并且拥有相同的 Y 染色体。正因为如此，尽管不同雄性类群的雌性世系祖先相同，但这些类群却可以开启各自不同的色彩模式和相关行为的基因组合。就像杜鹃一样，基因视角的回望再次发挥了作用。常染色体基因控制着专一类群特定颜色以外的其他特征，它们可以回顾所有专一类群的祖先。

回到杜鹃身上，“回望”的策略可以帮助我们解开另一个谜题，这个谜题甚至更难解。尽管大多数宿主物种都能很好地区分自己的蛋和杜鹃蛋（否则自然选择怎么能使杜鹃蛋的模仿愈加完美呢？），但它们在此之后却变成了可悲的睁眼瞎，全然没有注意到正在它们眼皮底下生长的杜鹃雏鸟是一个骗子，尽管这只雏鸟的体型大到让它的义亲看上去很渺小，而且在大多数情况下，这种体型差异堪称荒诞。你甚至可能会想，这只小莺会被它那硕大无比的养子整个吞下。不管是什么物种的义亲鸟，最终都会比杜鹃雏鸟小得多，它们不知疲倦地把食物塞进杜鹃雏鸟的肚子里，几乎全日无休。杜鹃雏鸟是如何在实施如此显而易见、夸张无比的欺骗之后全身而退的？再一次，我们必须比平时更加警惕拟人论。不要问从人类的认知角度来看，鸟的行为是否有意义之类的问题。这当然没有意义。相反，我们应该问的是，控制其行为自动性发展的祖先基因所承受的选择压力有多大。

即使有了这个初步结论，我也必须承认，与我习惯在书中提供的解释相比，对右页图片所展现的荒诞谜题而言，现有答案仍然不能令人满意。事实上，即使与杜鹃蛋拟态的解释相比，这个解释也相形见绌。但这已是我目前能找到的最好的解释，或者说是一系列不完全的解释。让我们回到军备竞赛的概念。在 1979 年的一篇论文中，约翰·克雷布斯和我考虑了军备竞赛可能以一方“胜利”而告终的方式（此处再次强烈建议使用引号）。我们确定了两个原则，即“生命 / 晚餐”（Life/Dinner）原则和“稀有敌人”（Rare Enemy）原则。这两个原则密切相关，也许只是同一事物的不同方面。

《伊索寓言》中有这样一个故事。一只猎犬在追赶一只野兔，追累了就放弃了。猎犬因此被嘲笑缺乏耐力，他回答说：“你尽可以笑，但我们面对的风险不一样。他是为了生命奔跑，而我只是为了一顿晚餐。”

就像在人类的军备竞赛中一样，捕食者和猎物必须在设计改进和资源与经济成本之间取得平衡。它们在军备竞赛中投入的资源越

右页图：一只莺在喂杜鹃

多，如肌肉、肺、心脏、速度和耐力机制等的提升或扩大，能够用于生活其他方面，如产卵或产奶、为过冬储备脂肪等的资源就越少。用达尔文主义的语言来说，伊索笔下的野兔相比猎狗受到了更大的选择压力，因此会更倾向于将资源投入军备竞赛中。两者失败的代价是不对称的——一方失去生命，一方则仅仅失去晚餐。失败的捕食者可以全身而退，去追捕另一只猎物。而失败的猎物则没有再次逃亡的机会。但是，现在请注意，我们可以用“遗传之书”中的语言来更直白地表达同样的意思。捕食者的基因若是回顾其祖先，祖先中的许多都曾有让猎物逃脱的经历。但是，猎物的基因若是回顾其祖先，祖先中却没有一个被捕食者抓住过，至少在把自己的基因传给下一代之前没有。大量的捕食者基因可以回溯到那些没能跑赢猎物的祖先，可没有一个猎物基因可以回溯到在与捕食者的竞赛中失败的祖先。

我们将“生命 / 晚餐原则”应用于杜鹃雏鸟及其宿主身上。杜鹃雏鸟可以回顾它一脉相承的祖先，它们中没有一个曾被具有辨识力的宿主识破。如果有，它就不会成为后世杜鹃的祖先。无法骗过宿主的杜鹃基因永远不会遗传下去。但导致义亲鸟未能识别出杜鹃的基因呢？很多被杜鹃愚弄过的宿主都能活下来并再次繁殖。宿主被杜鹃愚弄的遗传倾向是可以遗传的。而杜鹃未能愚弄宿主的遗传倾向则永远不会遗传下去。这便是“生命 / 晚餐原则”在起作用。

此外，宿主回顾祖先时还会发现，它们中的许多可能一辈子都没见过杜鹃。在尼克 · 戴维斯和迈克尔 · 布鲁克在威肯沼泽地进行的长期研究中，只有 5% 到 10% 的苇莺巢被杜鹃寄生。这就引出了“稀有敌人效应”。杜鹃相对来说比较罕见。大多数苇莺、鹡鸰、鹨、篱雀终其一生都不会遇到杜鹃，并且它们会成功繁殖后代。它们所能回溯到的祖先也可能一生都没有遇到过杜鹃。但是，每一只杜鹃所回溯到的祖先都曾成功地骗过宿主，让宿主为它们提供食物。这种不对称性可能有利于军备竞赛的一方取得“胜利”，让硕大无比的杜鹃雏鸟骗过它那体型娇小的义亲鸟。与杜鹃进行欺骗的选择压力相比，识破这种欺骗的选择压力要小得多。

另一则富有《伊索寓言》色彩的寓言是温水煮青蛙。在寓言中，如果一只青蛙掉进滚烫的水中，它可能会想尽一切办法立即跳出来。但是，如果一只青蛙在冷水中被慢慢加热，等它发现水太烫时已来不及逃脱。杜鹃雏鸟刚孵出来的时候，这小骗子和巢里的宿主雏鸟几乎没有区别。它会逐渐长大，但不会“突然有一天”就能被发现是假冒的。就像婴儿不会突然在一天里变成儿童，儿童不会在一天里变成少年，中年人不会在一天里变成老人。每一天的样子看上去都和前一天没什么两样。也许这有助于骗子得逞。请注意，温水煮青蛙效应不适用于鸟蛋。杜鹃蛋是突然出现在鸟巢里的。它不会像杜鹃雏鸟那样逐渐变得越来越像个顶替者。

在前文提到的另两篇论文中，克雷布斯和我提出，动物交流一般可以被视为操纵。我在第 7 章讨论了夜莺的歌声如何使约翰 · 济慈着迷。众所周知，鸟鸣能使雌鸟性腺肿胀。这就是我们所说的操纵的一个例子。对雌鸟来说，屈从于鸟鸣的召唤并不总是有利的。雄鸟的推销技巧和雌鸟对推销的抵制之间会有一场军备竞赛，每一方都会升级自身技巧以应对另一方。杜鹃雏鸟可能会使用什么推销技巧来应对宿主对其推销的抵制呢？这些技巧必须非常有力，才能抵消义亲鸟和杜鹃雏鸟之间最终无法协调的体型差距。但这些技巧本身的存在无可争议。

所有的雏鸟都会张大嘴巴，用尖叫声乞求食物。如果你是一只苇莺雏鸟，那么你哭叫得越大声，就越有可能说服你的父母把食物投进你的口中，而不是你兄弟姐妹的嘴里（从达尔文主义的角度来看，同胞之间的竞争，甚至是真正的基因共享同胞之间的竞争，确实是有意义的）。另一方面，大声鸣叫会消耗重要的能量，这一点对雏鸟和成鸟同样适用。在牛津大学的一项关于鹪鹩的研究中，研究人员推测一只雄鸟真的是唱歌累死的。苇莺雏鸟的叫声频率和响度通常会调节到一个最佳水平：足以与同胞兄弟姐妹竞争，但又不会过度消耗自身体力或引来捕食者[11]。一只超大的杜鹃雏鸟需要的食物和 4 只苇莺雏鸟一样多。它的叫声就像一窝苇莺雏鸟，而不是一只非常响亮的苇莺雏鸟，它以此来催促义亲鸟给它喂食。

尼克·戴维斯做了一项别出心裁的野外实验。他和他的同事丽贝卡·基尔纳（Rebecca Kilner）将一只乌鸫雏鸟放入苇莺的巢中。这只乌鸫雏鸟和杜鹃雏鸟差不多大。苇莺会给它喂食，但喂食的速度比苇莺通常给杜鹃雏鸟喂食的速度要慢。然后，实验人员使出了他们的绝招：通过放置在巢旁边的一个小扬声器播放杜鹃雏鸟的声音，只要乌鸫雏鸟乞食，扬声器就会打开。如此一来，苇莺成鸟便加快了喂食乌鸫雏鸟的速度，达到了与喂食杜鹃雏鸟相当的速度——与喂食一窝苇莺雏鸟的速度相同。事实上，4 只苇莺雏鸟的叫声录音也会起到同样的效果。看来，杜鹃雏鸟的叫声已经进化成了一种超常刺激。这种超常刺激在鸟类行为实验中得到了充分证明。我的老导师尼科·廷伯根（Niko Tinbergen）报告说，如果让蛎鹬做出选择，它会优先尝试孵化一个体积是自己的蛋的 8 倍的假蛋[12]。这就是所谓的“超常刺激”（supernormal stimulus）。此类情形正是我们所预料的进化军备竞赛的高潮，杜鹃一方不断升级的销售技巧与义亲鸟同样不断升级的抵制销售能力并驾齐驱。

那么这种听觉超常刺激的视觉等效物会如何呢？所有雏鸟张开的喙都很显眼，通常是亮黄色、橙色或红色。毫无疑问，这种明亮鲜艳的颜色会说服亲鸟将食物投进雏鸟的嘴里。与同胞兄弟姐妹相比，雏鸟张开的喙越鲜艳，亲鸟就越有可能偏爱这个喙。苇莺雏鸟有一个黄色的大喙。戴维斯及其同事发现，苇莺亲鸟会根据鸟巢中向它们张开的黄色喙的面积，以及雏鸟乞食叫声的频率来衡量它们乞食的努力程度。杜鹃雏鸟有一个红色的喙。红色的刺激比黄色更强吗？一项对喙进行涂漆的实验的结果并不支持这一假设。那么，杜鹃雏鸟的喙是否比苇莺雏鸟的大呢？是的，杜鹃雏鸟的喙比任何一只苇莺雏鸟的都大，但它张开后的面积并不等于 4 只苇莺雏鸟喙的总和——也许更接近 2 只之和。杜鹃雏鸟用声音来弥补这一点。到两周大的时候，一只杜鹃雏鸟的声音就和一窝苇莺雏鸟的声音一样大。它那比苇莺雏鸟张得更大的喙，加上超常的乞食叫声，足以说服成年苇莺向杜鹃雏鸟投喂与它们通常给一窝自己的雏鸟投喂的一样多的食物。再一次，我们可以把这种超常的乞食叫声视为推销技巧和抵制推销之间不断升级的军备竞赛的最终产物。

鸟类很容易受到大嘴的影响——甚至是鱼类张大的嘴——这一点得到了充分证实：下页图中一只红衣凤头鸟（一种美洲鸟类）反复把食物扔进金鱼张开的嘴里。当我们用人类的眼光看这个场景，会觉得这很荒谬，一只鸟怎么会这么笨？但蛎鹬孵巨蛋的例子应该让我们警醒，人类的眼睛恰恰是我们不应该相信的。我们没有权利对此挖苦讽刺。鸟类不是小号的人，它们在认知上并不知道自己在做什么，也不知道为什么这么做。而且说到底，人类男性也可以被一幅某些特征超常的女性漫画激起性欲，即使他很清楚这是一幅画在二维纸张上的图画，且图中特征夸张得不自然，更何况图像尺寸只是正常女性体型的几分之一。当杜鹃雏鸟把蛋从巢里推出去的时候，它不知道自己在做什么。你可以把它想象成一台程序化的自动机。蛎鹬不知道为什么它会孵一只巨蛋。你可以把它想象成一台预先编程的孵化机器。同样，不妨把亲鸟想象成一个“机器人母亲”，它会按照编好的程序把食物扔进张开的大嘴里，不管这张大嘴是鱼的（这在我们看来是多么荒谬），还是一只冒名顶替的鸟的，即一只杜鹃雏鸟的。

如果说杜鹃雏鸟有一个超常的、足以模仿两只宿主雏鸟的喙，那么有一种亚洲杜鹃——棕腹杜鹃（*Cuculus fugax*）更胜一筹。它的雏鸟在视觉呈现上就犹如一窝雏鸟。除了自己那张开的黄色喙，它还有一对假喙：每只翅膀上都有一块裸露的皮肤，呈现和真喙一样的黄色[13]。它会挥舞翅膀上的黄色“补丁”，通常一次挥动一边，紧挨着真正的喙。在田中启太博士在日本进行的这项研究中，义亲鸟（一种蓝色知更鸟）受到了喙和补丁的双重刺激。田中博士好心地给我寄来了几张照片和一些精彩的影片片段。影片中，义亲鸟一飞过来，杜鹃雏鸟就猛地扬起它的右翼，挥舞着它。这个“手势”

让我想到举起盾牌来拦截攻击的武士。但这个类比完全失当。杜鹃雏鸟的重点不是击退，而是吸引。甚至有一段影片是，知更鸟先把食物塞到了雏鸟竖起的右翼上的黄色斑块上，然后才转身把食物塞进雏鸟大张的真喙里。日本研究人员巧妙地将雏鸟翅膀的假喙部位涂黑，从而降低了知更鸟的投食速度。中国的另一种幼雏寄生鸟类——笛鹰鹃（*Hierococcyx nisicolor*）也有类似的行为[14]。与棕腹杜鹃一样，其雏鸟翅膀上也有黄色的斑块，它们以同样的方式来欺骗义亲鸟。

杜鹃的如此行径，并不能算劣迹斑斑，因为它是大自然和自然选择所缔造的真正奇迹。接下来，让我们再来看看还能用“基因视角的回望”这个概念探讨些什么。

左页图：一只红衣凤头鸟在喂金鱼
下页图：翅膀上有假喙的棕腹杜鹃

第 11 章

后视镜中的更多风景

以前，生物学家会谈论物种的利益，而如今，基本上所有研究野生动物行为的严肃生物学家都采用了被我称作基因视角的观点。无论动物在做什么，这些现代工作者都会问这样一个问题：“这种行为如何使编程这一行为的自利基因受益？”现就职于哈佛大学的戴维·黑格就是将这种思维方式推向极致[1]的人之一，他以此阐明了各种各样的论题，包括一些医生应该关心的重要论题，如怀孕问题。

其中，黑格注意到了从基因视角回望——实际上是看向刚刚过去的一代——的一个迷人例子。有一种现象叫作“基因组印记”（genomic imprinting）。一个基因可以（通过化学标记）“知道”自己是来自父代还是母代。可以想象，这从根本上改变了基因为自身利益考量时进行的“战略计算”。黑格展示了基因组印记如何改变基因对亲属的看法。通常情况下，一个具有亲缘利他主义的基因会把同父异母或同母异父的“半同胞”视为侄甥辈，其价值只有真同胞（全同胞）或子代的一半。但是，如果这个利他主义基因“知道”自己来自母代而不是父代，那么它就会把同母异父的半同胞视同自己的后代，或者视同自己的真同胞。反之，如果它“知道”自己来自父代，那么它就会把同父异母的半同胞视同自己的后代，或者视同自己的真同胞。而且它应该把同母异父的半同胞视同无血缘关系的个体。基因组印记开辟了个体内部基因相互冲突的多种途径[2]，这也是伯特和特里弗斯的《冲突中的基因》（*Genes in Conflict*）一书的主题。黑格甚至将我们所熟悉的“被同时拉向两个不同方向”的心理分裂感归咎于基因之间的冲突，比如短期满足与长期利益的冲突。基因组印记提供了一个鲜明的例子，说明基因在“后视镜”中瞥见的究竟是何种风景。至于其他例子，也围绕本章的主题展开。

哺乳动物 Y 染色体上的一个基因“回望”的是一长串祖先的雄性身体，没有一个雌性身体，这种回溯可能追溯到哺乳动物的诞生，甚至更早。我们哺乳动物的 Y 染色体已经在睾酮中畅游了大约 2 亿年。但是，如果 Y 染色体只回溯雄性的身体，那么 X 染色体呢？如果你是 X 染色体上的一个基因，你可能来自动物的父代，但你来自动物母代的可能性是前者的两倍。历史上，有三分之二的祖先寓居于雌性身体中[3]，三分之一寓居于雄性身体中。如果你是常染色体上的一个基因而不是性染色体上的，那么历史上，你的祖先有一半在雌性身体里，另一半在雄性身体里。我们应该预料到，许多常染色体基因都有限性效应，它们是用“IF”语句编程的：当它们出现在雄性体内时，会产生一种效应，而当它们出现在雌性体内时，会产生不同的效应。

但是，当任何基因回望它所寄寓过的雄性身体时，它所看到的并不是过往雄性身体的随机样本，而是一个有限的子集。这是因为一般的雄性往往被剥夺了达尔文主义意义上繁衍后代的特权。少数雄性垄断了交配机会。另一方面，大多数雌性则享有接近平均水平的繁殖成效。在争夺雌鹿的战斗中，鹿角硕大的雄性马鹿占了上风。因此，当马鹿基因回顾其雄性祖先时，它看到的是头顶长着巨大鹿角的少数雄性的身体。

更极端的是海豹，尤其是象海豹（*Mirounga*）所表现的繁殖不对称。这个属有两个种：一种是南象海豹，我曾在遥远的南乔治亚岛上见过它，当时我离它很近，甚至可以触摸到它（尽管我不会这样做）；另一种是北象海豹，比尔内·勒伯夫（Burney Le Boeuf）曾在加利福尼亚的太平洋海滩上对它进行过深入研究。与许多哺乳动物一样，象海豹也有以眷群①为基础构建的社会，但它们将其发挥到了极致。成功的雄性“海滩霸主”体型巨大：长达 4 米，重达 2 吨。雌性体型相对较小，聚集在一起组成眷群，数量通常多达 50 只，均“从属于”一只占统治地位的雄性，并由它大力保护。种群中的大多数雄性都没有眷群，它们要么从不繁殖，要么韬光养晦，希望偶尔能偷偷交配一次，并渴望自己最终变得足够巨大、足够强壮，以取代现海滩霸主。在勒伯夫关于加利福尼亚北象海豹的长期研究报告中，8 只雄性象海豹为 348 只雌性象海豹授精[4]，有一只雄性象海豹为多达 121 只雌性象海豹授精。而绝大多数雄性象海豹都没有成功繁殖。一个位于 Y 染色体上的象海豹基因所回顾的并不是一长串随机雄性的身体，而是极少数占统治地位的、拥有眷群的海滩霸主那过度生长、脂肪堆积、打嗝嗳气、臃肿不堪的身体：这些雄性极具攻击性，睾酮过多，悬垂的“象鼻”如同肉质的长号，发出让其他雄性望而生畏的吼声。另一方面，象海豹的基因所回望到的一连串雌性则具有接近平均水平的身体。

一小部分雄性几乎承担了所有的父亲角色，你对此是否感到困惑？这不是非常浪费吗？想想那些单身的雄性，它们消耗了整个物种可利用的大量食物资源，却从未繁衍后代。一个心系物种福利的“自上而下”的经济规划者会抗议说，这些雄性个体中的大多数都不应该存在。为什么物种不进化出一种失调的性别比例，仅让少数雄性动物出生？也就是说，有刚好足够的雄性动物为雌性动物服务，

① 一雄多雌制哺乳动物中，一只雄兽在生殖期所占有并保卫的一群雌兽被称为“眷群”或“后宫群”。

它们的数量与正常情况下拥有眷群的雄性动物数量相同。这些雄性动物不必互相争斗，因为只要是雄性，就能自动获得眷群。实施这种经济上合理的“计划经济”的物种，难道不该胜过现在这种毫无经济头脑、纷争不断的物种吗？难道实施“计划经济”的物种不会在自然选择中胜出吗？

是的，如果自然选择在“物种”之间进行选择的话会如此。但是，与普遍的误解相反，事实并非如此。自然选择是根据基因对个体的影响，在不同基因之间做出选择的。这就让情况完全不同。如果要通过达尔文主义的方式实现合理的“计划经济”，就必须对控制性别比例的基因进行自然选择。这并非不可能。一个基因可以使雄性产生的 X 精子数量与 Y 精子数量产生偏差，或者它可能倾向于选择性地流产某些雄性“胎儿”，或者它可能有利于饿死一些雄性幼崽，只保留少数幸运儿。别管它是如何做到的，我们就把这个假想的基因叫作“计划经济基因”吧，好与人们认为计划经济就是自上而下实施的观念挂钩。

想象一下，在一个实施“计划经济”的种群中，大多数个体都是雌性，比如 10 个雌性对应 1 个雄性。这就是我们理智的经济学家所期望看到的种群。它在经济上是合理的，因为食物不会浪费在永远不会繁殖的雄性个体身上。现在，设想出现一种突变基因，这种突变基因会使个体偏向于生儿子。这种偏好雄性的基因会在种群中传播吗？对“计划经济”种群来说，它肯定会。在该“计划经济”模式中，雌性的数量是雄性的 10 倍，因此一个典型的雄性可预期的后代数量是一个典型的雌性的 10 倍。这对雄性来说自然是大好事。偏爱儿子的突变基因会在种群中迅速传播。而雄性也有充分的理由去为此争斗。这是我们观察到的现象的反面，我们假想的基因所回溯的是少数成功的雄性身体，而不是雄性身体的平均样本。

这样，种群的性别比例会不会走向另一个极端，变成雄性偏

右页图：海滩上的性的不平等

多呢？不会，自然选择会使我们实际看到的性别比例趋于稳定，即50 ∶ 50的性别比例（但请参阅下文的重要保留意见），其中拥有眷群的雄性占少数，沮丧的单身汉占多数。原因如下。如果你有一个儿子，那么他很有可能会成为一个失意的单身汉，不会给你带来孙辈。但如果你的儿子最终坐拥眷群，那你就中了抱孙子的大奖。儿子的预期繁殖成效，是通过将他中大奖的渺茫概率，加上以单身汉收场的可能性这大得多概率平均而来的，其与女儿的预期平均繁殖成效相当。倾向性别比例平等的基因占了上风，尽管它们创造的社会非常不经济。虽然听起来很明智，但"计划经济"不可能受到自然选择的青睐。至少在这方面，自然选择不是一个"明智的"经济学家。

自然选择将使雌雄比例稳定在50 ∶ 50，但我也要在此补充一个警告性的保留意见。我提出这一警告的原因有很多，而且都很重要，下面就其中之一。假设养育一个儿子的成本是养育一个女儿的两倍。毕竟要让儿子有能力打败对手，赢得眷群，他必须身材高大，而他不可能凭空长得高大，这需要食物支持。如果雌海豹哺育儿子的时间比哺育女儿的时间长，如果养儿子的成本是养女儿的两倍，那么雌海豹面临的"选择"就不是"我是生儿子还是生女儿"，而是"我是生一个儿子还是两个女儿"。R. A. 费希尔（R. A. Fisher）最早清楚地认识到的这方面的一般原则是，自然选择稳定下来的性别比例是用生女儿的经济支出比上生儿子的经济支出来衡量的，结果应是50 ∶ 50。只有在生儿子和生女儿的经济成本相同的情况下，雄性和雌性的身体数量才会达到50 ∶ 50。费希尔的原则平衡了他所谓的父母在儿子和女儿身上的"亲代投资"（parental expenditure）。这可能会以种群中雌雄数量相等的形式体现出来，但前提是养育儿子和女儿的成本相同。还有其他一些复杂的问题[5]，W. D. 汉密尔顿指出了一些，我就不在这里讨论了。

象海豹是许多哺乳动物物种共同遵循的典型原则的一个极端例子。雌性的繁殖成效几乎相同，接近种群的平均水平，而少数雄性则享有不成比例的繁殖垄断权。用统计学的语言来说，雄性和雌性的平均繁殖成效是相等的，但雄性在繁殖成效上往往有更高的差异。回到本章的主题，基因“回望”到的雌性祖先接近平均水平。但它们所回望的祖先历史是由少数雄性主导的：这些雄性被赋予了所在物种的显著特征——硕大的鹿角，可怕的犬齿，巨大的体型，无畏的勇气，或任何可能的条件。

“勇气”在此可以被赋予更精确的含义。任何动物都必须在当下繁殖的短期价值和确保自身长期生存以待未来繁殖这两者间取得平衡。与雄性对手的残酷搏斗可能会以获胜并获得眷群为结局，但也可能以死亡或几乎宣判死亡的重伤而告终。勇气至关重要。冒着死亡的风险搏斗是值得的，因为对雄性海豹来说赌注太大了：如果他赢了，他的名下就会有大量的幼崽；而如果他输了，他就没有幼崽，甚至可能死亡。雌性海豹会优先考虑存活，以待明年繁殖。她一年只生一只幼崽，所以她要通过自己的生存来最大限度地提高繁殖成效[6]。自然选择青睐比雄性更能规避风险的雌性，也会青睐更勇敢或更莽撞的雄性。雄性偏向于高风险策略。这也许就是雄性更易早逝的原因。即使他们没有在战斗中丧生，他们的整个生理机能也偏向于让他们在年轻时充分享受生活，甚至不惜为此牺牲年老时的生存质量。

一个让局面更复杂的问题是，在包括象海豹在内的一些物种中，处于从属地位的雄性会冒着被占统治地位的雄性惩罚的风险，偷偷摸摸地进行交配。它们可能会采取一种特殊的策略，即“鬼祟雄性”策略[7]。这意味着，当一个 Y 染色体回望其历史时，它将看到的主要是一条由占统治地位的眷群拥有者所组成的干流，但也有一条支流，那是由鬼祟雄性组成的。现在让我们换个话题。

显而易见，我已故的同事 W. D. 汉密尔顿有一种永不止歇且极具独创性的好奇心，这使他解开了进化论中许多未解的谜题，而那些智力稍逊者甚至从未意识到问题的存在。他从小就是博物学家，并注意到许多昆虫物种都有两种截然不同的类型，可分别命名为“传播型”和“留守型”。“传播型”通常有翅膀，而“留守型”通常没有。令人惊讶的是，有许多昆虫都同时拥有有翅和无翅的成员，且两者似乎比例均衡。如果你想要用人类类比，可以想象在一个人类家庭中，兄弟中的一个舒舒服服地继承了家庭农场，而另一个却移民到世界的另一端去寻找遥不可及的财富。再以植物为例，蒲公英种子有蓬松的降落伞，是“有翼”的传播型，而菊科的其他成员，引用汉密尔顿的话说，“在一个花头中，有翼和无翼的种子混合在一起”。

根据固有的常识，直觉上似乎显而易见的一点是，如果父母生活在一个好地方（他们可能确实生活在一个好地方，否则他们就不会成功地成为父母），那么后代的最佳策略一定是留在同一个好地方。“待在家里，管好家里的田地”似乎是人们的口头禅，这也是汉密尔顿之前大多数进化理论家秉持的传统观点。汉密尔顿却持相反观点，他怀疑选择会有利于留守型和传播型之间的平衡，这种平衡点因物种而异。他得到了同事罗伯特 · 梅的帮助，两人一同建立了支持他直觉的数学模型。

我自己用一种不那么数学化的方式来呼应汉密尔顿的直觉，那就是从基因的视角来看待过去。无论“家庭农场”——父母在其中繁衍生息的环境——多么优越，它迟早会遭受一场灾难：也许是森林火灾，也许是灾难性的洪水或干旱。所以，当一个基因回顾家庭农场的历史时，父母辈、祖父母辈和曾祖父母辈可能确实在那里繁荣过。成功的故事可以连续追溯 10 代甚至 20 代。但最终，如果回溯足够久远的过去，“留守型”基因总会遭遇这些灾难中的一场。

如果是“传播型”基因回顾最晚近的过去的话，其所见过往可能是相对失败的：家庭农场流淌着奶和蜜，而它却背井离乡。但是，如果回望得足够远，我们就会来到某个世代，其中只有传播型基因，也就是在外流浪的基因幸存下来。如果再做一个拟人化的类比的话，那就是浪迹天涯者偶尔也会淘到金子。

1989 年，我发表过一篇关于裸鼹鼠的推测性文章，也许我在该文中表达的观点太过激进了[8]，但这有助于更生动地说明当下的问题。裸鼹鼠是一种栖居于地下的小型哺乳动物，外形非常丑陋（以人类的审美观来看）。它们在生物学家圈子中很有名，是最接近社会性昆虫（如蚂蚁和白蚁）的哺乳动物。它们生活在由多达一百个个体组成的大型群落中，通常只有一个雌性个体，即“女王”，进行繁殖，女王的生育力足以弥补其他雌性个体几乎不育的缺陷，而其他雌性个体则充当“职虫”的角色。一个裸鼹鼠群可以通过巨大的洞穴网络延伸活动范围［活动半径为 2~3 英里（1 英里≈ 1.6 千米）］，采集地下块茎作为食物。

这使生物学家对这种动物着迷不已，因为它们与社会性昆虫有着明显的相似之处。然而，有一点差异让我耿耿于怀。虽然我们通常看到的蚂蚁和白蚁都是没有翅膀的不育工蚁，但它们的地下巢穴会定期爆发出大量有翅膀的雌雄繁殖蚁个体。这些繁殖蚁飞出巢穴进行交配，然后受精的年轻新蚁后便安顿下来，失去翅膀（在许多情况下是它自己咬掉翅膀），挖一个洞，并试图在没有翅膀的不育工蚁女儿（白蚁则是儿子）的帮助下建立一个新的地下巢穴。有翅的这个阶级是汉密尔顿所谓的传播型，它们是社会性昆虫生物学的重要组成部分，实际上是最重要的组成部分。可以说，它们是整个社会性昆虫活动的核心。为什么裸鼹鼠没有类似的行为呢？裸鼹鼠没有传播形态，这简直让人无法容忍！

我并不是真的指望它们会有带翅膀的传播者！我还没有蠢到去预言有一种长翅膀的啮齿动物[9]。但我确实在想，而且现在仍然在想，裸鼹鼠是否可能存在一种尚未被人发现的传播形态。在 1989 年发表的论文中，我写道："是否可以想象，某种已知的，在地面上精力充沛地奔跑的多毛啮齿动物（迄今为止一直被归类为不同的物种），可能会成为裸鼹鼠的失落的传播阶级？"[10]我这个关于一种迄今未被发现的传播阶级的构想可能并不太值得检验，但它至少是可以检验的，这是科学家们非常看重的优点。裸鼹鼠的基因组已经被测序。如果我假设的传播形态曾被发现过，那么某些多毛鼹鼠也应该拥有与裸鼹鼠相同的基因。

我承认我的建议不怎么可信。生物学家怎么会对这样一种假想的生物视而不见呢？不过，我还是继续拿蝗虫做类比。蝗虫是无害的"留守型"蚱蜢的可怕"游荡"形态。它们看起来与蚱蜢截然不同，行为也大相径庭。它们是同样的蚱蜢，但（就在刹那间）它们改变了。只要条件合适，无害蚱蜢的基因就有能力做出改变（且是彻底改变，并催生出一种可怖的美[11]）。其破坏性后果众所周知。我想说的是，蝗灾只是偶尔发生，只在合适的条件下发生。也许在生物学家研究裸鼹鼠这个物种的这几十年里，它的传播阶段尚未开始？如果是这样，也难怪它的传播形态从未被发现过。也许只需要巧妙地注射激素……一只裸鼹鼠就会变成毛发旺盛、四处乱窜（不过我想，应该不会长翅膀）的传播形态。

在我们离开基因的回望视角之前，再换一个话题。我们可以通过两种方式回溯家谱。传统的家谱通过个体来追溯祖先，也就是谁生了谁，哪个个体由哪个母亲所生。已故英国女王伊丽莎白二世和她的丈夫菲利普亲王最近的共同祖先是维多利亚女王。不过，你也可以追溯某个特定基因的祖先，你一定会猜到，这就是我想在这里讲述的另一种叙事方式。基因和个体一样，有亲代基因和子代基因。基因和个体都有家谱，即谱系。但是，“个体树”和“基因树”之间有很大区别。一个人有两个父母、四个祖父母、八个曾祖父母……因此，当你回顾过去的时候，个体树是一个庞大的分支结构。任何试图将其完全绘制出来的尝试都会很快失去控制。将其可视化的最佳方式不是在纸上，而是在计算机屏幕[12]上，以便随意放大。而基因树则不然。一个基因只有一个亲本、一个祖本、一个曾祖本……因此，基因树是一个简单的线性阵列，可以追溯到很久以前，而个体树向过去分叉的方式总是会脱离掌控。顺便说一下，当你展望未来时，情况就不一样了。一个基因可以有很多子代，但永远只有一个亲代。展望未来时，基因树可谓枝繁叶茂。但本章的主题是回望。

自19世纪初起，一种特殊的亚致死基因——血友病基因——一直困扰着欧洲的王室家族。王室血友病基因树非常简单，只需一页纸就能放下。与之相当的个体树则需要几平方米的纸张才能让内容清晰可辨。王室血友病基因可以追溯到一个特殊的个体祖先——维多利亚女王，她的两条X染色体中的一条带有这种基因[13]。用史蒂夫·琼斯的俏皮话来说，这种基因突变发生在她的父亲肯特和斯特拉森公爵爱德华王子“庄严的睾丸中”。维多利亚的四个儿子中，利奥波德王子患有血友病。其他几个儿子，包括爱德华七世和他的后代，如现任英国国王查尔斯三世，都幸运地逃过了一劫。利奥波德活到了30岁，育有一个女儿，即奥尔巴尼的爱丽丝公主，她的X染色体上不可避免地带有血友病基因。她的儿子泰克亲王鲁珀特有50%的患病概率，事实上他确实患病并受此病影响英年早逝。

维多利亚女王的五个女儿中，有三个（至少三个）继承了这种基因。黑森的爱丽丝公主将这一基因遗传给了她的儿子弗里德里希王子，后者在襁褓中夭折。黑森的爱丽丝公主的两个女儿艾琳和亚历山德拉将这一基因遗传给了爱丽丝的三个孙辈，他们均患有血友病，其中包括沙俄王子阿列克谢。艾琳嫁给了她的表兄亨利，这是欧洲王室成员的常见联姻，一般来说不是一个好主意，因为会造

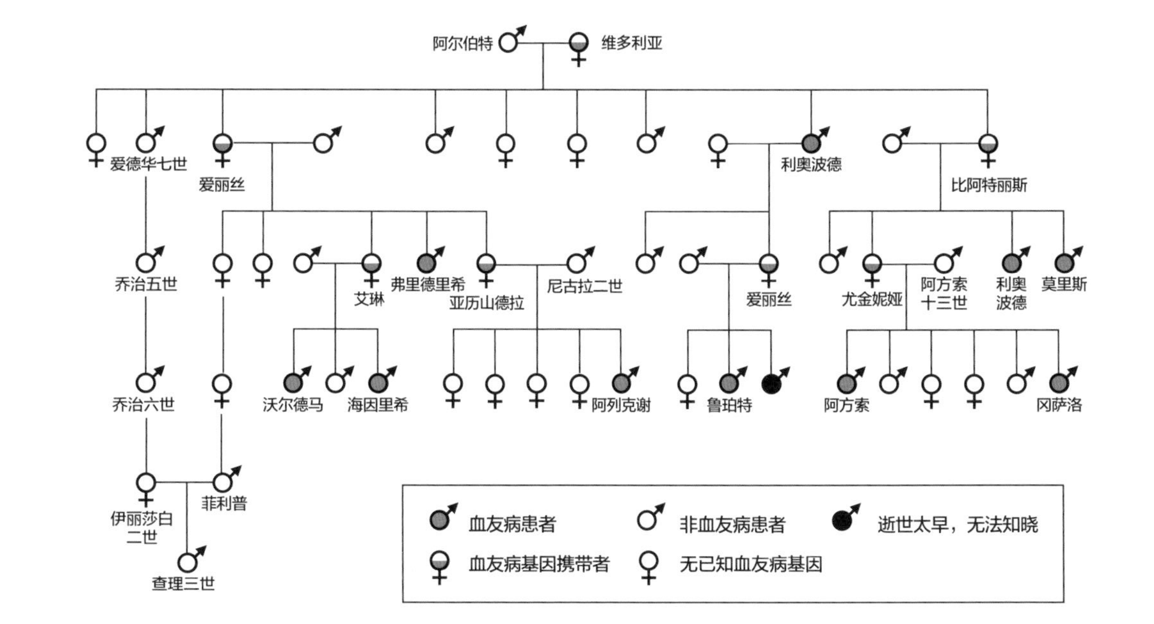
阿尔伯特
维多利亚
爱德华七世
爱丽丝
利奥波德
比阿特丽斯
乔治五世
艾琳
弗里德里希
亚历山德拉
尼古拉二世
爱丽丝
尤金妮娅
阿方索
十三世
利奥
波德
莫里斯
乔治六世
沃尔德马
海因里希
阿列克谢
鲁珀特
阿方索
冈萨洛
伊丽莎白
二世
菲利普
查理三世
血友病患者
非血友病患者
逝世太早，无法知晓
血友病基因携带者
无已知血友病基因

欧洲王室血友病谱系图

成近交衰退[14]。他们的两个儿子沃尔德马和海因里希都患有血友病，但这与近交衰退无关：他们的 X 染色体上的血友病基因是母亲遗传的。无论他们的母亲嫁给谁，是不是表亲，都会把血友病遗传给他们（除非表亲本身就是血友病患者，在这种情况下，她的女儿有 50% 的概率患上血友病）。维多利亚的另一个女儿比阿特丽斯公主将这种基因遗传给了她的女儿西班牙王后，并传给了西班牙王室，我猜想，这引起了西班牙人的不满。

追溯王室血友病基因的基因树，所有的世系都在维多利亚女王身上"归拢"。事实上，数学遗传理论中有一个蓬勃发展的分支，叫作"溯祖理论"（Coalescent Theory）。根据这个理论，你可以回顾一个群体中基因变异的历史，并追溯该基因最近的共同祖先——溯祖基因，当你回顾过去时，所有的世系都汇聚在这个基因上。抛开个体不谈，让我们透过其体表，看看内部的基因，你可以分别追溯到某个特定基因的两个副本，直到找到它们的共同祖先。这个汇聚点就是基因本身分裂成两个副本的祖先个体，然后这两个副本在两个子代同胞身上分道扬镳，最终形成两系后代。如果你做出一系列纯化假设，如随机交配、没有自然选择、每个人都有两个孩子等，那么这一溯祖树就有了数学家在理论上可以计算的预期形式。当然，在现实中，这些假设常不成立，这时就变得很有趣了。例如，王室通常会违反随机交配的假设，礼仪和政治上的权衡使他们不得不相互联姻。

溯祖理论是现代群体遗传学的重要组成部分，与本章的基因视角的回望密切相关，但数学问题不在我的讨论范围之内。我将讨论一个有趣的例子：对一个人的基因组进行的一项特殊研究。这碰巧是我本人的基因组，尽管这并不是我觉得它有趣的原因。仅凭一个个体的基因组，就能对整个种群的群体统计史做出有力的推断，这是一个了不起的事实。出于一个相当奇怪的原因，我是英国最早进行全基因组测序（不同于 DNA 鉴定公司 23 and Me 进行的相对较小的样本的测序）的人之一[15]。我把数据光盘交给了我的同事黄可仁博士，他在我们合著的《祖先的故事》一书中对这些数据进行了巧妙的分析。具体解释起来比较麻烦，但我会尽力而为。

在我身体的每一个细胞中，都游弋着23条完整遗传自父亲的染色体和23条完整遗传自母亲的染色体。每一个（常染色体）父系基因在相应的母系染色体上都有一个完全相对的存在（等位基因），但我父亲约翰的染色体和我母亲珍的染色体在我所有的细胞中都完整地悬浮着，彼此互不干扰。现在，棘手的地方来了。取约翰染色体上的一个特定基因，让它回溯自己的祖先历史，再在相应的珍染色体上提取对等的基因（等位基因），让它以同样的方式回溯历史。这与将王室血友病基因追溯到维多利亚女王的原理是一样的。但是，在这种情况下，我们要追溯的不是血友病，我们要追溯的是更久远的历史，而且我们并不寄希望于找出像维多利亚这样一个有名有姓的个体。我们可以用任何一对等位基因来做，一个在约翰染色体上，另一个在珍染色体上。而且，不只是一对，我们可以对许多对等位基因（的样本）这样做。

每一对基因在各自回溯过去的时候，迟早都会汇聚到一个特定的个体身上，在这个个体身上，一个基因曾经分裂，形成了约翰基因的祖先和珍基因的祖先。我指的确实是一个生活在特定时间和特定地点的特定个体祖先。这个人有两个孩子，其中一个是约翰的祖先，另一个是珍的祖先。但我们要讨论的是每个约翰/珍"基因对"各自不同的祖先个体——这些个体存在于不同的时间和地点。对于每一个基因对来说，肯定曾有两个同胞，一个携带珍基因的祖先，另一个携带约翰基因的祖先。

有许多重叠的个体树路径可以将我的父亲和母亲追溯到不同的共同祖先。但对于我的每一个约翰基因来说，只有一条路径将其与我体内相应的珍基因的共同祖先联系起来。基因树与个体树不同。每一对基因在过去的某一时刻都汇聚在一个特定的祖先身上。你可以让我的每一对基因都回溯过去，并可以在每种情况下找到不同的汇聚点。你无法真正确定任何特定基因对的确切汇聚点。但你能利用溯祖理论的数学方法，估算出它发生的时间。当黄博士对我的基因组进行估算时，他发现其中绝大多数基因对是在大约 6 万年前，也就是 5 万到 7 万年前汇聚在一起的[16]。

那么应该如何解释这种一致性呢？这意味着我的祖先在那个时期遭遇了人口瓶颈。很有可能，你的祖先也是如此。当我的约翰基因和我的珍基因回顾它们的历史时，在那几千年中的大部分时间里，他们看到的都是一个远系繁殖的景象。但在距今约 6 万年的某个时刻，有效种群规模缩小到了一个瓶颈。当种群规模变小时，珍和约翰的世系更有可能找到自己的共同祖先，这只是偶然现象。这就是为什么我的基因对倾向于在那个时候汇聚。事实上，从我基因组中获得的溯祖数据，在不使用其他数据的情况下，可以转化为下图中有效人口规模与时间的关系图。这大概是欧洲人口的典型特征（深灰色线条）。图中浅灰色线条显示的是尼日利亚人口的相应情况，他们的祖先似乎没有遭遇同样的瓶颈。我承认，在一本书的两位合著者中，有一位能够利用另一位的基因组对史前人口统计做出定量估计，而这结果影响的不仅仅是一个人，而是数百万人[17]，这让我有一种难以言说的满足感。

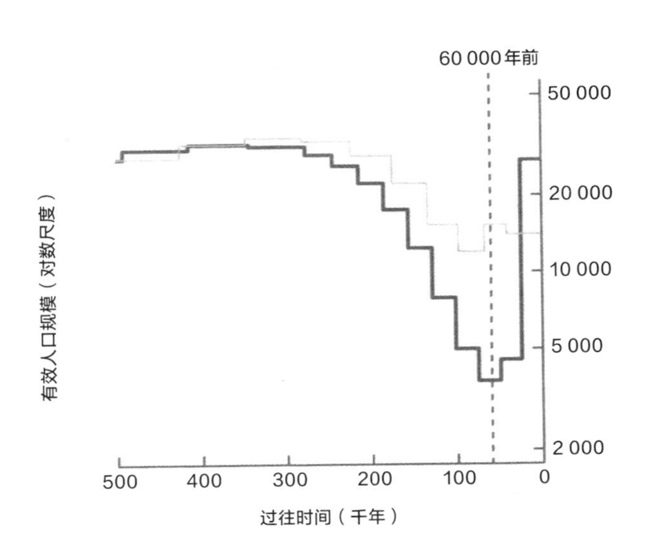

当基因回顾它们的历史时，它们还能告诉我们些什么？动物学家习惯于绘制动物的系统树，并计算哪些物种是其他物种的近亲，哪些又是远亲。例如，在猿类物种中，黑猩猩和倭黑猩猩是我们现存的近亲，这两个物种与我们的亲缘关系的远近完全相同。它们之所以与我们同样接近，是因为它们在大约 300 万年前有共同的祖先，而那个祖先在大约 600 万年前又和我们有共同的祖先（见下图）。大猩猩则是外群，是我们非洲类人猿的远亲。我们与大猩猩的共同祖先生活在更久远的年代，可能是 800 万或 900 万年前。

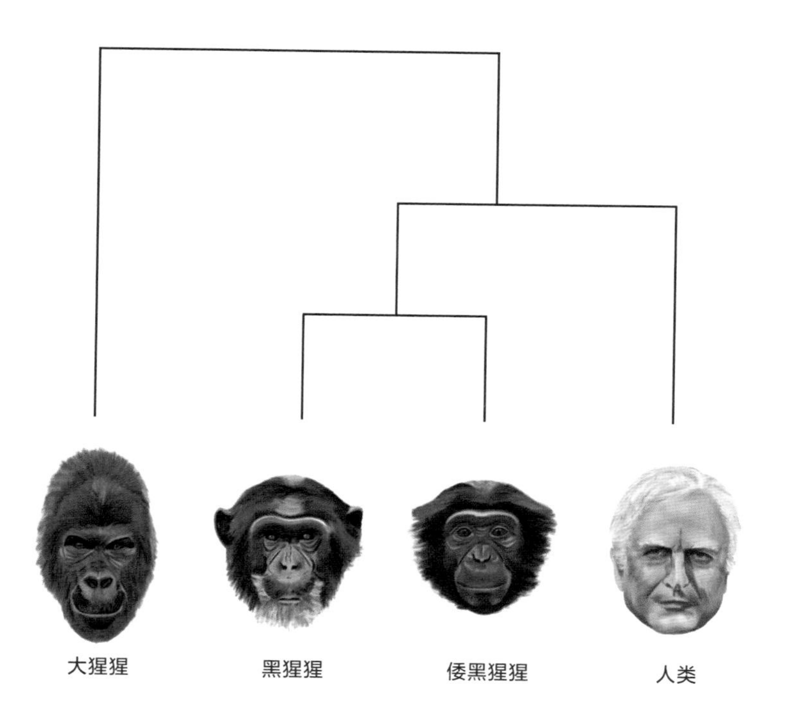

上图采用的是绘制系统树的传统方法，即基于生物体的谱系。但我们也可以从基因的角度来绘制出一个谱系，回顾它自己的历史。生物体的谱系是明确的。黑猩猩和倭黑猩猩是彼此的近亲，而我们是它们除彼此以外的近亲。虽然从整个生物体的角度来看，这确实是一个事实，但若从基因视角回望，情况却未必如此。诚然，大多数基因的谱系会彼此“一致”，并与传统动物学家的个体树相一致。然而，从某些特定基因的角度来看，谱系完全有可能截然不同。也许就如下图所示。我们的大多数基因谱系都与个体树一致。但在2012年公布大猩猩基因组时，我们发现“人类和黑猩猩的基因在大部分基因组中最为接近，但研究小组发现，也有很多地方并非如此。15%的人类基因组相比黑猩猩基因组更接近大猩猩基因组，15%的黑猩猩基因组相比人类基因组更接近大猩猩基因组”[18]。我希望你也同意的一点是，这种结论是从基因视角回望的有趣产物。

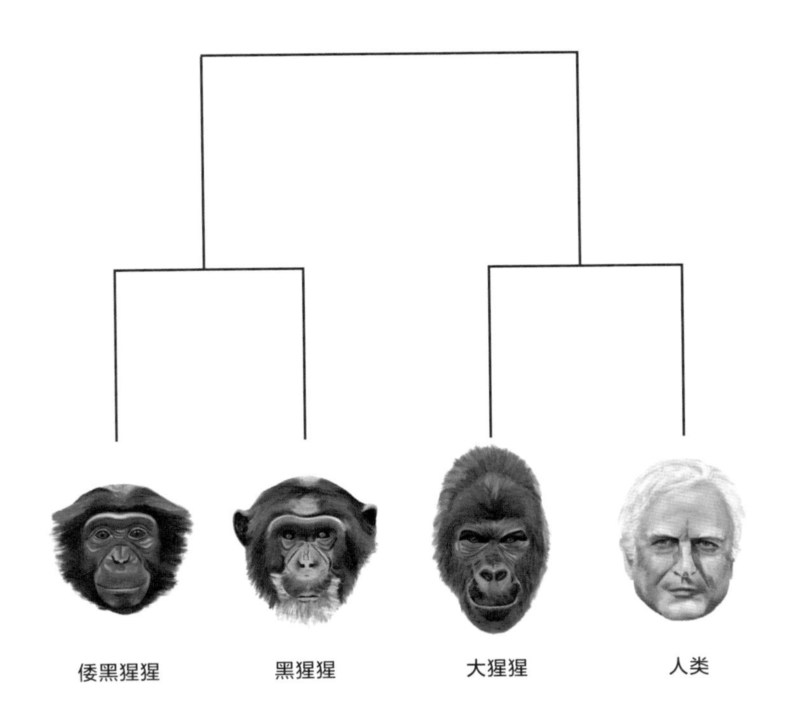

这种反常现象甚至可能发生在一个小家庭中。约翰和比尔，拥有同样的父母托尼和伊妮德，和同样的四位祖辈：伊妮德的父母亚瑟和格特鲁德，托尼的父母弗朗西斯和爱丽丝。（除了性染色体，）每个兄弟都从他们共同的父母那里各得到了一半的基因，因为他们都是伊妮德的一个卵子和托尼的一个精子结合的产物。两兄弟都从四位共同的祖辈那里各得到了四分之一的基因，但在这种情况下，这个数字只是近似值，并不是确切的四分之一。由于染色体交换的反复无常，让约翰诞生的托尼的精子可能碰巧包含了大部分爱丽丝的基因，而不是弗朗西斯的。而让比尔诞生的托尼的精子则可能含有大部分弗朗西斯的基因，而不是爱丽丝的。让约翰诞生的伊妮德的卵子可能含有大部分亚瑟的基因，而让比尔诞生的伊妮德的卵子则含有大部分格特鲁德的基因。甚至从理论上讲，约翰的所有基因都只来自其中两位祖父母，而另两位对此没有贡献的情况也是可能存在的（尽管可能性微乎其微）[19]。因此，基因眼中的亲缘关系可能不同于个体眼中的亲缘关系。从个体的角度看，四位祖辈是同等的贡献者。

直系亲属之前的所有世代也都是如此。尽管你很有可能是征服者威廉（英格兰诺曼王朝创建者威廉一世）的后裔[20]，但你也很有可能没有从他那里继承任何一个基因。生物学家倾向于遵循历史先例，在整个生物个体的层面上追溯祖先：每个个体都有一个父亲和一个母亲，以此类推。但是，我相信，前面几段中对约翰/比尔、大猩猩/黑猩猩的比较只是此类不均衡现象的冰山一角。我们将看到，越来越多的谱系将从基因的角度而不是从生物个体的角度来绘制。第 5 章中对快蛋白基因的讨论就是一个例子。这种趋势显然与本书的主旨高度契合，因为本书强调的正是基因的视角。

在本章涉及的回望的基因视角中，我想讨论的最后一个话题是"选择性清除"（Selective Sweep）。在现存动物的基因向我们轻声诉说的过往信息中（只要我们能听到），许多都讲述了古老的自然选择压力。事实上，这就是我所说的"遗传之书"，但在这里，我要说的是一种来自过去的特殊信号，一种遗传学家已经学会解读的信号。现存的基因会发出自然选择压力的统计"信号"。如果一个基因库最近经历了强烈的选择，就会显示出某种特征。自然选择留下了痕迹。这是一个达尔文式的签名。具体方式如下。

染色体上彼此相邻的两个基因往往会一起世代相传。这是因为染色体交换相对来说不太可能使它们分开：这是它们彼此毗邻所带来的一个简单结果。如果一个基因受到自然选择的强烈青睐，它出现的频率就会增加。这是当然的，但请注意接下来的内容。染色体上位置靠近正选择基因的基因的出现频率也会增加：它们会“搭便车”。当这种相连的基因是中性基因——对生存的影响无所谓好坏——时，这种现象尤为明显。当染色体的某一特定区域含有对其有利的强选择基因时，遗传学家就会注意到种群中的变异量减少了，特别是在受影响染色体的“搭便车”区域。由于“搭便车”现象的存在，对一个有利基因的自然选择“清除”了附近中性基因的变异。此时这种“选择性清除”就会作为自然选择的“签名”而浮现。

我发现这种“向后”看待祖先历史的方式很有启发性。但是一个基因可以“回顾”的最重要“经历”却很容易被忽视，因为它隐藏在一目了然的视野中。那就是这个物种中的其他基因——那些不得不与该基因共享一系列的身体的其他基因——的陪伴。我这里说的不是这些基因在同一条染色体上紧密相连。我现在所说的是同一基因库的共同成员，也是位于许多不同个体身体中的共同成员。这种陪伴将是下一章的主题。

第 12 章

好伙伴，坏伙伴

在上一章，我还可以举出更多的例子来对基因视角的回望加以阐释。基因可以回顾一系列特征各异的环境，特征包括树木、土壤、捕食者、猎物、寄生虫、可食用植物、有无水坑等等。但外部环境只是叙事的一部分。它忽略了基因最重要的一种“经历”。对基因而言，更重要的是在其寄寓于一连串身体之中时，与所有其他基因并肩而行的经历：在构建生物身体的精妙艺术中，通过漫长年代的相互合作彼此成就的伙伴关系。这就是本章的中心观点。

任何一个基因库中的基因都是旅行团中的好伙伴[1]，它们结伴踏上旅途，世世代代相互合作。其他基因库中的基因，属于其他物种的基因库，则构成了彼此平行的旅行团。这些旅行团并不包括其他物种的基因。这正是生物学家喜欢的给物种下定义的方式（尽管在实践中，特别是在新物种诞生的时候，这个定义有时也会模糊不清）。

有性生殖是对物种概念，更确切地说，是对基因库概念的检验：一个基因库就像一个被搅动的水池。基因库在每一个世代中都会被有性生殖彻底搅动一番，但它不会与任何其他基因库——属于其他物种的基因库——混合。孩子与父母相似，但由于基因库被搅动过，他们与父母的相似程度仅略高于与本物种中的任何随机成员的相似程度，却远高于与其他物种中的随机成员的相似程度。每个物种的基因库都在自己的“水密隔间”里流动，而与其他物种相隔绝。

正如我刚才所说，这正是“物种”定义的一部分，至少是被最广泛采用的定义，即由进化论者中德高望重的元老恩斯特·迈尔（Ernst Mayr，1904—2005）编纂的定义：

> 物种是由实际杂交或潜在杂交的自然种群组成的群体，且它们在生殖上与其他此类群体相隔离。

由于化石属于已死的动物，不存在实际杂交的可能性——根本不存在繁殖的可能性——因此我们只能退回迈尔定义中的“潜在”一项。当我们说直立人（*Homo erectus*）是一个独立的物种，有别于智人（*Homo sapiens*）时，迈尔的定义就会被解释为：“如果时光机能让我们遇见直立人，我们将无法与他们杂交。”在是否真的“无法杂交”这个问题上出现了一个令人头疼的难题。有些物种可以被诱导在圈养条件下杂交，但在野外却不会选择这样做。第 9 章中提到的滨海油葫芦和澳洲黑油葫芦就是其中一个例子。即使我们有能力与直立人杂交，比如通过人工授精，我们——或者他们——会选择通过正常的自然方式来杂交吗？算了，这个细节可能会吸引那些吹毛求疵的分类学家或哲学家，但我们可以忽略它。

如果像大多数人类学家所认为的那样，我们是从直立人进化而来，那么在过渡阶段一定存在着某个中间物种：一种难以分类的中间物种。任何一个对以下问题深思熟虑的人都不会认为，一对直立人父母会突然间生出一个智人婴儿。在进化史上，每一个动物都应该被归为与其父母相同的物种[2]，这样归类并非仅依据杂交标准，所有合理的标准都使我们如此归类。这一事实——尽管让一些人感到困扰——与智人是直立人的后裔这一事实是完全一致的，且与这两个物种是不同的物种——让我们假设——不能相互交配这一点也是完全一致的。这也与你是一种肉鳍鱼的后裔这一事实相一致，在这一进化过程中，每一个中间物种都与它的亲代和子代是同一物种。

此外，当一个物种在所谓的“物种形成”过程中分裂成两个子物种时，必然会有一个间隔期，此时两个物种仍能杂交。物种的这种分裂是偶然发生的，也许是由地理屏障（如山脉、河流或海域）造成的[3]。当黑猩猩和倭黑猩猩的两个亚种群发现它们位于刚果河的两岸时，它们很可能就此分道扬镳。这两个种群在物理空间上无法杂交——它们之间的水流阻止了基因的流动。有一段时间，它们有“潜在可能”进行杂交，也许偶尔会有个体无意中乘浮木过河。但是，地理屏障造成的基因流动不足使它们朝着不同的方向进化。这些不同的方向可能是自然选择引导的，也可能是没有自然选择引导的随机漂变过程。这并不重要，重要的是，它们基因之间的兼容性逐渐下降，直到达到一个阶段，即使它们偶然相遇，实际上也无法再杂交。最初的地理屏障并不一定是通过环境变化产生的（比如地震使河流改道）。当一只怀孕的雌性动物不小心被冲到一个荒岛上或冲到河的对岸时，地理环境可以保持不变，而屏障已经形成。

但是，不管怎样，为什么两个分离种群的基因往往会变得不相容，从而阻碍杂交呢？其中一个原因是，在减数分裂过程中，配子的产生需要两组染色体配对。如果这两组染色体的差异足够大，例如当其分别位于屏障两侧的时候，那么它们的杂交种（如果有的话）将无法产生配子。这些杂交种可能会存活，但无法繁殖。另一个原因——回到本章的中心论点——是屏障两侧的基因在自然选择的引导下，会与屏障同侧的其他基因合作，而不与另一侧的基因合作。在物理意义上强制隔离足够长的时间后，两个基因库就会变得不相容，即使物理屏障被移除，两者也不可能实现杂交。黑猩猩和倭黑猩猩还没有达到这个阶段。在圈养环境下，它们可以诞下杂交后代。

地理上的物种形成并不需要河流那样明显的屏障。马德里的老鼠永远不会遇到符拉迪沃斯托克（海参崴）的老鼠，但它们之间1.2万千米的距离内，很可能会有持续的局部基因流动。尽管如此，只要有足够的时间，它们的后代就可以在基因上发生分化，直到它们不能再杂交，即使它们设法相遇也不行。尽管基因在整个相隔距离范围内持续不断地流动，但物种分化还是会发生，而障碍不过是纯粹的距离，而不是什么不可泅渡的河流或海洋，也不是不可逾越的沙漠或山脉。在这个例子中，我们看到的是直立人和智人之间时间连续体的空间等价物。在这两种情况下，位于连续体两个极端的物种永远不会相遇。然而，在这两种情况下，都可能有一条不曾间断的中间物种链，可以在整个相隔的范围内自在繁殖：老鼠的例子体现的是空间范围，直立人和智人的例子体现的是时间范围。

偶尔，这条中间物种链会绕成一个圈，咬住自己的尾巴，这样我们就有了所谓的环物种（ring species）。剑螈属（*Ensatina*）的蝾螈栖息在加州中央山谷的边缘，但不会穿过山谷。如果你从山谷的南端开始采样，再由西侧向北走，向东穿过山谷北端，然后由东侧向南走，绕回起点，你会发现一件有趣的事情。沿着这样的路线，栖息在山谷边缘的蝾螈可以和它们的邻居杂交。然而，随着你的绕行，它们会逐渐发生变化，当你回到起点时，环物种中的“最后一个”物种却无法与“最初的”物种杂交。环物种是一种罕见的情况，让你可以在空间维度上看到这种进化变化，而如果你活得足够长，你也可以在时间维度上看到这种变化。考虑到这一点，所有关于近亲动物——无论是现存的还是化石——是否属于同一物种的激烈争论就变得毫无意义。这是进化的必然结果，一定存在或一定曾经存在你无法强行归到任何一个物种的中间种。如果不是这样，那反而令人担忧。当然，现存的大多数物种以任何标准来看，都与大多数其他物种明显不同，因为从它们的祖先分化至今已经过去很长时间了。至于可能存在杂交问题的灰色地带，以及物种定义存在问题的地方，本章将不再详述。

就外部环境而言，鼹鼠的基因向我们述说的是潮湿阴暗的隧道，泥土的气味，蚯蚓和甲虫幼虫在盘根错节的根茎以及真菌菌丝体、菌根之间爬行的情景。松鼠的基因则展开了截然不同的祖先自传，其讲述的是一个充满绿色的故事：摇曳的枝丫、坚果以及阳光明媚的林中空地的故事。我们可以为任何物种编写一份类似的清单。但本章要叙述的重点在于，基因对潮湿环境、深色土壤、森林树冠、草地平原、珊瑚礁岩、深海或其他任何地方的外部“经历”，都会被这个不断翻搅的基因库中存在的其他基因所带来的更直接、更显著的内部经历淹没。本章讲述的是自古以来，与基因在一个又一个身体中一同旅居和合作的那些“好伙伴”：那些经历离别又重逢，不断邂逅并共同完成构建肝脏和心脏、骨骼和皮肤、血细胞和脑细胞的艰巨工作的彼此熟悉的伴侣基因。这些工作的细节会因“外部”压力的不同而有所调整：对于穴居食虫动物来说最好的心脏、肾脏或肠道与对于喜欢爬树的食用坚果的动物来说最好的心脏、肾脏或肠道无疑是不一样的。但是，成功基因的一个核心重要品质是与共同基因库中的其他基因合作的能力，无论这个共同基因库是鼹鼠、松鼠、刺猬、鲸的还是人类的。

每个生物化学实验室的墙上都挂着一张巨大的代谢途径图，上面的箭头连接着令人眼花缭乱的各种化学式。下页图是一个简化版本，其中的化学物质用圆点表示，而不是用化学式来表示。线条代表圆点之间的化学途径。这幅特定的图表参照的是肠道细菌大肠杆菌，但在你的细胞中也发生着类似的事情，而且同样令人眼花缭乱。

这数百条线中的每一条都是在活细胞内进行的化学反应，而每一个反应都是由一种酶催化的。每一种酶都是在特定基因（通常是两个或三个基因，因为酶分子可能有几个相互缠绕的“结构域”，每个结构域就是一条蛋白质链）的影响下组装而成的。制造这些酶的基因必须合作，必须是本章所说意义上的“好伙伴”基因。

所有哺乳动物都有几乎完全相同的 200 多块已命名的骨头，它们以相同的顺序连接在一起，只是在大小和形状上有所不同。我们

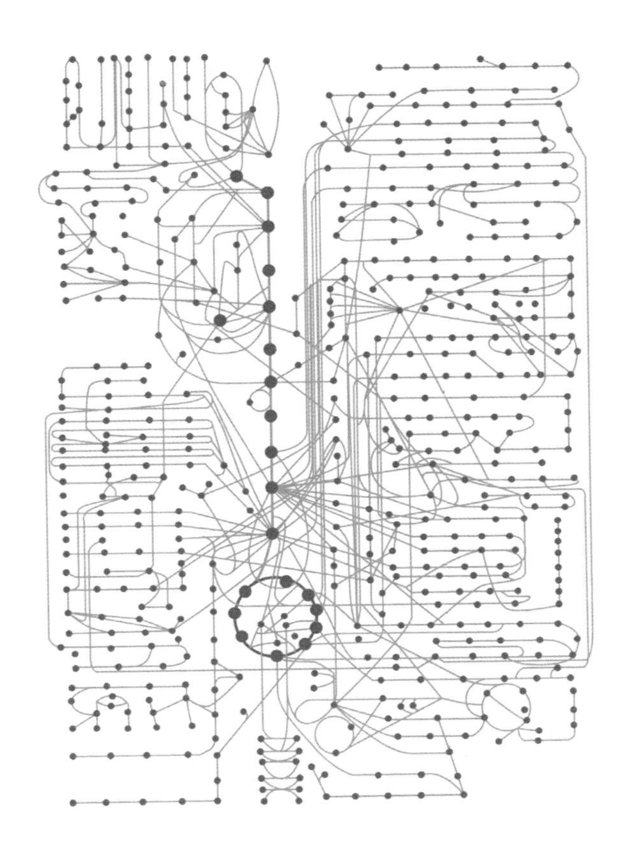

在第 6 章的甲壳动物身上已见识过这一原理。上图所示的代谢途径也是如此，它们在所有动物中几乎都是一样的，只是在细节上各不相同。而且，尽管它们可能组成了相似的合作团体，但由相互兼容的基因组成的卡特尔[①]不会与其他品系进化出的平行卡特尔兼容，比如说，羚羊卡特尔与狮子卡特尔就无法兼容。羚羊和狮子的所有细胞都需要代谢途径，都需要心脏、肾脏和肺，但食草动物和食肉动物在细节上会有所不同。较明显的区别是牙齿、肠道和足，原因我

① 卡特尔（cartel）是一种经济组织形式，它由生产相同或相似产品的一系列独立企业组成，这些企业通过协议来控制市场价格、产量、销售区域或其他市场条件，形成垄断，以达到减少竞争、维持高价和增加利润的目的。作者在此以卡特尔借喻互相兼容的基因组成的合作团体，下文中的“辛迪加”（syndicate）也被用以表达类似的意思。

们已经说过了。如果它们以某种方式混合在同一个身体里，就无法很好地协同工作。

我要说的是，两个独立的基因库，例如黑斑羚基因库和豹基因库，代表了两个独立的“合作”基因“辛迪加”。构建身体是一项极其复杂的胚胎学工作，涉及活跃基因组中所有基因之间的合作。不同种类的身体需要不同的胚胎学“技能”，这些技能是由彼此相异却相互兼容的基因组合在进化过程中不断完善的：这些基因组合与自己的辛迪加成员兼容，但与同时在其他基因库中构建的其他辛迪加成员不兼容。这些合作的卡特尔是经过几代生物的自然选择而形成的。其原理是，每个基因都会根据其基因库中的其他基因的兼容性而接受选择，反之亦然。因此，相互兼容、相互合作的基因卡特尔就建立起来了。把卡特尔作为整体选择单位与其他同样作为整体单位的卡特尔放在一起进行选择的说法很有诱惑力，但会产生误导。恰恰相反，卡特尔之所以形成，是因为每个成员基因与卡特尔内的其他基因的兼容性而各自被选择的，而这些“其他基因”本身也在同时被选择。

在任何一个物种中，基因都会在胚胎形成中协调合作，产生该物种自身类型的身体。其他物种基因库中的其他卡特尔也会自行组合，共同产生不同的身体。有食肉动物卡特尔、食草动物卡特尔、穴居食虫动物卡特尔、淡水捕鱼卡特尔、爬树卡特尔、爱吃坚果卡特尔等等。在本章中，我的主要观点是，到目前为止，一个基因必须驾驭的最重要的环境是自身基因库中其他基因的集合，也就是它有可能在一连串的身体中遇到的其他基因的集合。诚然，捕食者和猎物、寄生虫和宿主、土壤和天气等外部生态系统对基因在其基因库中的生存至关重要，但更重要的是由基因库中其他基因，即每个基因在构建和维持一连串身体时需要与之合作的其他基因所提供的生态系统。我的第一本书《自私的基因》也可以叫《合作的基因》，这是一个很容易消除的悖论。事实上，我的朋友兼昔日学生马克·里德利就以这个为书名写了一本好书[4]。以下引用的是他的话，而这些话如果出自我本人之口，我也同样乐意。

> 一个身体的基因之间的合作并不是偶然发生的。它需要特殊的机制来进化，这种机制可以通过布局，使每个基因通过与体内其他基因最大限度的合作来实现最大限度的自私。

作为当今科技发达世界的居民，我们深知大量专业人士之间的合作所能展现的力量。SpaceX 公司（太空探索技术公司）拥有约 1 万名员工，他们通力合作，携手将巨型火箭发射到太空，更困难的是，还要让它们返回，并在合适的状态下平稳着陆，以便再次使用。许多不同领域的专家为此团结在一起，紧密合作：工程师、数学家、设计师、焊工、铆工、装配工、车工、计算机程序员、起重机操作员、质量控制检查员、3D 打印机操作员、软件编码员、库存控制员、会计师、律师、办公室工作人员、个人助理、中层管理人员，凡此种种，不一而足。一个领域的大多数专家都几乎不了解企业其他部门的专家在做什么，也不知道如何去做。然而，当成千上万的人在互不了解对方角色的情况下，通过精诚合作，发挥互补技能时，其所能取得的成就是惊人的。

人类基因组计划、詹姆斯·韦伯空间望远镜、摩天大楼或超大游轮的建造，都是叹为观止的合作成就。欧洲核子研究中心（CERN）的大型强子对撞机会集了来自 100 多个国家和地区的约 1 万名物理学家和工程师，他们操着几十种语言，却能顺利合作，汇集不同领域的专业知识。然而，相比于人类的这些大规模合作所取得的巨大成就，在母亲子宫中构建我们每个人、历时九个月的合作事业仍更胜一筹：这是数十亿个细胞——分属数百种细胞类型（不同的“职业”）——的合作壮举，由大约 3 万个密切合作的基因精心筹谋策划，参与者的数量超过了我们在 SpaceX 这样的大型人类企业中所看到的人员数量。无论是制造人体还是制造火箭，合作都是个中关键。

一代又一代构建身体的基因必须与在有性生殖“大抽奖”中“抽到”的所有其他同伴合作。它们不仅要与现在的同伴，也就是当下位于同一个身体里的同伴合作，到了下一代，它们还必须与从共同基因库中抽取的不同同伴合作。它们必须准备好与这个基因库——而不是其他基因库——中与它们一起世代相传的所有备选基因合作。这是因为，对于基因来说，达尔文意义上的成功是一种长期的成功，意味着基因要在许多世代、许多连续的躯体中穿越时间的长河而保全自身。它们必定是物种基因库中所有基因的好伙伴。

1957年，J. B. 普里斯特利（J. B. Priestley）的小说《好伙伴》（*The Good Companions*）被改编成电影，电影中有一首曲调不俗的歌，其中副歌部分是这样的：

> 做个好伙伴，
> 真正的好伙伴，
> 这样你也会有好伙伴。

这首歌所呼唤的互助精神也与基因旅行团这个比喻十分契合，而正是后者构成了我们这样一个物种的活跃基因库。基因的有性重组赋予了“物种”存在的意义，它是一个值得用名称来区分的实体。如果生物都像细菌那样没有基因重组，那就没有独特的“物种”，也没有明确的方法将种群划分为可命名的离散群体。有性生殖赋予物种身份。一些细菌类型就是一个大杂烩，它们在杂乱无章地共享基因的过程中彼此转化。试图为这些细菌指定独立的物种名称是注定要失败的，因为它们与像我们这样的动物不同，在动物中，性交换仅限于同种的雄性和雌性之间的性接触——根据定义，动物不会与其他物种有此接触。如前所述，就化石而言，我们必须根据解剖学上的相似性来猜测它们在活着的时候是否能够杂交。这涉及主观判断，这也是为什么“主合派”和“主分派”就罗德西亚人（*Homo rhodesiensis*）和海德堡人（*Homo heidelbergensis*）等化石的命名问题争论不休。[①] 不过，尽管在命名上存在分歧，且这些分歧甚至会变得十分尖锐，但我们仍然相信，围绕着每一块化石的基因库都是一群与其他基因库隔离开来的旅伴——尽管在物种形成的过程中，它们隔绝得并不完全。细菌在很大程度上打击了我们的这种信心。因为所谓的细菌"物种"间并没有明确的界限。

每个工作基因都是"专家"，都能为胚胎的协作构建做出自己的贡献，但它们都被限制在自己所属的基因库中。从同一旅行团中抽取的连续样本之间的反复合作，使得这些被选择的基因在很大程度上无法与其他旅行团的成员进行有益的合作。当然这也不尽然，我们可以从一些博人眼球的头条新闻中看到少许特例，比如将水母的基因移植到猫的基因中，让猫在黑暗中发光。基因通常不会经受这种考验。马骡和驴骡、狮虎兽和虎狮兽[②] 几乎都是不育的。这些动物父母的基因旅伴仍然有足够的兼容性，可以共同打造强壮的身体。但在减数分裂过程中染色体配对这一环节，这种兼容性会崩溃，而减数分裂是细胞分裂过程中配子的产生过程。骡子可以拉车，但几乎不能产生精子或卵子。

大自然不会把羚羊的基因移植到豹子身上。如果真这样做的话，少数基因可能会正常工作。所有哺乳动物的胚胎都有广泛的相似性，毫无疑问，所有哺乳动物都有用来书写哺乳动物重写本大多数层次的大部分基因。但这并不妨碍本章的讨论。那些使豹子成为食肉动物、使羚羊成为食草猎物的基因不会和谐地协同工作。用简单粗暴的话来说，豹子的牙齿和羚羊的内脏、进食习惯不太搭，反之亦然。用本章的语言来说，在一个基因库中相安无事的伴侣，在另一个基

① 在古生物学和化石分类中，主合派（lumpers）和主分派（splitters）代表两种不同的倾向，涉及如何将化石样本归类到特定的分类单元中。主合派倾向于将相似的化石标本归入较少的分类单元中，即使它们之间存在一些微小的差异。相比之下，主分派更倾向于创建更多的分类单元，即使差异很小。主分派认为即使是微小的差异也反映了不同的物种或亚种，可能代表着进化树上的分支点。在化石分类中，主合派和主分派的争论尤为激烈，因为化石记录往往是不完整的，而且不同化石标本的保存状况和可比较性也会有很大差异，这使得判断物种界限变得更加复杂。

② 马骡由公驴和母马交配所生，驴骡则由公马和母驴交配所生。狮虎兽和虎狮兽的区别与此类似。

因库中未必是好伙伴，合作可能会失败。

E. B. 福特（E. B. Ford）的一个老实验说明了这一原理。他是一个古怪而挑剔的唯美主义者[5]，我本科时期的遗传学课程就是跟他学的。大多数务实的遗传学家的工作对象是实验室动物或植物，他们在实验室培育果蝇或小鼠。但福特走的是遗传学家中少有人走的道路。他和他的合作者在野外监测基因库的进化变化。作为蝴蝶和飞蛾方面的终身权威[6]，他走进英国的树林、田野、荒原和沼泽，挥舞他的捕蝶网，对野生种群进行采样。他鼓励其他人对野生果蝇、野生蜗牛和花朵以及其他种类的蝴蝶和飞蛾做同样的事情。他创立了一门叫作“生态遗传学”（ecological genetics）的学科，并写了一本同名的书。我在这里要讲的是他的一项野外研究，他研究的是苏格兰和当地一些岛屿上的小黄下翅夜蛾的野生种群。福特做研究时，它的学名是“*Triphaena comes*”，但按照严格的动物学命名规则，它现在叫“*Noctua comes*”。

该物种具有多态性，这意味着在野外至少有两种基因不同的类型以相当高的比例共存。但在英格兰和苏格兰大陆的大部分地区并不存在这种情况，在那里，所有小黄下翅夜蛾看起来都像下页图中靠上的浅色形态。但在苏格兰的一些岛屿上，存在着数量可观、颜色较深的第二种形态，名为“*curtisii*”（柯蒂斯形态），显然是以昆虫学家兼艺术家约翰·柯蒂斯（John Curtis，1791—1862）的名字命名的[7]。

我觉得在这里用柯蒂斯自己画的柯蒂斯形态夜蛾和驴蹄草的图画就很合适，于是我请亚娜·伦佐娃（Jana Lenzová）在图中添加了浅色形态的夜蛾，使画面更加完整。

两种形态之间的差异由一个基因控制，我们可以称之为柯蒂斯基因。柯蒂斯基因几乎是显性的。这意味着，如果一个个体有一个柯蒂斯基因（杂合子）或两个柯蒂斯基因（纯合子），它就会是深色的。如果它是完全显性的，那么带有一个柯蒂斯基因的杂合子个体与带有两个柯蒂斯基因的纯合子个体看起来应完全一样。但由于

小黄下翅夜蛾的深色和浅色形态

柯蒂斯基因只是近似显性，因此杂合子与纯合子虽几乎一样，但前者颜色稍浅。杂合子总是比标准夜蛾基因的纯合子颜色更深，因此后者被称为隐性性状。

与他的导师罗纳德·费希尔（我们已经在书中遇到过）一样，福特也喜欢谈论“修饰基因”（modifier），即那些自身效应是改变其他基因效应的基因。根据费希尔的显性理论（福特也赞同这一理论），当一个基因最初通过突变产生时，它通常既不是显性基因，也不是隐性基因。随后，自然选择通过世代传递中修饰基因的逐渐积累，使其趋向显性或隐性。显性并不是基因本身的属性，而是基因与其伴侣修饰基因相互作用而产生的属性。

修饰基因不会改变主基因本身。它们改变的是基因的表达方式，这里指的是基因的显性程度。用本章的语言来说，柯蒂斯基因这样的主基因的“好伙伴”中也有修饰基因，这些修饰基因会影响它的显性程度，也就是说，当杂合时，它会倾向于表达自身。由于种种我们无须在此赘述的原因，自然选择在苏格兰某些岛屿上偏好相当比例的深色柯蒂斯形态。根据费希尔和福特的理论，这种偏好的一种表现方式就是通过有利于提高其显性程度的修饰基因的自然选择来呈现。

巴拉岛是位于苏格兰西部的外赫布里底群岛中的一个岛屿。而奥克尼岛则位于苏格兰北部，与巴拉岛的直线距离为 340 千米，这对飞蛾来说太远了。福特收集并研究了这两个地方的飞蛾。这两处都有小黄下翅夜蛾的混合种群，正常的浅色形态与大量的深色柯蒂斯形态并存。用巴拉岛和奥克尼岛的飞蛾进行的繁殖实验分别证实了柯蒂斯形态在这两个岛上的显性地位。然而，当福特将巴拉岛上的飞蛾与奥克尼岛上的飞蛾杂交时，他得到了一个惊人的结果。显性性状被打破了。它消失了。福特并没有看到孟德尔式的深色与浅色形态的泾渭分明，取而代之的是杂乱的中间体谱系。显性消失了。

事情显然是这样的。巴拉岛上的显性形态是由相互兼容的修饰基因——同处巴拉岛上的“好伙伴”——累积发展而成的。而奥克尼岛上的显性形态则是由不同的修饰基因组合——同处奥克尼岛上的“好伙伴”——独立并趋同进化而来的。当福特进行跨岛繁殖时，这两组修饰基因无法协同工作。就好像它们说的是不同的语言。为了正常工作，每一个修饰基因都需要一组正常的好伙伴，这种好伙伴关系是在各自不同的岛屿上经过几个世代的选择而建立起来的。这就是“好伙伴”的意义所在，福特的实验生动地证明了一个我认为普遍适用的原则。作为“主”基因的柯蒂斯基因在巴拉岛和奥克尼岛都是一样的。然而，尽管基因本身是相同的，但它的显性程度可以通过不同的修饰基因“联合体”以多种方式建立起来。不同岛屿上的柯蒂斯基因所呈现的似乎就是这种情况。

这里隐藏着一个潜在的谬误。我们很容易假定，巴拉岛上的好伙伴们在染色体上彼此靠近，因此作为一个单位进行分离。同样，奥克尼岛的好伙伴也是如此。这种情况有可能发生，福特及其同事在其他物种中也发现了这种情况。自然选择可能有利于染色体位点的倒位和易位，从而使好伙伴们彼此更靠近。有时，它们靠得非常近，以至于被称为“超基因”（supergene），并很少因为染色体交换而彼此分开。这是一种优势，有助于形成超基因的易位和倒位会受到自然选择的青睐。但是，如果福特的修饰基因作为超基因聚集在一起，他的小黄下翅夜蛾实验就不会得到这样的结果。

超基因可以在实验室中通过繁殖大量个体来证明。我们可以繁殖多代，直到突然发生染色体交换的异常，导致超基因分裂。但是，超基因现象并不是基因组成好伙伴的必要条件，而且我们也没有理由认为它适用于小黄下翅夜蛾的这个例子。该例子中这些互相配合的修饰基因可能位于基因组的不同染色体上。它们分别位于各自岛屿的基因库中，在自然选择的作用下，在彼此共同存在的情况下成为优秀的团队合作者。在这个例子中，它们可以很好地协同工作，提高柯蒂斯基因的显性程度。但这个原理比上述例子所示更普遍。我们甚至不必为此特意认同费希尔 / 福特的显性理论。

自然选择青睐那些在自己所属的基因库（即物种基因库）中共

同发挥作用的基因。食肉动物的基因（例如，食肉动物牙齿的基因）在其他“食肉基因”（例如，让食肉动物肠道短、让其细胞分泌肉类消化酶的基因）存在于同一基因库的情况下，会被自然所选择。与此同时，食草动物这边，扁平的植食研磨齿基因在长而复杂的内脏基因存在的情况下才能蓬勃发展，这些内脏为植物消化微生物提供了庇护所。同样，可替代的基因组合可能分布在整个基因组中。没有必要假定它们聚集在任何特定的染色体上。

不幸的是，好伙伴关系有时会破裂，甚至会遭到破坏。我们已经见过人体内基因相互冲突的方式。埃格伯特·利思（Egbert Leigh）的《基因议会》（Parliament of Genes）描述了基因组中的基因时而合作、时而争执的混乱局面[8]。每个基因都是“为了自身利益而行动，但如果它的行为伤害了其他基因，被伤害的基因就会联合起来压制它”。

体内的细胞分裂很容易受到偶发的“体细胞”突变的影响。当然是这样的，这怎么可能不发生呢？我们都知道随机复制错误和突变是个体间自然选择所需的素材。这些“种系”（germline）突变发生在精子和卵子的形成过程中，然后由个体的子女遗传。这些突变在进化中发挥着重要的作用。但大多数细胞分裂发生在体内，它们也容易发生突变，但却是与种系突变相对的体细胞突变。事实上，有丝分裂的突变率比减数分裂的高。我们应该感谢我们的免疫系统如此善于及早发现危险。大多数体细胞突变，就像大多数种系突变一样，对生物体是不利的。有时它们对自身基因有益，但对生物体有害，在这种情况下，它们可能产生恶性肿瘤——癌症。随后，肿瘤内部的自然选择会使癌症向着越来越不好的“阶段”发展。我稍后会再谈这个问题。

我们可以认为，发育中的胚胎中的体细胞在体内有一段家族史，这段历史起源于它们的祖先，即几个月或几周前的单个受精卵。在这段遗传史的任何阶段，从胚胎开始直到生命的其余阶段，体细胞突变都可能发生。脊椎动物的发育是无数细胞分裂的产物，因此胚胎学家发现在一个更简单的生物体中追踪细胞系是较为方便的。有一种微小的线虫，即秀丽隐杆线虫（*Caenorhabditis elegans*）[9]，它只有959个细胞。伟大的分子生物学家悉尼·布伦纳（Sydney Brenner）的天才之处便在于，他选择了这种动物作为一种研究类型的理想对象，这种研究类型后来扩展到世界各地的数十个实验室。秀丽隐杆线虫的胚胎在一个发育阶段恰好有558个细胞。在发育中的胚胎中，这558个细胞中的每一个都有自己的“祖先”序列。胚胎中这558个细胞的系谱已经被煞费苦心地计算出来（见右图）。当然，要在一本书的一页上清楚地展示出这些细节是不可能的。这些细胞家族旁边的标签，有“肠”“身体肌肉”“环神经节”等字样。这里，我们有必要重新探讨在胚胎中繁衍的“细胞家族”的概念。

如果仅仅558个线虫细胞的细胞系谱已经如此复杂，想想我们的30万亿~40万亿个细胞的细胞系谱会是什么样子。类似的标签——肌肉、肠、神经系统等——可以贴在人类胚胎的细胞上（见下页图）。尽管在脊椎动物胚胎中，系谱尚未得到如此严格的确定，我们也不能对有限数量的已命名细胞进行一一列举，但情况确实如此。需要强调的是，在正在发育的胚胎中，这些不同的细胞家族在出现某些问题之前，在基因上是相同的，否则它们可能不会合作。当发生一些问题，导致它们的基因不再相同时，它们就有可能成为坏伙伴。然后，通过体内的自然选择，它们有可能演变成非常糟糕的伙伴：癌症。

正如你在下页图中所看到的，胚胎发育出一些早期细胞世代之后，我们的细胞系谱会分成三大家族：外胚层、中胚层和内胚层。外胚层的细胞家族注定会

进一步发育成皮肤、毛发、指甲，以及我们所熟知的蹄甲。外胚层的衍生物还形成了神经系统的各个部分。内胚层细胞家族的不同分支产生了最终形成胃和肠的亚家族，以及形成肝、肺和胰腺等腺体的其他亚家族。中胚层细胞家族的“豪门”则产生了无数个亚家族，这些亚家族又不断产生分支，形成肌肉、肾脏、骨骼、心脏、脂肪和生殖器官，但生殖细胞却不在其中，它很早就被分离出来，并因其享有特权的命运而被隔离开来，代代传承。

除了体细胞突变体之外，在不断扩大的系谱中，每一个细胞都具有相同的基因组，但在不同的组织中开启了不同的基因。也就是说，它们的基因相同，但在“表观遗传学”上却不同（如果不靠谱的宣传让你对“表观遗传学”的真正含义感到困惑，请参阅相关尾

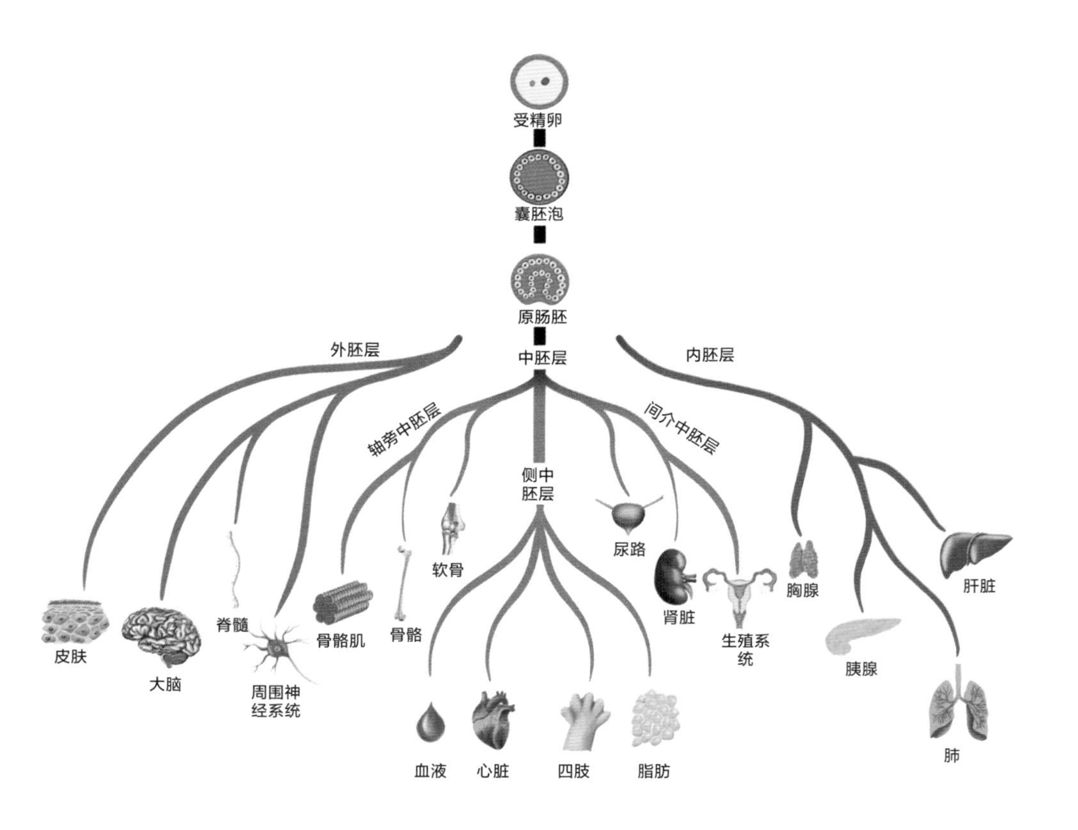

注）[10]。肝细胞拥有与肌肉细胞相同的基因，但一旦超过胚胎发育的某个阶段，只有肝特异性基因才会在肝脏中激活。系谱中的肝脏“家族”细胞会继续分裂，直到肝脏发育完成，才停止分裂。所有的“家族”都是如此，每个“家族”都有自己的停止时间。细胞必须“知道”何时停止分裂。这正是麻烦可能出现的地方。

一个重要的保护措施是，细胞分裂停止前的细胞代数因组织而异，通常在40代到60代之间。这似乎少得出奇。但请记住指数增长的力量。如果每一个细胞在每一代都分裂成两个（幸运的是并没有这样），50代肝细胞就会产生一个大象般大小的肝脏。不同的细胞系会在达到不同的代数极限后停止分裂，产生不同大小的最终器官。由此可见，每个细胞系知道何时停止分裂是多么重要。

人体30万亿个细胞中的每一个都是通过细胞分裂产生的。而每一次细胞分裂都很容易发生体细胞变异。现在我们来谈谈“重要的保护措施”，也就是与“坏伙伴”相关的话题。一个世系中的细胞只有在世代相传的过程中没有发生体细胞突变的情况下，其基因才是相同的。大多数体细胞突变都是无害的。但如果某个细胞发生了体细胞突变，从而改变了自己的行为并拒绝停止分裂呢？它在“家族树”中的世系并没有遵守规定停止分裂，而是不受控制地继续繁殖。突变细胞的子细胞继承了同样的恶性突变，因此它们也会继续分裂。而它们的子细胞也继承了这种变异基因，所以……这种情况就会产生奇怪的赘生物，比如右图中仙人掌上的“装饰物”。

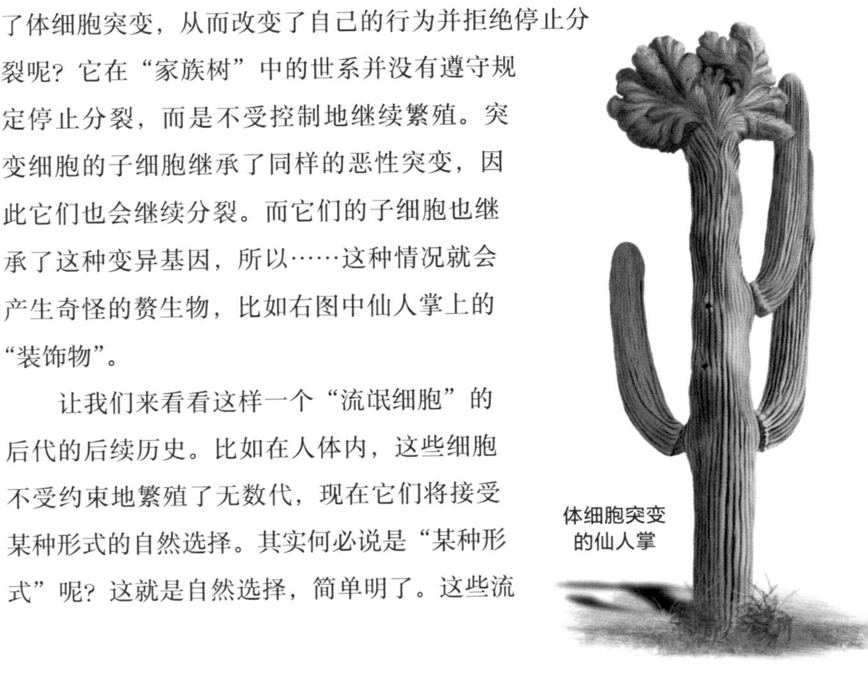
体细胞突变的仙人掌

让我们来看看这样一个“流氓细胞”的后代的后续历史。比如在人体内，这些细胞不受约束地繁殖了无数代，现在它们将接受某种形式的自然选择。其实何必说是“某种形式”呢？这就是自然选择，简单明了。这些流氓细胞将接受自然选择，这和选择跑得最快的美洲狮或叉角羚，选择最漂亮的孔雀或牵牛花，选择繁殖力最强的鳕鱼或蒲公英的达尔文式自然选择并无二致。这些行为失常的突变体细胞可以通过体内的自然选择演变为癌细胞，气势汹汹地扩散（“转移”）到身体的其他部位。现在，肿瘤内细胞的自然选择将有利于那些成为更好癌症组织的细胞。对于癌症来说，“更好”意味着什么？例如，它们会变得更善于榨取大量血供来滋养自己。雅典娜·阿克蒂皮斯（Athena Aktipis）的《狡猾的细胞》以及乙太·亚奈（Itai Yanai）和马丁·莱凯尔（Martin Lercher）合著的《基因社会》等书对整个主题进行了阐述，这些主题引人入胜，又令人不安，但对于达尔文主义者来说可谓不足为奇。

既然癌症是通过自然选择（在体内）进化而来的，那么我们就应该像对待叉角羚或鳕鱼的适应性一样对待它们的进化适应性，只不过其生态环境是诸如人体内部，而不是海洋或开阔的大草原。本章对好伙伴的讨论让我们对体内基因生态学的观点有了一定的接受准备，这与更传统的体外生态学观点是并行不悖的。而这种体内生态也是坏伙伴得以茁壮成长的环境。一个重要的区别是，大海或草原上的自然进化是无限期的，而癌症肿瘤的进化则随着病人的死亡戛然而止，无论这种死亡是由癌症还是其他原因造成的。癌症在进化过程中变得越来越善于杀死自己（作为无意的副产品）。这也不足为奇。正如我反复说过的，自然选择没有远见。肿瘤无法预见恶性程度的增加最终会杀死肿瘤本身。自然选择是“盲眼”的钟表匠。尽管这种进化以生物体的死亡而告终，但肿瘤中细胞分裂的世代数量已足以造就“建设性”的进化变化。当然，从癌症的角度来看，这是建设性的，而对病人来说则是破坏性的。雅典娜·阿克蒂皮斯在其书中巧妙地阐述了癌细胞在体内的进化过程，就像我们阐述塞伦盖蒂草原上水牛或蝎子的进化一样。

那么，癌细胞，或者更确切地说，使细胞癌变的突变基因，就是一种“坏伙伴”。另一类坏伙伴是所谓的分离变相因子

(segregation distorter)。精子和卵子作为配子，是“单倍体”细胞，其中每个基因只有一个副本，而不是像正常体细胞那样有两个副本。这种特殊的细胞分裂叫作减数分裂，由二倍体细胞产生单倍体配子（只有一组染色体），而二倍体细胞有两组染色体，一组来自母亲，另一组来自父亲。只有通过减数分裂产生配子时，这两组染色体才可能会在同一条染色体上相遇。减数分裂进行了精心的洗牌，将父本和母本染色体中交换的部分切割并粘贴成一组新的混合染色体。每个配子都是独一无二的，它的每条染色体（人类有 23 条）上都有不同的父系和母系基因。洗牌的结果是，二倍体染色体组（人类为 46 条）中的每个基因平均有 50% 的机会进入每个配子。

基因的“表型效应”通常表现在身体的某个部位——它可能会影响尾巴的长度、大脑的大小或鹿角的锋利程度。但如果有一种基因对配子产生过程本身施加了表型效应呢？如果这种效应是配子产生过程中的一种偏差，使得这种基因本身在每个配子中出现的概率大于 50%，又会怎样呢？这种狡猾的基因——“分离变相因子”——是存在的。这种情况下，减数分裂洗牌的结果不像通常那样公平，而是偏向于分配分离变相因子给配子。这种变相基因最终出现在配子中的概率大于 50%。

你可以看到，如果出现了一个流氓分离变相因子，在其他条件相同的情况下，它往往会在种群中迅速扩散。这个过程被称为“减数分裂驱动”(meiotic drive)。流氓基因之所以会传播，并不是因为它对生物个体的生存或成功繁殖有什么好处，也不是因为它能带来传统意义上的任何好处，而仅仅是因为它“不公平”地倾向于让自己进入配子。我们可以把减数分裂驱动视为一种种群层面的癌症。分离变相因子的一个特例是“Y 染色体驱动”，即 Y 染色体上的一个基因对雄性的影响是使他们偏向于产生 Y 精子，从而产生雄性后代。如果一个种群中出现了驱动 Y 基因，它就会因为缺乏雌性而导致种群灭绝：这的确是种群层面的癌症。比尔 · 汉密尔顿甚至建议，我们可以通过故意在相应种群中引入“驱动雄性”来控制可传播黄热病的伊蚊。从理论上讲，随着这种雄性的繁殖，由于缺乏雌性，伊蚊的数量会急剧减少。

还有人提出了通过“基因驱动”来控制有害动物的其他方法。我在第 8 章中提到过第十一代贝德福德公爵将原产于美洲的灰松鼠引入英国的粗鲁且不负责任的行为。他不仅在自己的领地沃本自然保护区放生灰松鼠，还向全国各地的其他土地所有者赠送灰松鼠。我想这在当时似乎是个有趣的想法，但后果却是本土的红松鼠种群被消灭殆尽。研究人员目前正在研究向灰松鼠基因库释放驱动基因的可行性。这种基因不会携带在 Y 染色体上，但会以略微不同的方式造成雌性灰松鼠数量稀少。这一想法的提出者也意识到我们对此类举措必须足够小心谨慎。我们希望灰松鼠在英国灭绝，而不是在美洲灭绝，因为美洲才是灰松鼠的故乡，如果不是贝德福德公爵，它们本该好好地待在那里。

坏伙伴，至少是以癌症的形式出现的坏伙伴，将自身体现的不祥之兆强加于我们。但就本书而言，我们必须突出基因作为好伙伴的作用。至于是什么让它们合作无间，需要在最后一章中加以阐述。我认为，从根本上说，这种合作基于一个事实，即它们共享一条从每个身体进入下一代身体的“出路”。

一对身着野外工作服的好伙伴：R. A. 费希尔和 E. B. 福特。
我怀疑这是一张具有历史意义的照片，详见尾注 [11]

第 13 章

通向未来的共同出路

科学奇迹的传播者喜欢让我们惊讶于自己体内细菌的惊人数量——这个数量足以让一些人感到不安。我们习惯于惧怕这些细菌，但借用杰克·鲁宾逊（Jake Robinson）所著作品的名称来说，它们中的大多数都是《看不见的朋友》（*Invisible Friends*）[1]。据估计，这些细菌主要存在于肠道中，数量从39万亿到100万亿不等，与我们“自身”细胞的数量处于同一数量级，对后一个数量的取整估计是40万亿。你身体内有一半乃至四分之三的细胞不是你“自己”的。但这还不包括线粒体。这些微型新陈代谢“发电机房”遍布于我们的细胞和所有其他真核生物（即除细菌和古菌外的所有生物）的细胞中。现在已经确定无疑的是，线粒体起源于原先营自由生活的细菌[2]。它们像细菌一样通过细胞分裂进行繁殖，每个线粒体都像细菌一样在一个环形染色体中拥有自己的基因。事实上，我们可以直言不讳地说，它们就是细菌：在动植物细胞内部栖息的共生细菌。根据DNA序列证据，我们甚至可以知道今天的细菌中有哪些是它们的近亲。而你体内的线粒体同样以万亿计。

这些成为线粒体的细菌为我们的细胞带来了许多重要的生化技术，而这些技术的研究和开发可能早在它们成为原始线粒体之前就已经完成了。它们在细胞中的主要作用是燃烧碳基燃料，以释放机体所需的能量。当然，不是火焰那样的剧烈高速燃烧，而是缓慢、有序、涓涓细流般的氧化。你不仅本身就是一群细菌，而且如果没有它们不断激活并运用的化学技能，你就无法移动肌肉、看到夕阳、坠入爱河、吹口哨、鄙视煽动者、进球得分或构思一个聪明的想法，而这些化学技能都是在如今早已消失的前寒武纪海洋中，通过在彼此竞争的细菌之间进行的自然选择构建起来的专业能力。

植物细胞的内部充满了绿色的叶绿体，叶绿体也是细菌的后代（另一类群，即所谓的蓝细菌）。与线粒体一样，叶绿体在任何意义上也都是细菌。它们与真核细胞的联姻也带来了堪称生化魔法的惊人嫁妆，这里的“嫁妆”指的便是光合作用。地球上几乎所有的生命最终都是由太阳这个巨大的核聚变反应堆辐射出来的能量驱动的。这些能量被装备了叶绿体的“太阳电池板”（如树叶）通过光合作用捕获，然后在我们所有生物体内的线粒体化学工厂中被释放出来。至于落在海面上的太阳光子，则不是被树叶捕获，而是被单细胞绿色生物捕获。无论是在陆地上还是海洋中，太阳能都是所有食物链的基础。我想唯一的例外是那些奇形怪状的深海生物群落，它们的最终能量来源是热泉、海底“烟囱”和诸如此类的来自地球内部的热管道。

我们的线粒体离不开我们，就像没有它们，我们也活不过两秒。我们与线粒体唇齿相依，患难与共。我们的基因和它们的基因是20多亿年来始终风雨同舟、齐头并进的好伙伴，每一个基因都经过自然选择，以便在其他基因提供的环境中生存。线粒体中大多数源自细菌祖先的基因，要么早已迁移到我们自己的染色体上，要么作为多余基因被淘汰了。但是，为什么线粒体和一些细菌对我们如此友善，而其他细菌却给我们带来霍乱、破伤风、肺结核和黑死病呢?我的达尔文式答案如下，这也是反映整章要点内容的一个例子。线

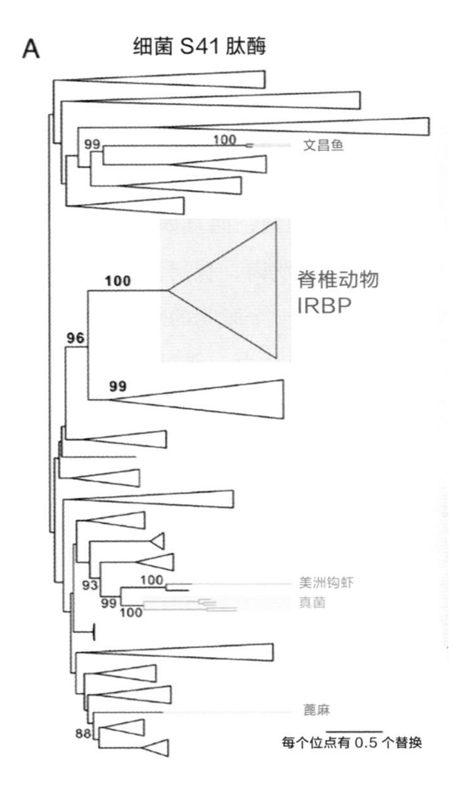

粒体基因和我们的“自身”基因拥有通向未来的共同出路。如果我们是女性，或者如果我们暂时忽略了男性的线粒体没有未来这一事实，那么“共同出路”正如其字面意思。我将向大家展示，实现基因这种“相互陪伴的善意”，或其反面“自私自利”的关键，就在于基因从其现在寄寓的身体进入下一代身体的途径[3]。

线粒体和叶绿体可能是细菌进入动物体内的最早例子，但它们并不是唯一的例子。以下例子是此类古老结合在更近的时间内的一次重现，而且它与基因视角的观点非常契合。脊椎动物眼睛的胚胎发育需要一种名为“感光细胞间维生素 A 类结合蛋白”（IRBP）的蛋白质，它能促进视网膜细胞相互分离，帮助它们看得更清楚。在一项对 900 多个物种进行的大规模调查中，研究人员在每一种脊椎动物身上都发现了 IRBP[4]，其中也包括文昌鱼，一种与脊椎动物有亲缘关系的小型原始生物[5]，尽管它没有脊椎。但是，在 685 种无脊椎动物中，唯一具有类似 IRBP 分子的是一种端足甲壳动物钩虾（*Hyalella*）。在植物中，只有蓖麻（*Ricinus communis*，一种产蓖麻油的植物）具有类似 IRBP 的分子。真菌中也有一个小群体有类似分子。而在细菌中，类似 IRBP 的分子无处不在。IRBP 类分子的系统树[6]显示，细菌的谱系分支丰富，与脊椎动物（和这些细菌共生）的谱系相似，这两个谱系都源自一个点。那些“独此一份”的成员（甲壳类、真菌和植物）也来自细菌谱系，但却是细菌谱系中相距甚远的部分。这是各种细菌向真核生物基因组进行水平基因转移的绝佳证据。这些证据有力地表明，脊椎动物的IRBP是“单系”的，它们都是一个祖先的后代，这意味着它们就是从在脊椎动物进化的基础阶段便参与进来的单一细菌所带来的单次“飞跃”中进化而来。从那时起，相关基因就一直世代相传。这就像某种细菌变成了线粒体，尽管线粒体的祖先是整个细菌，而不是单个基因。

我想给那些通过宿主的配子在宿主之间传播的细菌起一个通称：“垂直细菌”（verticobacter），因为它们是世代垂直传播的。线粒体和叶绿体的祖先就是垂直细菌的典型代表。垂直细菌只有通过生物体的配子进入子代，才能感染另一个生物体。相比之下，典型的“水平细菌”（horizontobacter）则可以通过任何途径从一个宿主传播到另一个宿主。例如，如果它生活在肺部，我们可以假设它的感染方式是通过咳嗽或打喷嚏时喷出的飞沫传播到空气中，然后被下一个受害者吸入。水平细菌并不“关心”它的受害者是否会繁殖。它只“希望”受害者咳嗽（或打喷嚏，或通过手、口、生殖器进行身体接触），并为此而努力——此处“努力”的意义在于，它的基因对宿主的身体和行为产生了延伸的表型效应，以促使宿主感染另一个宿主。相比之下，垂直细菌却非常“关心”它的“受害者”能否成功繁殖，并“希望”它能存活下来繁殖后代。事实上，“受害者”这个词用得并不恰当，所以我才把它用引号括起来。当然，这是因为垂直细菌把未来传播的“希望”寄托于宿主的后代，这与宿主本身的“希望”完全一致。因此，如果垂直细菌的基因对宿主有延伸的表型效应，它们就会与宿主自身基因的表型效应趋于一致。从理论上讲，垂直细菌基因的“希望”应该在每一个细节上都与宿主基因的完全相同。

百日咳杆菌就是一个水平细菌的好例子。它使受害者咳嗽，并通过咳嗽时喷出的飞沫传播给下一个受害者。霍乱弧菌是另一种水平细菌。它通过腹泻来到受害者体外，进入水源，并“希望”饮用受污染的水的其他人被感染。它并不“关心”受害者是否死亡，也对他们是否成功繁殖没有“兴趣”。

关于寄生虫“想要”其受害者做某事的概念还需要解释，这也是延伸的表型的作用所在，我在第 8 章末尾曾承诺要对此加以解释，现在恰是时候。寄生虫学文献中充斥着各种寄生虫操纵宿主行为的恐怖故事，其通常是改变中间宿主的行为[7]，以便将寄生虫传播到寄生虫复杂生命周期的下一阶段。这些故事中有许多涉及的是蠕虫而不是细菌，但它们都传达了我想要表达的原理。比如“铁线虫”，或称“戈尔迪乌斯线虫”，它属于线形动物门[8]，成虫生活在水中，但幼虫通常寄生在昆虫身上。由于这种昆虫宿主是陆生的，铁线虫的幼虫需要以某种方式进入水中，才能完成其生命周期，成为成虫。受其感染的蟋蟀会跳入水中自杀，受其感染的蜜蜂也会飞入池塘，此时铁线虫会立即破体而出，游向远方，只留下严重受伤的蜜蜂自生自灭。这大概是蠕虫的一种真正的达尔文式适应，也就是说，蠕虫基因经过了自然选择，其（“延伸的”）表型效应便是昆虫行为的改变。

还有一个例子，涉及的是一种原生动物寄生虫——弓形虫（*Toxoplasma gondii*）。弓形虫的最终宿主是猫，中间宿主是大鼠等啮齿动物。大鼠通过猫的粪便受到感染。然后，弓形虫需要猫吃掉受感染的大鼠，才能完成其生命周期[9]。为此，弓形虫会潜入大鼠的大脑，并以各种方式操纵大鼠的行为。被感染的大鼠丧失了对猫的恐惧，特别是对猫尿气味的厌恶。事实上，它们会被猫吸引，但不会被非捕食性动物或不攻击大鼠的捕食者吸引。有证据表明，由于睾酮激素的增加，这些大鼠普遍失去了恐惧感。无论细节如何，我们有理由猜测，大鼠行为的改变是寄生虫的达尔文式适应。因此，这是弓形虫基因的延伸的表型。自然选择有利于那些延伸的表型效应是大鼠行为改变的弓形虫基因。

彩蚴吸虫（*Leucochloridium*）是一种吸虫（扁形动物），寄生在鸟类身上。它的中间宿主是蜗牛，它需要将自己从蜗牛转移到鸟类

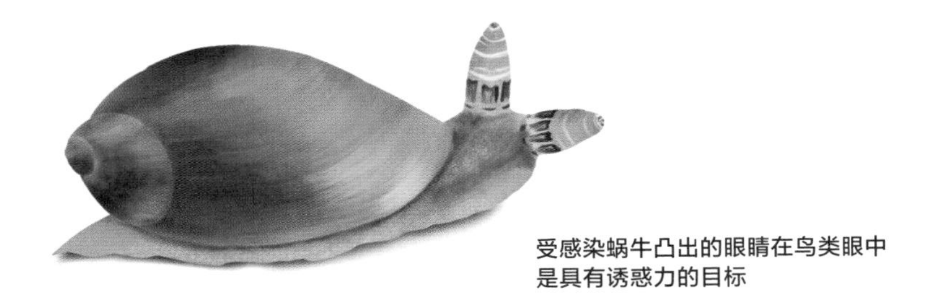

受感染蜗牛凸出的眼睛在鸟类眼中是具有诱惑力的目标

身上。它所寄生的蜗牛大多在夜间活动，而作为下一任宿主的鸟类则在白天觅食。蠕虫会操纵蜗牛的行为，使其白天外出。但这只是蜗牛所面临灾厄的开始。这种蠕虫在一个生活史阶段会侵入蜗牛的眼柄，让眼柄怪异地膨胀起来，似乎还在不停地颤动[10]。

据说这会让蜗牛眼柄看起来像一条爬行的小毛虫。就算这有些夸张，它也确实会使眼柄变得很显眼，导致鸟类很容易就能啄掉它们。被寄生的蜗牛也活动得更频繁。鸟类的啄食并没有让蜗牛死亡，只是把它的眼睛弄瞎了。它的眼柄还能再生，以便在日后继续“颤动”，也许还会再次被啄掉。为了稳妥起见，吸虫还阉割了它的蜗牛受害者。这本身就是一个有趣的故事。“寄生去势”（parasitic castration）很常见，足以被命名。动物王国中的各种寄生生物——包括原生动物、扁形动物、昆虫和其他各种甲壳动物——都会这样做。包括我在第 6 章中介绍过，并承诺还会在后文提到的寄生藤壶类“蟹奴”。

蟹奴也许是寄生虫典型的“退行性”进化的最极端例子。达尔文在他关于藤壶的专著中误判了蟹奴的亲缘关系[11]，在他本可以提前发表进化论的 20 年中，有整整 8 年他都在为有关藤壶的专著分心。可谁又能怪他呢？看一看蟹奴的样子就知道这有多难了。蟹奴的外部可见部分是一个软囊，附着在螃蟹的底部。而这个“藤壶”的大部分身体由一个分支根系组成，其渗透到不幸螃蟹的身体内部。最后，它会完全填满蟹身，如果你能把属于螃蟹的部分移走，只留下蟹奴，你可能会看到下页图中的景象。

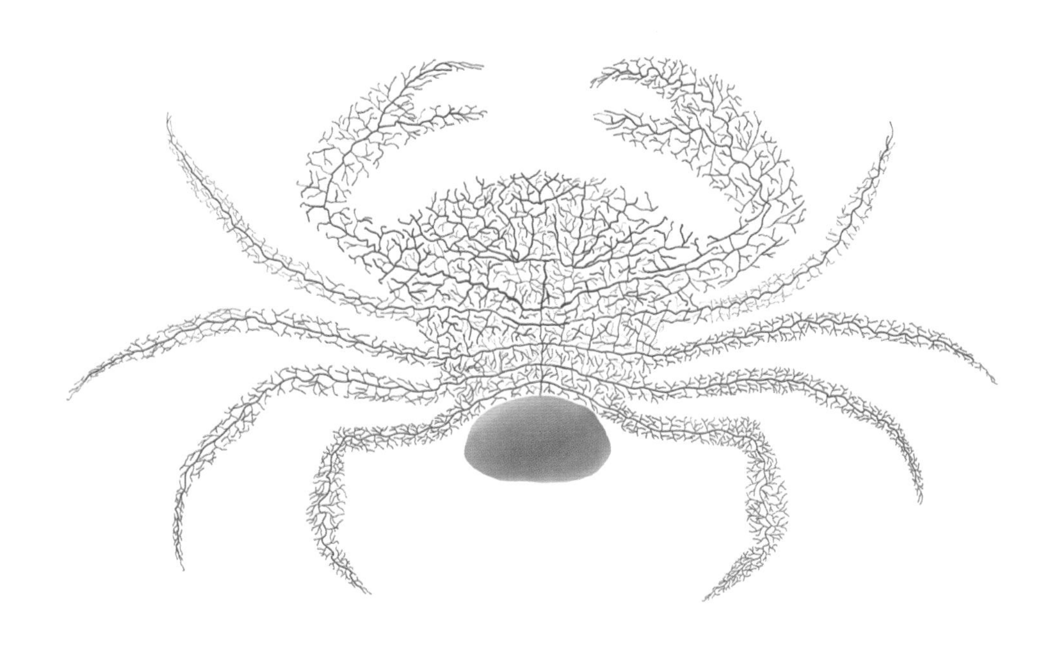

这可不是螃蟹

我们怎么知道这个有着分支小根的系统，这个看起来像植物或真菌的蔓生实体，实际上是藤壶呢？我们怎么知道它是甲壳动物？蟹奴幼体生命周期的不同阶段暴露了它的本来面目。它会经历无节幼体阶段，其次是腺介幼体阶段，两者都无疑是甲壳类的幼体阶段[12]。如果还需要一个板上钉钉的结论，蟹奴的基因组就能提供，它已经被测序了[13]，“命中注定是甲壳动物”。

蟹奴首先攻击的是蟹的生殖器官。这就是我上面提到的“寄生去势”。藤壶类本身有时也会被寄生甲壳动物阉割；这些甲壳类是与潮虫有亲缘关系的海洋等足类。那么，寄生去势的意义何在呢？为什么寄生虫在吃掉其他器官之前，会直奔宿主的性腺呢？

与所有动物一样，蟹奴宿主的祖先经过自然选择，在（当下的）繁殖需要和生存需要（以便日后繁殖）之间取得了微妙的平衡。然

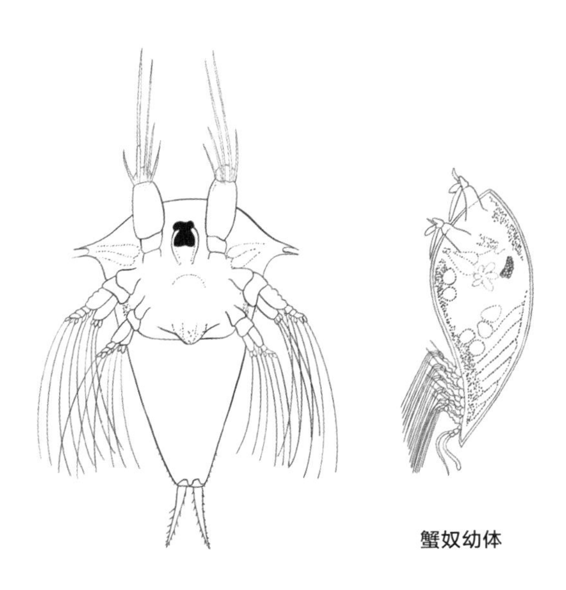

蟹奴幼体

而，像蟹奴这样的寄生生物却对帮助宿主繁衍后代毫无兴趣。因为它的基因并不与宿主的基因共享通向未来的出路。蟹奴基因“希望”改变宿主的这种“平衡”，使其更倾向于生存，以继续为蟹奴提供食物。螃蟹就像一头被养肥待宰的温顺阉牛，寄生虫迫使它放弃繁殖，成为一种持续的食物来源。

另一类寄生生物——“垂直寄生生物”——通过宿主的配子将自己传递给下一代宿主，它们的情况正好相反。垂直寄生生物只感染单个宿主的子代，而不是整个潜在宿主。垂直寄生生物的基因与宿主基因共享“出路”，因此前者的延伸的表型效应将与宿主基因的表型效应一致。运用我们通常谨慎为之的人格化修辞，不妨在此考虑一下垂直寄生生物（如垂直细菌）的“首选选项”。它在宿主的卵子内传播，直接进入宿主的孩子体内。在这里，寄生生物和宿主的利益是一致的，它们的基因在塑造宿主的最佳解剖结构和行为上也是“一致的”。两者都“希望”宿主繁殖，并生存下来以便再次繁殖。再一次，如果垂直传播的寄生生物基因对其宿主具有延伸的表型效应，那么这些效应应该与宿主动物“自身”基因的表型效应完全一致，并且在每个细节上都是一致的。

线粒体是垂直寄生生物的一个极端例子。长期以来，线粒体在宿主卵子内世代垂直传播，它们之间的合作亲密无间，以至于它们的寄生起源已很难被发现，也被人们长期忽视。水平寄生生物（如蟹奴）的“偏好”与此恰恰相反。它对宿主的成功繁殖没有“兴趣”。至于水平寄生生物是否“关心”宿主的生存，取决于它是否能从中获益。如果通过阉割，它能将宿主内部的经济平衡从繁殖转向生存，那就更好了。

曼氏迭宫绦虫（*Spirometra mansonoides*）不会阉割它的小鼠受害者，但却能达到类似的效果。它分泌一种生长激素，使宿主小鼠长得比正常小鼠更胖，而且比寻求生长和繁殖之间平衡的小鼠基因在自然选择条件下让小鼠达到的最佳体态还要胖。拟谷盗属（*Tribolium*）的甲虫通常要经过 6 次蜕皮，体型不断增大，才能最终变为成虫。一种原生寄生生物杂拟谷盗微粒子虫（*Nosema whitei*）感染拟谷盗幼虫后，会抑制幼虫向成虫的转变。幼虫会继续生长，经过多达 6 次额外的蜕皮，最后变成一只巨大的幼虫，其重量是未感染幼虫最大重量的两倍多。自然选择会青睐那些延伸的表型效应是以牺牲拟谷盗的繁殖为代价，使这些甲虫的脂肪重量急剧加倍的微粒子虫基因。

一种名叫短异带绦虫（*Anomotaenia brevis*）的小型绦虫需要进入它的最终宿主啄木鸟体内。它要通过中间宿主尼氏切胸蚁（*Temnothorax nylanderi*）来实现这一目的，这种蚂蚁有收集啄木鸟粪便喂养幼虫的习惯。粪便中经常有绦虫卵，因此会被蚂蚁幼虫吞入腹中。这种寄生虫会对蚂蚁成年后的行为产生有趣的影响。被寄生的蚂蚁不再工作，由未被寄生的工蚁喂养。被寄生蚂蚁的寿命也比正常蚂蚁长，最长可达正常蚂蚁寿命的 3 倍[14]。这增加了它们被啄木鸟吃掉的机会——对绦虫有利。

有些寄生的吸虫会驱使它们的蜗牛受害者长出更厚的外壳。蜗牛壳可能是保护蜗牛和延长其寿命的一种适应。但是，像身体的其他部分一样，外壳的制造成本很高。在关于蜗牛发育的个体经济学中，加厚外壳的代价大概是由外壳制造以外的行为偿付的，比如削减致力于繁殖的行为。蜗牛的自然选择在生存和繁殖之间建立了微妙的平衡。壳太薄会危及生存，而壳太厚的话，虽然有利于生存，但会占用繁殖的经济资源。吸虫不是一种垂直传播的寄生虫，对蜗牛的繁殖“毫不关心”。它“希望”蜗牛将其优先考虑的事项转向个体生存。因此，我认为，被寄生的蜗牛的壳会变厚[15]。用延伸的表型的语言来说，自然选择倾向于那些对蜗牛施加表型效应的吸虫基因，从而打破了蜗牛精心维持的平衡。壳的增厚是吸虫基因的延伸的表型，对吸虫基因有利，但对蜗牛自身的基因没有好处。这个例子很有趣，因为它是一个寄生虫“表面上”——但仅仅是表面上——对宿主有利的例子。它加强了蜗牛的盔甲，也许还能延长它的寿命。但如果这真的对蜗牛有好处，蜗牛无论如何都会自己这样做，即使没有寄生虫的“帮助”。蜗牛的内部经济平衡是经过其精细判断的。在生存开支上过于奢靡会使繁殖资源变得贫瘠。这种寄生虫让蜗牛的经济失衡，以牺牲繁殖为代价，使蜗牛过分追求自身生存。

根据我所主张的基因视角观点，基因会采取任何必要的措施，以将自己传播到遥远的未来。对于在生物“自身”进行垂直传播的基因而言，它所采取的步骤是对“自己”身体的形态、运作和行为产生表型效应。基因之所以能采取这些步骤，是因为它们继承了使祖先过去采取同样步骤的成功基因的品质，这正是它们现在依然存在的原因。我们所有的“自身”的基因都是好伙伴，它们会就最佳步骤达成一致。所有有助于基因卡特尔中的一个成员进入下一代的事项，都会自动帮助其他所有成员实现这一点。所有基因都“同意”它们的目标，不管它们采取了什么措施，都是为了影响表型。它们为什么会达成一致呢？正是因为，在每一代中，它们共享进入下一代的出路。这条出路就是这一代的配子——精子和卵子。现在，我们再来看垂直细菌和其他垂直寄生生物。它们与宿主自身的基因有着完全相同的出路，因此也有着完全相同的利益。

垂直细菌的基因与宿主自身的基因一样，追溯的都是宿主祖先身体的历史。垂直细菌的基因有同样的理由对我们自己的基因表现得如同好伙伴，就像我们自己的基因对彼此一样。如果动物能从快速奔跑的双腿和高效供氧的肺部获益，那么其体内的垂直细菌也会从同样的性状获益。如果一种垂直细菌对动物奔跑速度有延伸的表型效应，那么只有从生物体的角度来看这种效应也是积极的，这种效应才会受选择青睐。宿主和这种细菌的利益在任何情况下都是一致的。另一方面，一个水平细菌可能更“希望”它的受害者在被追赶时因精疲力竭而咳嗽——咳嗽正是水平细菌所需要的，这样它才能将自己传染给另一个受害者。另一种水平细菌可能希望受害者的交配方式比宿主自身基因“渴望”的最佳交配方式更加混乱，从而最大限度地增加与另一宿主的接触概率，进而增多感染机会。一种极端的水平细菌可能会完全吞噬宿主的组织，使其变成一囊孢子，孢子囊最终会破裂，使孢子散落在风中，在那里它们可能会找到新的宿主加以征服。

一个垂直细菌“想要”它的受害者成功繁殖（这意味着，正如我们之前所见，“受害者”这个词其实并不恰当）。它对未来的“希望”与宿主的“希望”完全一致。它的基因与宿主的基因精诚合作，造就了一个强壮的身体，一个足以存活到生殖年龄的身体。它的基因有助于赋予宿主生存和繁殖所需的一切：筑巢的技巧，为雏鸟采集食物的勤奋，在合适的时间成功地让它们羽翼丰满，为繁殖下一代做准备，等等。如果一种垂直细菌恰好对宿主鸟类的羽毛有延伸的表型效应，自然选择可能便会青睐那些使羽毛变亮丽，从而使宿主对异性更具吸引力的垂直细菌基因。垂直细菌基因和宿主基因将在各个方面达成“一致”。

当然，同样的论点也适用于病毒。现在，我们即将迎来本章和本书结尾的转折点。任何通过精子或卵子在（例如）人类之中代代相传的病毒，都与我们“自己”的基因有着相同的“利益”。对我们“自己”的基因最有利的颜色、体型、行为和生物化学特性，对“垂直病毒”（我们姑且如此称呼）也最有利。垂直病毒基因将成为我们自身基因的好伙伴，这就是我们所熟悉的病毒既能帮助我们，也能伤害我们的事实[16]。相比之下，水平病毒基因并不在乎自己是否会杀死它们的受害者，只要它们能通过它们选择的途径——咳嗽、打喷嚏、握手、接吻、性交，不管是什么途径——传给新的受害者就行。

狂犬病毒就是水平病毒的一个典型例子。它通过受害者的唾液传播，诱使受害者咬伤其他动物，从而感染动物的血液。它还会导致受害者四处游荡，而不是待在自己的正常领地范围内（例如让一只本该在睡觉的“疯狗”在正午的阳光下四处游荡）。这有助于病毒在更大的地域范围内传播。

有什么真正的垂直病毒的典型例子呢？据估计，人类基因组中约有 8% 的基因实际上是由病毒基因组成的，这些病毒基因在数百万年的时间里已经融入了人类的基因组[17]。这些“逆转录病毒”有的是惰性的，有的则具有有益的作用。例如，有人认为哺乳动物胎盘的进化起源是动物与一种“内源性”逆转录病毒进行有益合作的结果[18]，这种逆转录病毒成功地将自己写入了细胞核 DNA。著名病毒学家 L. P. 维拉里尔（L. P. Villarreal）甚至认为，“病毒参与了宿主生物在进化过程中的大多数重大转变”，且“从生命起源到人类进化，病毒似乎都参与其中……病毒是如此强大和古老，以至于我将它们在生命中的作用概括为‘Ex virus omnia’（一切源自病毒）”。[19]

现在，你明白我在这一章最后要讲什么了吗？我们“自己”的基因在什么意义上有别于所谓良性的好伙伴病毒？为什么不对此进行终极归谬呢？为什么不把整个基因组看作一个巨大的共生垂直病毒群呢？这并不是对病毒学科的实际贡献。我没有那么大的野心。它更像是对我们所说的“病毒”含义的扩展，就像“延伸的表型”是对我们所说的“表型”的扩展一样。我们“自己”的基因其实就是垂直病毒，它们是团结合作的好伙伴，因为它们共享通向下一代的出路。它们在共同的事业中精诚合作，建立一个以传递它们自身为目标的身体。我们通常理解的病毒和计算机病毒，都是一种表述“复制我”的算法。而大象“自己”的基因也是一种算法，用我早先的一本书①中的话来说，就是“用更复杂迂回的方式复制我，首先要造一头大象”[20]。它们是只有在基因库中有其他基因存在的情况下才能发挥作用的算法。它们相当于一个由相互合作的病毒组成的庞大社群。

我并不是说我们的基因组均由内源性逆转录病毒组成，这些病毒曾经是自由的，后来感染了我们，融入了染色体中。这在某些情况下这是正确的，也很重要，但这并不是我在最后一章要表达的意思。下文中刘易斯·托马斯（Lewis Thomas）所传达的意思也不是我现在要说的意思，尽管我很想借用他诗意的眼光来营造本书的高潮。

> 我们生活在一个由病毒组成的舞蹈阵形中；它们就像蜜蜂一样，从一个生物体飞到另一个生物体，从植物到昆虫，到哺乳动物，再到我，然后又飞回大海，牵引着这个基因组的片段，又拖动着那个基因组的串列，移植DNA，传递遗传信息，就像在一个盛大的聚会上一样。[21]

跳跃基因（jumping gene）的现象也与我将基因组视为垂直病毒合作体的看法不谋而合。芭芭拉·麦克林托克（Barbara McClintock）因发现这些“可移动的遗传元素”而获得诺贝尔奖[22]。基因并不总是固定在某条特定的染色体上，它们可以自行分离，然后在基因组的一个遥远位置拼接自己。大约44%的人类基因组由这种跳跃基因或“转座子”（transposon）组成[23]。麦克林托克对跳

① 可参见道金斯另一部作品《攀登不可能之山》中《机器人重复因子》一章。

跃基因的发现，让人联想到基因组是一个社群，就像一个蚁巢：这是一个由病毒组成的社群，它们只有通过共同的出路才能聚集在一起，因此，它们也有共同的未来，并会付诸共同的行动来确保这一未来。

我的提议是，我们需要做出的重要区分不是“自身”与“外来”，而是“垂直”与“水平”。我们通常所说的病毒——人类免疫缺陷病毒、冠状病毒、流感病毒、麻疹病毒、天花病毒、水痘病毒、风疹病毒、狂犬病毒——都是水平病毒。正因为如此，它们中的许多都朝着损害我们的方向进化。它们通过触摸、呼吸、生殖器接触、唾液或其他任何方式，通过它们自己的传播途径从一个身体传到另一个身体，而不是通过我们自己的基因世代相传的配子途径。与我们的基因有着相同遗传命运的病毒没有理由不与我们友好相处。与水平病毒恰恰相反，它们可以从它们所寓居的每一个共同体内的生存和成功繁殖中获益，就像我们自己的基因一样。它们理应被视为“我们自己的”，甚至比线粒体更亲密，因为线粒体只传给女性后代。从这个角度看，我们“自己”的基因并不比逆转录病毒更“自己”，这些逆转录病毒已融入我们的某条染色体，并将通过与染色体中其他基因完全相同的精子或卵子途径传给下一代。

我再三强调，我并不是说我们所有的基因都曾经是独立的病毒，之后才“不再备受冷落”，作为逆转录病毒“加入”了我们自己的核基因组。我们已知的基因中约有 8% 是如此，可能还有更多基因也是如此，这很有趣，也很重要，但这不是我在这里要探讨的。我的观点是淡化“自身”和“他者”之间的区别，并转而强调“垂直”和“水平”之间的区别。

我们的整个基因组——更确切地说，任何动物物种的整个基因库——都是由共生的逆转录病毒组成的群落。我说的不仅仅是我们基因组中那 8% 的逆转录病毒，也包括其他 92%。它们之所以彼此是好伙伴，正是因为它们是垂直传播的，而且已经传播了无数世代。这就是本章的根本结论。一个物种的基因库，包括我们自己的基因库，就是一个巨大的病毒群落，每个病毒都一心想着前往未来。它们相互合作，构建身体，因为这些一具接着一具，供它们临时容身寄寓，并在繁殖后难逃死亡的身体被证明是在时间长河中进行垂直版本“大迁徙”的最佳载具。而你，就是一个化身，一个硕大无朋、熙熙攘攘，在穿越时间之旅中奋力向前的病毒合作体的化身。

注释

一些读者喜欢在书中读到带有反思性质的那种“顺带一提”式的题外话，另一些人则对此多有非难，觉得它们干扰了正在展开的论述。在这本书中，我已经向这些非难者低头，把我的题外话放到尾注中。对于那些喜欢“顺带一提式”思考的读者，也许他们会读一些尾注，自得其乐，而不管这些尾注是否离题，又离了哪些“题”。

第 1 章

[1] 性别代词几乎注定会冒犯某些人。我不喜欢诸如“他或她必须扪心自问，让他或她或他们接受如此折磨人的语言，对读者是否公平”这样费力的结构。在许多语言中，甚至连“读者”(reader) 这个词都可能要写双份:“Leser oder Leserin ? ”(男读者或者女读者?) 我赞成另一种约定俗成的方式，就像吻手礼或旧世界的屈膝礼一样，作者采用与自己性别相反的性别代词。因为我碰巧是男性，所以我把我假想的未来科学家称为“她”。如果我是女作家，我会反其道而行之。

[2] 参见汉密尔顿在自传《基因之地的狭窄道路》(*Narrow Roads of Gene Land*，三卷本) 中所做的尝试，他在个人回忆录中那些袒露心灵的文章之间插入了重印的技术性科学论文。“所以我最后一次坦白。如果有人能说服我相信‘长生不老药’有望研制成功，我可能也会因为对死亡的怯懦而为‘长生不老药’和老年学研究提供资金。但同时，我也不愿意抱有这样的希望，免得我受到诱惑。在我看来，长生不老药似

乎是一种最糟糕的反优生愿望，它无法创造一个我们的后代可以安享的世界。我一边这样想着，一边做了个鬼脸，屈起一根仍然可以与其他手指轻松合作的拇指，揉了揉两道不请自来的浓密眉毛，从鼻孔里哼了一声——鼻孔里的鼻毛长得越来越像爱德华时代的旧沙发上的一簇簇马毛——我俯下身时，指关节已碰不到地面，尽管几乎碰到了。我继续奋笔疾书，写我的下一篇论文。”

[3] Trivers（2000）.

[4] 化用自《圣经 · 哥林多前书》（13∶12），原文为“我们如今仿佛对着镜子观看，模糊不清……”。这个尾注本来是不必要的。这句话是我在《上帝的错觉》（*The God Delusion*）一书中列出的 129 个《圣经》短语之一，就像莎士比亚的许多短语一样，这是西方文化的重要组成部分，在西方国家是充实的、有文化的生活的必要知识储备。我支持宗教教育，是指我支持关于宗教的教育，而不是某种宗教的灌输。

[5] 达尔文的自然选择是在种群内选择，而不是在种群之间选择。达尔文对此非常清楚 [除了在 1871 年《人类的起源》（*The Descent of Man*）中谈到人类时的一次例外]。恐龙被哺乳动物取代，但这种取代不是达尔文式的选择事件。真正的达尔文意义上的选择事件，是每个哺乳动物物种中个体的生存差异，其反映了个体在填补某些特定的已灭绝恐龙物种留下的空缺这一事业中取得的成功。

[6]“笛卡儿剧院”（身心关系模型）里没有一个小人（Dennett, 1991）。

[7] 莱特文等人（Lettvin et al., 1959）接着测量了青蛙在看到物体时大脑中单个神经元会产生怎样的神经冲动。例如，当出现一个小的移动物体时，“同一性”神经元最初是沉默的。然后，突然，它“注意到”这个物体并开始激发神经冲动。每当物体改变其运动模式，例如转弯时，激发速率就会增加。

[8] 生理学家贺拉斯 · 巴洛（Horace Barlow, 1961, 1963）在青蛙的视觉系统方面做了开创性的研究，他对一般的感觉系统有一个鼓舞人心的看法，这与本书主旨非常吻合。他将神经表征总结为“对当前环境可能真相的近似估计”。他没有这么说，但他的想法是这样的：动物的感觉系统的调节方式是对其所处世界的统计特性的一种消极描绘。

[9] 有一次，在克鲁格国家公园，我偶然发现了一只发情期的公象在尘土中留下的尿迹。它看起来近似正弦波，显然是它那滴尿的阴茎像

钟摆一样摆动造成的。我拍下它的时候，脑子里出现了模糊的念头：找个数学家对此进行傅里叶分析，然后计算出这头象的阴茎长度。就像我的许多计划一样，它从来没有实现过。

[10] 计算机模拟为建模提供了一种特别有用的工具。计算机内部除了以极快的速度传输数十亿个 0 和 1 之外，其实什么也没有发生。但是，计算机的数据可以代表一个棋局、世界天气、伯明翰复式公路枢纽的交通模式、钟摆、《英雄交响曲》、旅鼠和北极狐的种群周期、温哥华市，或心脏肌肉纤维收缩产生的波动。

[11] 在我看来，佩博和他的同事们还应该因为他们严谨、认真地制定古 DNA 研究的方法而受到表彰。这个领域的陷阱既多又深，首要的就是现代 DNA 的污染。由于此前未能认识到这一点，世界各地有许多荒谬的关于古 DNA 的草率头条报道。

[12] 要复活灭绝的哺乳动物，就引出了如何在现存动物中寻找替代子宫的问题。大海牛的 DNA 已被复原。如果能让它们起死回生，那真是再好不过了。一个可能无法克服的问题是上哪儿找一个代孕母亲并为其植入胚胎。大海牛现存的近亲儒艮和海牛的体型都太小了，无法生下大海牛。在这方面，复活猛犸象是一个更好的选择，因为幸存的大象足够大，可以孕育猛犸象。有趣的是，复活有袋动物不会出现这个问题，因为它们出生时非常小，会爬进育儿袋继续发育。找一个替代的育儿袋比找一个替代的子宫要容易得多。一只拉布拉多犬大小的塔斯马尼亚狼，即袋狼，在出生时应该只有米粒那么大，和它幸存下来的只有老鼠大小的亲戚——狭足袋鼩——刚出生时大小相近。在遥远的未来，胚胎学家可能能够在子宫外培育胚胎。DNA 的数字化本质之美，在于无须保存任何实际的生物材料。这些未来的胚胎学家只需要去图书馆下载基因组即可。

[13] Cavalli-Sforza & Feldman, 1981.

[14]《生长与形态》(*On Growth and Form*, 1942) 是汤普森的文笔优美的巨著，其中引用了许多语言的语录，包括拉丁语、希腊语、法语、德语、意大利语和普罗旺斯语，通常没有翻译——除了普罗旺斯语，他确实为我们翻译 (成法语) 了。我感谢丹尼斯 · 诺贝尔证实了书里那段普罗旺斯语引文出自伟大的博物学家让 - 亨利 · 法布尔 (Jean-Henri Fabre) 的一首诗。它促使汤普森写下了令人心酸的一段旁白，描述了一个老人与地心引力所做的斗争。“但在某种程度上，身高的缓慢下降

表明我们的体力与不变的重力之间存在不平等竞争。当我们想站起来的时候，重力却把我们拉下来。我们一生都在与重力做斗争，在我们四肢的每一次运动中，在我们心脏的每一次跳动中，斗争不曾停歇；正是这种不屈不挠的力量最终打败了我们，让我们僵卧在临终的榻上，将我们送入坟墓。”我之所以说“令人心酸”，是因为爵士在壮年时期，用彼得 · 梅达沃（Peter Medawar）的话来说，“身高超过六英尺，有着维京人的身材和举止，以及众所周知的英俊外表所带来的傲气”。

[15] 嗯，几乎完全不变。在某些方面，我们需要这个“几乎”，但这对于本章的观点来说并不重要。“体细胞”突变，即体内细胞的突变，确实会发生，它们可能会产生在体内进化的细胞系。伴随着更多体细胞突变，可能会产生肿瘤。对这些体内叛逆细胞的自然选择可以将肿瘤变成恶性肿瘤。之后，这种选择会使它们变得更善于恶变——但对整个身体来说却适得其反。我们将在第 12 章再讨论这个问题。出于本章的目的，我们在此只关心所谓种系中的突变，即可能遗传给后代的突变。

[16] 人们很容易把“进化”和“发育”混为一谈。在发育过程中，单个实体会发生变化。而在进化过程中，一系列实体中的每一个都与其前身略有不同，就像电影的连续帧一样。天文学家说恒星沿着“主序进化”是错误的，例如“太阳最终进化为一颗红矮星”。太阳并没有连续世代。只有一个太阳发生了变化。不，应该说，太阳经过发展（发育），最终会形成一颗红矮星。我们看到生命体的形状是通过胚胎学的过程发育形成的。当我们把连续几代动物按顺序排列，观察其典型形状是如何一代一代地变化的时候，我们就会看到身体形状是如何演变的。一个物种的典型成员的形状随着基因库的发展而进化。

[17] 进步主义圈子里的生物学家应该对进化论是进步主义的观点持怀疑态度。如果是针对“‘进化’旨在努力达到所谓智人的巅峰”这种对进化的通俗化夸张描述加以怀疑，那当然是正确的。但是当我们谈论像眼睛这样的复杂器官的进化时，你无法摆脱“渐进式改进”的概念。功能完备的脊椎动物的眼睛，必然要经过一系列效率较低的中间阶段，这是逻辑上的必然。迈克尔 · 鲁斯（Michael Ruse, 2010）对进化论中渐进观点的历史做了很好的阐述。

第 2 章

[1] 图片由雅欣 · 克里希纳帕（Yathin Krishnappa）惠赠。这是一只“飞蜥”（*Draco*），其实更适合叫它滑翔蜥蜴。这种特殊的蜥蜴还有一个绝招。如果捕食者识破了它的伪装，它就会腾空而起，优雅地滑翔到另一棵树上，与捕食者保持安全距离。它的“翅膀”并不是像鸟或蝙蝠那样经过改造的“手臂”。它把肋骨向两侧展开，肋骨之间的一层皮膜形成了一个捕捉空气的绝佳表面。

[2] 在农村地区，深色的蛾最显眼，浅色的则得到了很好的伪装。正如伯纳德 · 凯特威尔（Bernard Kettlewell, 1973）令人信服地指出的那样，自工业革命以来，同一物种的两种形态（“多态性”）在农村和工业区受到了截然相反的选择压力。这是一个引人入胜的故事，但它会让我们离题太远。

[3] Barnhart et al.（2008）.

[4] https://www.mirror.co.uk/news/world-news/incredible-snake-us-es-tail-looks-5971693. https://www.youtube.com/watch?v=XFjoqyVRmOU

[5] 弗朗索瓦 · 维庸（François Villon）的名句，译文出自庾如寄。

[6] 照片由迈克尔 · 斯威特（Michael Sweet）友情提供，第 25 页的黄黑条纹生物照片也是他提供的。

[7] R. F. Mash，引自廷伯根（Tinbergen, 1964）。

[8] 据拉德福德等人的研究（Radford et al., 2020）。照片由卡梅隆 · 拉德福德（Cameron Radford）拍摄，尼尔 · 乔丹（Neil Jordan）友情提供。

[9] De Brunhoff（1935）.

[10] Crew（2014）.

[11] 来自迈克尔 · 斯威特的电影剧照。

[12] 侯赛因 · 拉蒂夫（Hussein Latif）摄。

[13] Hendrik et al.（2022）.

第 3 章

[1] Lents（2019）.

[2] Haldane（1940）。关于他的故事数不胜数。在第一次世界大

战中，作为一名前线军官，他曾在德军众目睽睽之下，骑着自行车穿过一个缺口，以证明他相信德军会惊讶得不敢开枪。和他名气稍逊的父亲一样，他也在自己身上做过危险的实验。这带来的一个小后果是他的耳膜被刺破了，后来他发明了一个小把戏，就是在抽烟斗时从耳朵里喷出烟雾。

[3] 留存至今的肉鳍鱼类包括腔棘鱼。它们实际上是反其道而行之，进入了深海，这也许就是它们逃脱灭绝之灾的原因。人们一直以为它们已经和恐龙一起灭绝了，直到1938年，博物馆馆长玛乔丽·考特尼－拉蒂默（Marjorie Courtenay-Latimer）在一艘南非拖网渔船的渔获物中发现了一条。她对它的真实身份感到难以置信，于是请来了著名的鱼类专家J. L. B. 史密斯教授（J. L. B. Smith, 1956），后者描述了他第一次看到这条鱼时的情景："就算我看到一只恐龙走在街上，我也不会比这更惊讶……第一眼看到它，就像有一股狂热的疾流击中了我，让我战栗不已，全身发麻。我呆若木鸡地站着。是的，毫无疑问，一片一片的鳞片，一根一根的骨头，一片一片的鳍，这是一条真正的腔棘鱼。它可能是两亿年前的某种生物，现在又活过来了。我忘记了其他一切，只是看了又看，然后怯生生地走到它近前，一再抚摸它的表皮，而我的妻子则在一旁静静地看着。"他以发现者的名字命名这种鱼。今天，它的学名是 *Latimeria*（中文译名也作矛尾鱼、拉蒂迈鱼）。

[4] 一个异常聪明的个体发现了一个聪明的小把戏，并学会完善它。也许其他个体也会有样学样，就像蓝山雀学会了在英国人的家门口打开牛奶瓶一样，这种习性就像"模因"流行一样传至全英各地。现在牛奶已经不再送到家门口了，但如果这种做法持续很长时间，鲍德温效应可能就会出现。那些基因上具备最快学会这种习性的特征的个体山雀，会把它们的基因不成比例地遗传下去。最终，鸟类会进化，其学习速度将非常快，以至根本不需学习这种技能，天生就能掌握。最初通过学习才能掌握的习性会被基因同化。

[5] 当天文学家史蒂文·拜尔巴斯（Steven Balbus）为罗默的理论（和他的鱼）赋予新的生命力时，我很高兴。地球那异常巨大的卫星月球与太阳一起使地球产生了大幅的海平面潮汐变化。潮汐池所在位置相对较高且容易干涸。在泥盆纪，月球与地球的距离是现在的一半，潮振幅甚至更大。鱼类会经常发现自己因海水退潮而搁浅在即将干涸的水池中。任何越过陆地前往邻近深水潭的能力都是非常重要的。不难看出，

这些条件为适应陆地生活的进化提供了最初的动力。拜尔巴斯对罗默理论的完善（比我写的这段极其简短的、非数学的总结要丰富得多）并不需要假设环境干旱。当一位不同领域的专家用自身所深耕领域的成果为生物学做出贡献时，真是令人倍感欣慰。拜尔巴斯（2014）的理论甚至启发山姆·伊林沃思（Sam Illingworth, 2020）写出一首名为《潮汐进化》（Tidal Evolution）的诗。

[6] 有一种名为滑银汉鱼（*Leuresthes*）的鱼类，它们与海龟不同，它们的祖先从未离开过海洋。它们会爬上海滩，将鱼卵埋在潮汐线以上，以避开海洋捕食者的攻击。它们成群结队地这样做，场面十分壮观，其繁殖季也被称为“加州小银鱼抢滩季”（California Grunion Run）。两周后，幼鱼孵化，在涨潮时回归大海（Rowland, 2010）。

[7] 这句话出自萧伯纳。

[8] 是的，这（原文）是一个分裂不定式。我喜欢分裂不定式，即使它们没有得到福勒（Fowler）的《现代英语用法》（*Modern English Usage*, 1968）的认可，我也会喜欢它们。它们能准确表达意思。

[9]“百鸟鸣叫的时候已经来到，乌龟的声音在我们境内也听见了”（《圣经·雅歌》），请不要告诉我这里的“乌龟”（turtle）是对“turtle dove”（斑鸠）的误译。

[10] 这是《延伸的表型》（*The Extended Phenotype*）中一章的标题，本书第 4 章对此进行了简要概述。

[11] 人体中的糟糕设计无处不在，足以写成一本书，而内森·兰兹（Nathan Lents, 2019）已经写成了这本书。

[12] Wedel（2012）.

[13]“边际成本”是经济学家最喜欢挂在嘴边的一个词，但它在进化论中有何含义呢？在这里，它指的是在任何特定的世代中，为延长迂回路线而付出微小代价的个体都会比那些为彻底改变胚胎结构而付出重大代价的个体存活得更好。

[14] 它没有直接连到睾丸，而是绕着连接肾脏和膀胱的管道转了一圈（Williams, 1996b）。

[15] Simpson（1980）.

[16] 这个德语词为生物学家惯常所用。作为一个借词，它已充分融入英语，因此我更愿意使用英语复数形式“bauplans”，而不是严格正确的德语“Baupläne”。

[17] Nikaido et al.(1999).

[18] 事实上，令人惊讶的是，并非完全没人预料到。1866年，达尔文在德国的主要支持者、动物学家恩斯特·海克尔（Ernst Haeckel）发表了一份包含所有哺乳动物的系统树，他将“Obesa”（河马）列为所有鲸的姊妹群。可后来（1895）他改变了主意。他的第一次编辑才是对的——就像他的偶像查尔斯·达尔文也是好几次将对改错一样，因此《物种起源》第一版在科学上比第六版更准确。

[19] DNA中还有一些重复序列，它们更有资格被称为“垃圾”，因为它们确实没有编码蛋白质链的意义。无论如何，所谓的“垃圾”基因都可以被视为我在《自私的基因》中所说的自私的基因。在《自私的基因》（1976）第47页，我写道：“相当一部分DNA从未转译为蛋白质。从个体有机体的观点来看，这似乎又是一个自相矛盾的问题。如果DNA的‘目的’是建造生物体，那么，一大批DNA并不这样做实在令人奇怪……但从自私的基因本身的角度上看，并不存在自相矛盾之处。DNA的真正‘目的’仅仅是为了生存。解释多余的DNA最简单的方法是，把它看作一个寄生虫，或者最多是一个无害但也无用的乘客，在其他DNA所创造的生存机器中搭便车而已。”（Dawkins, 1976）杜利特尔和萨皮恩扎（Doolittle & Sapienza, 1980）以及奥格尔和克里克（Orgel & Crick, 1980）进一步发展了这一观点。

[20] 我是从杰里·科因（Jerry Coyne，2009）的《为什么要相信达尔文》（*Why Evolution Is True*）一书中了解到这个绝妙的例子的，该书对此有更详细的论述。

[21] 尽管在这些假基因不再被生物体自身读取后的时间跨度内，未校正突变的不断轰击使其读取发生了扭曲。

第4章

[1] Lewontin（1979）.

[2] 约翰·梅纳德·史密斯（John Maynard Smith）在谈到木村的著作（1983）时说了一个有趣的笑话。木村勉强承认，有些特征确实是自然选择的，是达尔文式的适应。但他是如此不情不愿，以至于不忍心自己写下这句话。于是，他请他的同事、美国遗传学家詹姆斯·克罗（James Crow）代笔。这是一个好故事，是亲爱的约翰·梅纳德·史密斯

的典型叙述风格，但很难令人相信。一个聪明人怎么会不被生物体明显的设计打动呢?

[3] 凯恩对此的引用（Cain, 1966，1989）还有后续。土线是一种非常了不起的微型千足虫，它实际上可以在小裂缝的顶上倒立行走，甚至可以在那里蜕皮。曼顿介绍说，土线足上奇特的 Y 形几丁质条使这种动物在行走时能够有非常宽的摆腿幅度，而且不需要很长的足肢也能非常敏捷地行走。速度是必要的，因为它必须长途跋涉觅食，而短足在它藏身的缝隙中是一个优势。它的步态基本上是缓慢的，因此能够让许多足尖同时接触到缝隙的顶端；另外，足尖上的特殊垂饰使其获得了更稳固的附着力。她进一步指出，一些跑得非常快的蜈蚣也会完全独立地产生 Y 形横条，原因也是如此，即增强大范围摆动足肢的关节。

[4] Haldane（1932）.

[5] Lewontin（1967）.

[6] Gregory（1981）.

[7] Dawkins & Krebs（1979）.

[8] 塞西尔 · 戴 - 刘易斯（Cecil Day-Lewis），《不受欢迎的人》（*The Unwanted*）。“无论它的诞生如何混乱无序，它都是神造的，美丽的。”

[9] 根据生物命名规则，较早命名优先。读者可能知道，雷龙这个名字就是因为这个原因而被迷惑龙（*Apatosaurus*）取代的。当人们确定雷龙实际上有两个属的时候，这个名字又被恢复了。回归“儿时”的爱称是一件令人愉快的事。见 Gould（1991），Callaway（2015）。

[10] 该图的数据来自波尔森等人的论文（Poulsen et al., 2018）。该直线展示简单的线性回归结果。为了公平起见，我应该补充一点，波尔森等人的论文旨在质疑之前发表的数据的有效性，主要理由是测量血压的条件变化太大。但是，只有在测量方法随体型变化而系统性变化的情况下，才应该对血压随体型上升的趋势产生怀疑，但目前似乎没有理由这样认为。不管他们有什么疑虑，测量长颈鹿（*Giraffa camelopardus*）得出的高数值还是很有说服力的。

[11] 使用对数还有其他原因。见第 299 页注释 [6]。

[12] Østergaard et al.（2013）.

[13] 对于食肉动物来说，“臼齿”（molar）是一个糟糕的名字，因为它来自拉丁文“mola”，意为磨石，而食肉动物的臼齿与磨石恰恰相反。臼齿这个名字来源于人体解剖学，在人体解剖学中，臼齿看起来确

实像磨石，而且具有磨石的功能。这类以人类为中心而造成的错误命名的一个极端例子是，鱼类颌部的一块骨头有一个长得离谱的英文名字。我们人类的颌部有不同的骨头，分别叫腭骨（palatine）、翼骨（pterygoid）和方骨（quadrate）。结果这些骨头的名字被重新组合用于命名鱼类下颌的一块骨头，即颚翼方软骨（palatopterygoquadrate），这个例子似乎给“本末倒置”一词赋予了生动的新含义。

[14] 美国著名古生物学家 G. G. 辛普森（G. G. Simpson，1953）认为，早期的马分为食嫩芽类（以嫩树叶为食，这种马现已灭绝）和食草类（以草为食）。食草类通常有更高的牙冠、较复杂的牙齿，可能是为了对付草中富含硅的细胞结构。有人认为，马的高冠研磨齿是与草的进化同步进化的。然而，有证据（Strömberg，2006）表明，草的出现远远早于高冠马齿，因此“同步”的说法可能是错误的。

[15] 这是都柏林的一位年轻动物学家兼作家加里 · 米尼（Gary Meaney, 2022）提供给我的。

[16] 原文引自《圣经 · 诗篇》第 42 篇。

[17] 海豚通常将鱼整条吞下，但也有一些海豚咬住鲀（俗称“河豚”）却不吞的有趣故事，此时鲀的作用类似毒品。鲀在受到攻击时会释放一种神经毒素。达到一定剂量时，该毒素会致命，但低剂量时有轻微的麻醉作用。鲀无毒的部分肉质鲜美，深受一些食客喜爱。厨师们接受严格的培训，学习如何去除鲀致命的有毒部分。英国广播公司（BBC）的一部纪录片展示了海豚咀嚼鲀，并将之传递给其他海豚的场景，该场景很像吸毒者分享大麻烟。纪录片中的海豚似乎因此进入了某种恍惚状态，而那条鲀最后游走了，虽然后者受到了一些伤害，但没有被吞下去。BBC1, *Dolphins – Spy in the Pod*, Episode 2. Clip‘Pass the Puffer’, at https://www.youtube.com/watch?v=msx3BAhIeQg.

[18] 同样没有帮助的名字还有“食肉类”（其他哺乳动物也吃肉）和“食虫目”（其他哺乳动物也吃昆虫。我很高兴地指出，后一个名称最近已正式停止使用）。

[19] 从寒武纪前到侏罗纪，非洲、马达加斯加、南美洲、南极洲、澳大利亚和新西兰曾连成一个巨大的大陆，被称为冈瓦纳古陆，或冈瓦纳古大陆。

[20] Van der Linden（2016）.

[21] Wrangham（2009）.

[22] Grant & Grant（2014）, Weiner（1994）.

[23] Pratt（2005）.

[24] 公平地说，这个时间实际上比群岛中目前最古老的岛屿考艾岛的年龄 500 万年还要长。这是因为群岛本身的年代更久远，那些曾经有鸟类居住，但现在已经沉入海底的岛屿应当被纳入考量范围。类似的考虑也适用于科隆群岛。

第 5 章

[1] Ridley（2020）.

[2] 有一部关于它在笼子里生活的悲惨影片（根据黑白原版上色）。可在 YouTube 上搜索“Thylacine”。

[3] 动物的重量随着其体型的增长而呈立方增长。另一方面，肌肉的力量只会随着其大小的增长而呈平方增长，因为平行作用的肌肉纤维的数量与肌肉的横截面积成正比。雄鹿比锹形虫大得多，因此相比锹形虫，雄鹿需要更大的肌肉力量才能把对手从地上挑起来。杰弗里 · 韦斯特（Geoffrey West，2017）全面论述了这些情况如何随尺寸变化而缩放的课题，这是一个聪明的物理学家为生物学做出贡献的杰出范例。韦斯特的洞察力跨度之大令人惊叹，从细菌到城市的一切都包含在同一数学范畴内。

[4] Tenaza（1975）.

[5] Land（1980）.

[6] Perkins（2012）.

[7] 在工蜂蜇人的案例中，倒刺对蜜蜂本身是致命的。正是这种特性使螫针成为一种有效的武器，又使蜜蜂几乎无法收回螫针。蜜蜂牢牢钉在受害者身上，当受害者把它拔掉时，其螫针仍然留在受害者体内，蜜蜂的一些重要的内脏器官也被扯出来，蜜蜂因此难逃一死。离开身体的毒液泵仍会继续将毒液注入受害者体内。这是“神风特攻队”式的自杀式攻击，与自然选择的基因视角完美契合。工蜂是不育的。自然选择有利于那些能使工蜂自杀，从而使蜂巢中的生殖成员，如蜂王和雄蜂所传递的相同基因的副本受益的基因。如果有足够的时间，蜜蜂理论上可以通过反向绕圈“拧开”自己来挽救自己的生命。小时候，我曾目睹过一只蜜蜂在蜇了我的手后拧开了自己的螫针“螺丝”。我自豪地报告（Dawkins，2013）

了自己年少时的这一利他主义忍耐行为，却遭到养蜂人的质疑（Garvey，2014），他否认蜜蜂可以自己拧开螫针并逃脱。一部影片让我的描述得到了证实，这部电影还以动画的形式很好地描述了两片锯齿刃交替锯切的动作。见 https://www. youtube.com/watch? v=nTVsqc2CCGo。

[8] 水母、水螅、珊瑚和海葵都属于“刺胞动物门”（Cnidaria）。“cnide”在希腊语中是“荨麻”的意思。海葵也有刺细胞，它们用刺细胞捕食小猎物。如果你触摸海葵的触手，它似乎会紧紧地黏住你。实际上，你的手指已被数以百计的细小鱼叉刺中，每根鱼叉都还连在刺细胞上。与水母不同，大多数海葵的刺细胞没有足够的毒液对你造成伤害，但它们会引起皮疹。

[9] 西蒙·康韦·莫里斯（Simon Conway Morris, 2003）列出了世界各地 13 种趋同的“鼹鼠”。

[10] 唐纳德·格里芬（Donald Griffin, 1959）是蝙蝠回声定位活动的主要发现者，“回声定位”（echolocation）就是他创造的术语。他还对候鸟如何导航这一难题有着浓厚的兴趣。坊间流传，他有一辆仪器配备齐全的面包车，他会利用这些仪器对研究鸟类磁定向的实验室进行突击抽查。

[11] Boonman et al.（2014）.

[12] Teeling et al.（2000）.

[13] Nagel（1974）.

[14] Gallagher（2020）.

[15] Li et al.（2010）。海豚和小型蝙蝠彼此聚集。

[16] Feigin et al.（2023）.

[17] Huelsmann et al.（2019）.

[18] 弗朗西斯·柯林斯（Francis Collins），个人通信。

[19] Kowalczyk et al.（2022）.

[20] S. 特尔维（S. Turvey），转引自道金斯和黄可仁的作品（Dawkins & Wong，2016），该书还讨论了鸭嘴兽和匙吻鲟的电传感器。

[21] Horka et al.（2018）.

[22] Conway Morris（2003, 2015）.

第 6 章

[1] 带鳔的鱼是浮沉子（Cartesian Diver）的一种复杂形式。浮沉子是一种含有气泡的简单玩具。你可以将浮沉子放入一瓶水中。当瓶内水压增大时，气泡便会收缩，从而改变其浮力平衡位置。如果调整得当（这并不困难），使其处于瓶子中间的平衡位置，你就可以通过轻轻按压或松开软木塞，灵敏地提高或降低该平衡位置。用拧入瓶口的瓶塞（在英国，我想到的是大苹果酒瓶）可以实现更精准的控制。它能使浮沉子中的气泡收缩或膨胀，就像鱼鳔一样。不过鱼是在控制自己的鳔，鱼鳔不受外界操纵，但除此之外，有鱼鳔的鱼还是一个浮沉子。当我在佛罗里达看到海牛时，我对它们如同梦幻的鱼类般的漂流行为印象深刻，但它们没有鳔。研究表明，它们重心前移是为了弥补头朝上的自然倾斜趋势——这对于在海底吃“草”的动物来说是个不利因素。而且，它们的骨骼很重，以补偿通常情况下浮出水面的倾向。但当它们需要浮出水面时，它们是如何做到的呢？原来，它们通过控制肺的容积来调整它们的流体静力平衡点。一种叫作快蛸（*Oxythoe*）的浮游（在海面附近游泳）章鱼趋同进化出了鳔。Packard & Wurtz（1994）.

[2] 对丽鱼科物种数量的估计差异很大。乔治 · 巴罗（George Barlow）的著作（2000）是我遵照的权威。

[3] Barlow（2000）。“装死”，即假装死亡以避免被攻击的情况更为常见。

[4] Barlow（2000）.

[5] Ford（1975）.

[6] 赫胥黎的著作（1932）开辟了研究身体不同部位相对生长速率的重要领域。在动物生长过程中，其各个部分通常不会以相同的速率生长，这就是所谓的异速生长（allometry），而与此相对的是等速生长（isometry）。异速生长（不成比例）通常遵循数学规律，即动物某一部分的生长速率与另一部分的生长速率的幂成正比。进化变化可能表现为由基因引起的幂或比例常数的变化，或两者兼而有之。达西 · 汤普森所绘制的成年动物身体形态之间的数学规律性差异，在进化过程中可以解释为身体不同部位生长速率的数学规律性变化。这种变化受基因控制，因为胚胎不同部位的细胞中开启了不同的基因。如果等式中的幂项在一组动物（如哺乳动物）中保持不变，那么数学上的一个结果就是，你

可以绘制一个身体部位的大小对数与另一个身体部位的大小对数的散点图，这些点会沿着一条直线下降。然后你就可以问，为什么有些点在直线之上，有些点则在直线之下。例如，猴子的大脑比同体型的哺乳动物要大。

[7] 这是在锤击之后很短的时间内发生的气穴现象造成的。Patek（2015）.

[8] Kaji et al.（2018）.

[9] 在这一点上，它们很像两侧螯更不对称的招潮蟹，后者用一只巨大的螯——左螯更大的招潮蟹和右螯更大的招潮蟹在数量上大致相当——互相传递信息。每个物种都以自己特有的方式运用螯。

[10] Deutsch & Mouchel-Vielh（2003）.

[11] 微软 Word 的语言检查程序试图将这句话中“流经的河道中”（in the course of）改成“期间”（during），我不得不对此表示体谅。但这是一次难得的机会，可以在字面意义上而非隐喻意义上使用“in the course of”。虽然我承认这一隐喻用法已经变得如此普遍，几乎抹杀了其原义，但这是一个不容错过的机会。C. S. 路易斯（C. S. Lewis，1939）等学者指出，我们语言中的许多词，甚至大多数词，都是从早期的含义隐喻化而来的。例如，“灵感”（inspiration）过去的意思是“吸入”。“course”源自拉丁语，意为“奔流”，引申为河流奔流的路线，或指辩论的过程。

[12] 帕特尔小组的成果发表在一系列论文中，舒宾（Shubin，2020）对这些论文进行了有益的总结。

[13] Glenner et al.（2008）.

[14] Deutsch（2010）。达尔文本可以更早发表进化论专著，但他花费大约 8 年时间撰写几本关于藤壶的详细专著。据说，当达尔文的一个孩子被带着参观一位朋友的房子时，他问道：“你们的爸爸在哪里研究藤壶呢？”这孩子认为，“研究藤壶”是任何一位父亲打发时间的必然方式。

[15] Sir Thomas Browne（*Religio Medici*, 1643）.

第 7 章

[1] 除非，正如我在《自然》（*Nature*）杂志上发表的第一篇文章

（Dawkins，1971）中半开玩笑地指出的那样，每天都有大量脑细胞死亡（相当令人担忧），这种现象是非随机的，是一种记忆机制。如果我的观点正确，我们确实可以说大脑是被雕刻出来的，且是以一种建设性的方式，有点让人想起达尔文式的自然选择。

[2] Skinner（1984），Pringle（1951）.

[3] Darwin（1868）。1859 年，惠特维尔 · 埃尔文牧师（Reverend Whitwell Elvin）告诉达尔文的出版商约翰 · 默里（John Murray），达尔文应该写一本完全关于鸽子的书，而不是《物种起源》。http://friendsofdarwin.com/articles/whitwell-elwin/。

[4] 我的猜想在一部精彩的电影中得到了证明：一只获救的小河狸用圣诞装饰品和玩具筑坝。https://laughingsquid.com/rescued-beaver-builds-indoor-dam/。我还看过一部德国影片，一只河狸在一个空无一物的房间里凭空建造了一座不存在的大坝，这是行为学家所说的"真空活动"（vacuum activity）的一个很好的例子。

[5] Kringelbach & Berridge（2010）.

[6] Frank（2018）.

[7] Hartshorne（1958）。另见哈尔－克雷格斯（Hall-Craggs，1969）的作品。罗杰 · 佩恩（Roger Payne，1972）、佩恩与麦克维（Payne & McVay，1971）的论文则有力地证明鲸的歌声是音乐，且这音乐能为鲸和人类所共赏。座头鲸的歌声悠长、响亮、复杂，我们从佩恩优美的录音中了解到这一点，朱迪 · 柯林斯（Judy Collins）和其他人类音乐家都曾以这些录音为灵感。在我写作本书的最后阶段，罗杰不幸与世长辞。如果鲸能够哀悼（它们也许可以），如果它们能够阅读众多的讣告，我可以在想象中听到它们所唱的安魂曲，也许这正是为这个为拯救它们的同类免遭人类贪婪之手灭绝而做出巨大贡献的人谱写的。让我略感欣慰的是，牛津大学贝利奥尔学院在 2007 年曾授予他年度道金斯动物保护与福利奖。

[8] Thorpe（1961）, Marler & Slabbekoorn（2004）, Catchpole & Slater（2008）, Kroodsma & Miller（1982）.

[9]Wren（1924）, Krebs（1977）.

[10] 我不知道这是不是他的灵感来源，但约翰 · 克雷布斯本人在牛津大学的房间里就养了一只宠物八哥，每当学生说话停顿时，这只八哥就会模仿约翰本人的声音，用完美的音调说"是的……是的……是

的……”，这会让他辅导的学生尴尬不已。它还能惟妙惟肖地模仿从瓶子里倒出液体的声音，表演莫扎特咏叹调的开头几个小节。八哥善于模仿电话铃声，许多园丁就是因为它们冲进室内接电话的。这些事件似乎为“虚张声势”假说增添了可信度。八哥是鸣禽中的异类，它们的歌声异常复杂，这一点可能很重要。每只雄鸟大约有 60 到 80 个鸣唱“主题”，其中许多是通过模仿学会的，交织成一首非常复杂的歌曲。

[11] Konishi & Nottebohm（1969）.

[12] Konishi & Nottebohm（1969）.

[13] 不仅仅是大鼠心理学，但也有可能同样无聊。其中有一本期刊，我就不点名了，总是把被研究的动物称为“Ss”[“subjects”（对象）的缩写]。在任何一篇论文“方法”部分的开头，你会看到诸如“Ss 是大鼠……”或“Ss 是鸽子……”的说法。重点是，抛开实际的便利性不谈，你研究的是哪个物种并不重要。Ss 就是 Ss。不管是什么物种，它们都是被灌输学习法则的空容器。

[14] Dawkins & Krebs（1978）, Krebs & Dawkins（1984）.

[15] Dawkins & Krebs（1978）。梅林 · 谢尔德雷克（Merlin Sheldrake，2020）就侵入蚂蚁身体的真菌类线虫草（*Ophiocordyceps*）提出了类似的观点（Hughes et al.，2012）。它以某种方式给蚂蚁“下药”，使其爬到最近的植物的顶端，用下颚夹住植物的主要脉络——所谓的“死亡之握”。真菌以这只蚂蚁为食，从蚂蚁的头部长出一个小蘑菇，蘑菇释放出的孢子雨点般地落在可能从下面经过的蚂蚁身上。用谢尔德雷克的话说：“这种真菌没有抽动的、肌肉发达的动物身体，没有中枢神经系统，也没有行走、咬人或飞行的能力。所以，它就霸占了一个这样的身体。这种策略非常有效，以至于如果没有这种策略，它就失去了生存的能力。在它生命的一部分时间里，线虫草必须‘披着’蚂蚁的身体。”

[16] Krebs and Dawkins（1984）.

[17] Trivers（1972）, Symons（1979）, Low（2000）, Miller（2000）.

[18] 更不用说在我的早期著作《延伸的表型》中用《军备竞赛和操纵行为》和《远距离作用》这两章来讨论这些了。

[19] Lehrman（1964）. 一个有趣的复杂现象是，莱尔曼去世后，郑美芳（Mei-Fang Cheng，音译）在他原来的部门进行的实验表明，雄鸟对雌鸟的影响是间接的。雄鸟的叫声会引起雌鸟鸣叫，而正是雌鸟自己的叫声刺激了卵巢。我不认为这改变了我的论点，尽管它确实使我

的论点复杂化了（Cheng，1986）。

[20] Hinde & Steel（1976）.

[21] Lorenz（1966b）.

[22] Stevenson（1969）.

[23] Braaten & Reynolds（1999）.

[24] 这是荷兰著名人种学家和人类学家阿德里安·科特兰特（Adriaan Kortlandt）在一篇论文中指出的。不幸的是，他把“留巢的”（nidicolous）错打成了“nidiculous”。该杂志的编辑（也是荷兰人，尽管他们的杂志是用英语出版的）无法联系到科特兰特博士（他在非洲森林深处研究黑猩猩），因此他们不得不做出编辑决定。“nidiculous”与“nidicolous”和“ridiculous”（可笑的）都只有一个字母的差别。而在英语中，“ridiculous”比“nidicolous”要常见得多，因此编辑根据“概率法则”，将科特兰特的句子印成了“人类是一个可笑的物种”。当然，他们完全明白他的意思。这是一次打着科特兰特名号的幽默恶作剧。也许这不是最后一次。

[25] 回文正读和反读都一样。就像后人杜撰的拿破仑墓志铭“Able was I ere I saw Elba”（被流放到厄尔巴岛之前，我无所不能），或者亚当对夏娃说的第一句话（夏娃的名字“Eve”也是回文）“Madam I'm Adam”（女士，我是亚当）。

[26] 珍妮弗·杜德娜（Jennifer Doudna）是 CRISPR 的发现者之一，她与人合著了一本不错的专著（Doudna & Sternberg，2017）。

[27] Beall（2007）.

[28] Hanlon（2007）.

[29] 由丹尼尔·丹尼特（Daniel Dennett）提出，转载于霍夫施塔特和丹尼特的文章（Hofstadter & Dennett，1981）。丹尼特设想他的大脑被移除并被保存在一个大桶里，通过无线电与他的身体相连。这种思想实验让我确信，有些哲学家做的工作是有价值的，尤其是如果他们像丹尼特一样不厌其烦地研究科学的话。

第 8 章

[1] 阿格伦（Ågren，2021）对基因视角的历史进行了学术性的、平衡的阐述。斯泰尔尼和基切尔（Sterelny & Kitcher，1988）从哲学

角度做了同样的论述。

[2] 科学家如果把他们的错误公之于众，特别是当这种错误被广泛认同但却没有被明确指出时，他们就为我们提供了有益的帮助。苏格兰动物学家温·爱德华兹（V. C. Wynne-Edwards，1962）因将一个重要错误公之于众而备受赞誉，这个错误一直不直观、不明确，而且令人遗憾地广泛存在于美国生态学家 W. C. 阿利（W. C. Allee）和奥地利动物行为学家康拉德·洛伦茨（Konrad Lorenz，1966a）的著作中。“群体选择”谬误在不知不觉中被许多前辈接受。他们含蓄地假定，温·爱德华兹也明确指出，自然选择会在动物群体之间做出选择。有些人认为，个体会做任何最有利于保护物种的事情。温·爱德华兹特别提出，个体应采取措施限制生育，因为数量过剩对群体不利。这是错误的，但我提到这一点只是为了类比，说明错误是可以被建设性地利用的。

[3] Noble（2017）, page x.

[4] Alcock（1979）, Barash（1982）, Barkow, Cosmides & Tooby（1992）, Bateson & Hinde（1982）, Buss（2005）, Chagnon & Irons（1979）, Clutton-Brock et al.（1982）, Daly & Wilson（1983）, Gadagkar（1997）, Grafen & Ridley（2006）, Haig（2020）, Halliday & Slater（1983）, Hamilton（1996, 2001, 2005）, Hinde（1982）, King’s College Sociobiology Group（1982）, Krebs & Davies（1978, 1984, 1987, 1991）, Low（2000）, Manning and Stamp Dawkins（1998）, McFarland（1985）, Miller（2000）, Symons（1979）, Taborsky et al.（2021）, Trivers（1985, 2011）, Wilson（1975）, Workman & Reader（2004）.

[5] Singer（1931）, p. 568.

[6] Noble（2017）, p. 160.

[7] Tov（未标日期）。

[8] 有些基因比其他基因更容易发生突变。基因组中的某些区域是所谓的“热点”，突变率特别高。有些基因被称为“增变体”（mutator），它们的表型效应是增加其他基因的突变率。增变体通常不受选择的青睐，因为大多数突变是有害的。对一个已经运行良好的系统进行随机改变，很可能会使情况变得更糟——“如果没坏，就不要修”。正如伟大的进化论者乔治·C. 威廉斯（George C. Williams）所言，达尔文式的选择倾向于将突变率推向零，幸运的是，这一结果从未实现——幸运的是，

如果其实现了，进化就会停止。对于基因组中那些相比一般区域，对生物体的福祉更为重要的区域而言，突变率的降低尤为可取。我们预计自然选择会特别努力地“保护”这些区域免受（随机）突变的影响。因此，我们可能会在基因组中这些至关重要的区域发现“反热点”（突变的“冷点”）。植物拟南芥（*Arabidopsis*）——植物学家眼中的果蝇——就证明了这一点（Monroe et al.，2022）。

[9] 2022 年，我们在海伊小镇进行公开辩论时，丹尼斯 · 诺贝尔重申了他的希望（Noble，2017），即有朝一日发现朝着有益方向引导突变的证据。我对任何此类证据都持怀疑态度，对于有性生殖的真核生物的身体适应性，我更是持怀疑态度。在我们于 2022 年在海伊小镇举行的辩论中，诺贝尔正确地指出，达尔文晚年提出了自己版本的拉马克理论——“泛生论”（pangenesis）。诺贝尔偏执地认为，这才是真正的达尔文，他不会赞同新达尔文主义，也不会认可德国动物学家奥古斯特 · 魏斯曼（August Weismann）提出的独立种系概念，这种种系像河流一样流经地质年代，一连串的死亡躯体作为其侧分支。我与大多数生物学家和科学史学家一样，认为达尔文提出“泛子”（gemmule）是一种反常的、被误导的努力，是为了使他的理论免受批评，而根据孟德尔遗传学，我们现在可以看出些批评是被误导的。只要达尔文读过孟德尔的书，他就会卸下一个沉重的包袱，而泛生论和泛子也就不攻自破了。我猜想，达尔文一定会喜欢魏斯曼对生命的看法。在这一点上，我认为诺贝尔完全错了。我相信新达尔文主义革命会让达尔文感到高兴，费舍尔和其他人正是通过这场革命将达尔文的伟大工作与孟德尔遗传学结合起来的。

[10] Williams（1966a）.

[11] 霍尔丹在谈及他的父亲（因此也谈及他自己）时写道：“他出生时就带有历史上被标记为 Y 染色体的染色体。也就是说，从公元 1250 年左右开始，他的推定直系男性祖先就已为人所知。我相信，英国大约有 15 组类似的 Y 染色体。从理论上讲，男性的姓氏是 Y 染色体的历史标签，但要认定自 1250 年以来每一代人的父子关系都是合法的，那恐怕是一个大胆的假设。遗传学家布莱恩 · 赛克斯（Bryan Sykes）联系了约克郡和邻近地区的大量姓赛克斯的男性并采集他们的样本，发现其中约 50% 的人与自己的 Y 染色体相同。他推算出，所有这些人都是生活在 13 世纪的姓赛克斯者的后裔（巧合的是，这与霍尔丹已知的

祖先生活在同一时期)。他将那 50% 未共享相同 Y 染色体者的存在归因于一个假设，即某几代人在某个时间点上有过私生子（等同于非父系后代)。通过这些数据，他计算出了此类事件发生的频率，结果为每代 1% 到 2%。这是一个很低的数字。但是，如果每个世纪有四代霍尔丹家族成员，那么自 1250 年以来，霍尔丹家族的世系中至少出现过一次私生子（或类似情况）的概率将达到约 40%。http://cafamilies.org/sikes/bbc/surnames_prog1.html。

[12] 精子和卵子是通过一种特殊的细胞分裂——减数分裂——产生的。减数分裂的最终结果是，每个配子只有一组染色体（我们人类为 23 条），而不是正常体细胞所拥有的两组染色体（我们共有 46 条)。在 46 条染色体中，23 条完整地遗传自母亲，另 23 条完整地遗传自父亲。在人体的所有细胞中，这两组染色体彼此独立。减数分裂将每对染色体的成员聚合在一起，使它们彼此相对排列。然后，一件了不起的事情发生了。它们交换了自身长度的大部分。这就是染色体交换。你可以看到，由于发生了交换，整条染色体并不是复制因子。小段的染色体可能会复制很多代，然后才会被交换切断。

[13] 根据戴维 · 黑格（David Haig，2002）的建议，《策略的基因》(*The Strategic Gene*）也可以。

[14] 我在《普适达尔文主义》(Universal Darwinism）中提出了这一论点，这是我在剑桥大学达尔文百年纪念大会上的发言（Dawkins，1983)。

[15] 文化遗传可以模仿基因遗传，甚至影响解剖学上的表型，这一点是可以争论的，但我不会在这里强调。“模因”是另一种复制因子。从一个相当奇怪的意义上说，割礼的表型在统计学上确实有代代相传的趋势，因为宗教也有这种代代相传的趋势，而宗教可以导致割礼。但相关的问题是，随机实施的割礼是否会复制到下一代。如果父亲希望儿子“长得像我”，我想这是可能的。虽然作为基因传递的类比，它略有趣味，但它太微不足道了，影响不了我想表达的观点，也太无关紧要了，不适合在尾注里展开。

[16] 古尔德（Gould，1992）在评论海伦娜 · 克罗宁（Helena Cronin）的佳作《蚂蚁与孔雀》(*The Ant and the Peacock*，1991）时如此表示。

[17] 有一个例外情况诙谐地证明了这一规则：有一次，我无意中

听到牛津大学教务长（位高权重的高级行政官员）和牛津大学新学院的一位研究员在午餐时间进行了如下对话。“昨天市镇委员会发生了什么事？”“我不知道。我还没写会议记录。”事情不应该是这样做的，这不是簿记员的工作方式，基因不是簿记员，而是主动的因果因素。当然，他是在开玩笑。

[18] Williams（1992）. 下面是另一个分支选择的可能例子。大多数动物都是有性生殖，但无性生殖（雌性动物在没有雄性动物干预的情况下进行繁殖）偶尔也会出现（Maynard Smith，1978）。“偶尔出现”正是其有趣之处。如果你绘制包含所有生命的系统树，并在代表无性生殖的分支上涂上颜色，你会发现你涂的是树枝的顶端，而不是主要的分支。看起来，无性生殖的分支时有出现，但很快就会在有时间进化出一个大的支系前走向灭绝。据我所知，完全由无性生殖的雌性组成的主要支系只有一个例子——轮虫动物门。我曾听约翰 · 梅纳德 · 史密斯以他独有的方式说过，蛭形轮虫是一桩丑闻，应该制定法律来对付它们。

[19] 你可以为皮肤上的触觉神经域绘制这样的地图，但这虽然有趣，却是另一回事。基因不是这样的。

[20] 从表面上看，我的悬挂床单模型很像瓦丁顿（Waddington，1977）的“表观遗传景观”（epigenetic landscape），但二者所为截然不同，不应混为一谈。

[21] Hamilton（1964）.

[22] Hamilton（1972）.

[23] Hull（1981）.

[24] 参见《延伸的表型》一书中名为《重新发现生物体》的章节。

[25] 也许还有“模因”，天知道其他世界还有什么奇特的复制因子，但这里不是讨论这些的地方。

第 9 章

[1] Hansell（1968）.

[2] Hansell（1984，2007）.

[3] 我 6 岁的孙子最喜欢的恐龙就是副栉龙，是他首先让我注意到这种恐龙，并指出了它引人注目的头冠。其他鸭嘴龙的头顶呈半球形，似乎也是一个共鸣器。这与一类已经灭绝的类似于角马的哺乳动物有

着有趣的共同点，后者的半球形鼻腔可能也有同样的作用。O'Brien et al.（2016）.

[4] Bennet-Clark（1970）.

[5] 部分原因可能是，某些思想混乱的人认为这与种族主义有关。

[6] Bentley & Hoy（1974）.

[7] 我猜想，你可以助自然选择一臂之力。你可以让一个大型围场中的所有雌性蝼蛄部分失聪，从而增加雄性蝼蛄的选择压力，让它们唱得更响亮。蝼蛄的耳朵长在足上，而人类如果耳朵里积了太多的耳垢，就会有点聋，所以也许你可以在雌性蝼蛄的足上涂一层蜡，让它们听不见。我预测，如果按照这种方法进行长期实验，在足够多的世代中连续给雌性蝼蛄的足涂蜡，那么自然选择就会青睐那些通过挖掘更大的扩音器提高鸣叫音量的雄性蝼蛄。你可能会说，如果这种进一步放大是可能的，那为什么雄性蝼蛄不这样做，而不去管雌性蝼蛄有没有被涂蜡呢？答案（这里有一个普遍的教训）可能就在于"经济妥协"这个无处不在的重要概念。挖一个更大的扩音器需要额外的能量。任何达尔文式适应的精确程度都是收益与成本之间微妙平衡的结果。而人为地使雌性失聪会改变平衡点。

[8] Cronin（1991）, Andersson（1994）.

[9] Gilliard（1969）.

[10] Laland（2004）, Turner（2004）, Jablonka（2004）, Dawkins（2004）.

第10章

[1] A. E. 豪斯曼（A. E. Housman），《最后的诗篇》（*Last Poems*），XL.

[2] Davies（2015）.

[3] 我们无法知道它们的想法或感受，或者它们是否有任何想法和感受。我们不否认这一点（Griffin，1976）。行为学家并没有假定它们没有或有，而是暂时忽略了这个问题，并专注于我们可以观察和测量的东西。自然选择也只考虑行为。如果自然在感受之间做出选择，那也只能是通过感受产生的行为进行间接选择。蜜鴷是来自非洲和亚洲的与杜鹃无亲缘关系的幼雏寄生鸟类，它们使用一种不同于杜鹃的，甚至更可怕

的谋杀方法。它们的喙上有锋利的钩子，蜜䴕凭此啄杀同巢雏鸟。当然，一般它们没有任何同巢雏鸟，因为它们会用这个锋利的钩子刺穿宿主的蛋。顺便说一下一个十分有趣、不容错过的知识点，这些鸟之所以得名，与它们的幼雏寄生习性无关，而是因为有一个引人注目的习性，就是引导人类前往蜂巢。这样，当人类打开蜂巢取蜜时，鸟儿就可以捎带吃到蜂蜡和幼虫。它们有一种特殊的叫声，表达“跟我去采蜜”之意。我对这种互惠关系很感兴趣，想知道它的进化可以追溯多远。这些鸟是否也在上新世的非洲指引着我们的南方古猿祖先和祖先的祖先？这似乎有些可信度，因为早期的类人猿比我们更擅长爬树，那里是蜜蜂蜂巢的自然所在地。另一方面，蜜䴕需要人类帮助袭击蜂巢的原因之一是人类可以用烟雾平息蜜蜂的骚动。没有证据表明南方古猿会用火。而直立人很可能做到了，所以可以想象，人类和蜜䴕的伙伴关系可以追溯到智人出现之前的 100 万年，说不定还能更早。也许 100 万年的时间足以让自然选择把这种行为纳入蜜䴕的技能之中。顺便说一句（Yong，2011），人们普遍认为蜜䴕也会引导蜜獾找到蜂巢，但似乎没有证据。

[4] Tyson（2014）.

[5] 作曲家们对此的意见并不一致。马勒在他的第一交响曲中将降音程定为完全四度。亨德尔的管风琴协奏曲《杜鹃与夜莺》（Cuckoo and Nightingale）则使用了小三度。根据一些描述，杜鹃在春天开始时的叫声是小三度，但到了夏天就会拉伸到大三度。当然，戴留斯在他的《孟春初闻杜鹃啼》（On hearing the first cuckoo in spring）中有一个小三度，我不认为他在夏天写过后续。我们是否可以得出结论，说贝多芬的田园牧歌展现的是夏天？正如一首古老的童谣所唱：“布谷鸟在四月来临，五月歌唱。六月中旬它变调。七月它飞走。”

[6] 另一个显示折中普遍存在的例子是人类的骨盆和婴儿的头部。我们的南方古猿祖先放弃了其他灵长类的四足步态。向两足行走进化的选择压力，不管它具体是什么（参见 Kingdon，2003），都改变了骨盆，使其更有利于两足快速奔跑，以取代我们在其他灵长类动物身上看到的，尤其在狒狒身上得到很好展示的四足奔跑模式。与此同时，两足行走解放了双手，使其能够塑造工具、携带和操纵物品。这为智力的进化和大脑的发育创造了有利条件。但是，婴儿的大脑袋给分娩带来了困难，这给女性骨盆施加了变大的压力（也给婴儿带来了更早出生和出生后更无助的压力）。最适合分娩的骨盆并不是最适合快速奔跑的骨

盆。不可避免的是，女性骨盆是两种对立的选择压力之间的折中产物，太大不利于运动，太小又不利于分娩。海伦·乔伊斯（Helen Joyce，2021）用这一进化论点作为支持为生理女性单独举办体育赛事的有力论据。

[7] 还有线粒体基因，但这可能无关紧要。

[8] 夜蛾和用“雷达”捕食它们的蝙蝠之间的夜间军备竞赛就是一个比通常情况更为生动的相似例子。当然，蝙蝠的“雷达”实际上是声呐，而飞蛾已经进化出了针对蝙蝠使用的超声波频率的耳朵。当飞蛾听到任何声音时，它都会认为是蝙蝠发出的，并做出一连串的俯冲、盘旋、躲避和扭转动作，让人联想到人类飞行员在空战中使用的动作。（Roeder & Treat，1961）

[9] A. S. 克莱恩（A. S. Kline）将“heysugge”翻译成现代英语时，翻译成“sparrow”。也许是因为“hedge sparrow”这个词组会把韵律弄乱。

[10] 人类的 Y 染色体很小，已知的 Y 伴性基因很少。耳朵长毛曾经是我们熟悉的教科书上的例子，但即使是这个例子也受到了质疑。不管男性伴性特征是否根本不存在，男性限性特征确是大量存在的，其中不仅包括阴茎等显而易见的特征，还包括体型、肌肉发育、奔跑速度、游泳速度、网球发球力量等已在统计学中得到证实的特征。

[11] 以色列动物学家阿莫茨·扎哈维（Amotz Zahavi，1997）提出了一个引人入胜的理论：吸引捕食者实际上是游戏的名称。雏鸟以此要挟父母给它喂食，而父母喂食的目的是让它闭嘴，以免它的大叫声引来捕食者！它的叫声翻译成人类的语言就是：“猫，猫，快来抓我！我在这里，我不在乎谁知道我在这儿，除非我的父母喂饱我，不然我会一直叫喊下去。”我起初对这一理论持怀疑态度，现在却喜欢上了它，但这对我讨论杜鹃并没有什么影响。

[12] Tinbergen（1951）.

[13] Tanaka et al.（2005）.

[14] Li et al.（2010）.

第 11 章

[1] Haig（1993，2002，2020）.

[2] 伯特和特里弗斯（Burt and Trivers，2006）的著作全面阐述了

“冲突中的基因”这一主题。罗伯特 · 特里弗斯（Robert Trivers）是启发了包括戴维 · 黑格和我在内的整整一代生物进化论者的开创性思想家之一。

[3] Shaffner（2004）.

[4] Le Boeuf（1974），Le Boeuf & Reiter（1988）.

[5] Charnov（1982）.

[6] 首先想到人类的读者（会有很多人，不包括我）会发现一个明显的反常现象。男性的生殖年龄的上限比女性高，而女性的生育期在中年时就因更年期而缩短。在自然状态下，是否有相当数量的雄性活得足够长，以利用这一明显的优势，这是值得怀疑的。更年期可能也有其优势，因为妇女在更年期照顾孙辈比照顾自己的子女更能使自己的基因受益。

[7] 这是专业术语的礼貌版。约翰 · 克雷布斯和我曾一度为能将另一不太礼貌的版本引入科学文献而感到自豪，但这也许太容易了，因为我们其中一人就是相关出版物的编辑。作为弥补，我在这里还是使用礼貌版。

[8] Dawkins（1989）.

[9] 但是，如果不是蝙蝠先占领了位置，也许确会出现长翅膀的啮齿动物。

[10] Dawkins（1989）.

[11] W. B. 叶芝，《一九一六年复活节》（Easter，1916）。前文“就在刹那间”一句也出自叶芝的作品，但却是另一首诗。

[12] 我强烈建议你在詹姆斯 · 罗辛德尔（James Rosindell）和黄可仁（Yan Wong）编写的 Zoompast 程序中体验这种缩放。

[13] Bodmer & McKie（1994）.

[14] 我们每个人都有一些致死或亚致死的隐性基因。但这些基因很稀有，因此，如果我们随意交配，孩子不太可能受到“双重剂量”的影响。但是，如果你与你的兄弟姐妹结婚，那么你的孩子就有 25% 的概率遗传到双重剂量，而且这适用于你的每一个致死或亚致死基因。如果与表兄妹结婚，每个有害基因的遗传概率为十六分之一，仍然很高，因此专家建议人们不要这样做。在巴基斯坦，近 50% 的婚姻都是表兄妹之间的婚姻。这种习俗在巴基斯坦裔英国人中依然存在，他们的婴儿死亡率是英国平均水平的两倍。除了致死的隐性基因会导致死亡外，更

常见的亚致死隐性基因会导致身心衰弱。查尔斯·达尔文意识到了近交衰退的存在，尽管在他那个时代人们还不了解导致这种情况的原因，他还为自己可能不明智地与表妹艾玛·韦奇伍德结婚而忧心忡忡。实验室里的大白鼠是许多代兄弟姐妹交配的产物，它们明显没有近交衰退。这并非悖论。它们身上的致死和亚致死隐性基因已经消失，这是因为前几代的自然选择对此产生了强烈的抑制作用。当然，只要仔细想想就会明白，这是用一个罕见的、真实的例外证明规则的案例！

[15] 2012 年，我担任英国第四频道一部名为《性、死亡与生命的意义》(*Sex, Death and the Meaning of Life*）的三集电视纪录片的主持人。有一集的原计划是对我的整个基因组进行测序，并将数据光盘埋在位于奇平诺顿教堂的道金斯家族墓穴中 1 000 年。在屏幕上，我将想象千年后这份光盘重见天日，一个克隆人将由此诞生。我要在屏幕上反思。我会给我年轻的双胞胎兄弟什么建议？“不要重蹈我的覆辙！比我更好地利用我们共同的基因组。”这也是一个揭开克隆人概念神秘面纱的机会，还是一个思考个人身份问题的机会。我的克隆人不会是我，他会有自己的个人身份，就像同卵双胞胎一样。我会通过采访今天在世的同卵双胞胎来说明这一点。未来的小理查德将在一个完全不同的世界里长大，他可以告诉我在我们之间的 1 000 年里，世界发生了哪些惊人的变化。而他可以在想象中回顾老理查德生活过的那个令人惊叹的原始世界，以及流变的风俗、技术和语言。结果，纪录片转向了不同的方向，但那时制作公司已经向我支付了基因组测序费用，于是数据光盘作为见面礼被送给了我。

[16] Dawkins & Wong (2016), p. 68.

[17] 黄博士补充道：“乍一看，你的珍染色体和约翰染色体揭示的是人类历史的一般特征，而不是你和你的近亲所特有的历史，这可能会令人惊讶。你可以把这看作珍基因和约翰基因的共同祖先的深层年龄特征，它是以数千年、数万年，甚至数十万年或数百万年为单位的。当你追溯到 1 000 年前时，你的曾曾曾……祖父母数量之多，已可以认为他们是当时大多数欧洲人的随机样本。再往前追溯，你的祖先基本上就成了所有非非洲人的随机样本（或者至少是那些没有被长期隔离繁衍的非非洲人的随机样本）。”

[18] Scally (2012).

[19] 斯万特·佩博会计算尼安德特人走进他办公室的概率，以此

自娱自乐。欧洲人通常含有约 2% 的尼安德特人基因，但每个欧洲人身上的这 2% 却各不相同。从理论上讲，所有不同的 2% 都有可能在一个人身上出现。但这在现实中是不可能的！

[20] 如果你回溯足够久远的过去，找到任何一人，那么这个人要么是今天所有活着的人的祖先，要么是今天所有不活着的人的祖先。没有半点例外。这个令人惊讶的结论的基本原理在《祖先的故事》的“第 0 会合点”中给出。这里唯一的问题是，征服者威廉是否足够久远。

第 12 章

[1] Yanai & Lercher（2015）.

[2] 我在一篇文章（Dawkins，2011）中阐述了这一论点。但也有例外，尤其是在植物中，但我在此不做讨论。

[3] 最初的屏障并不总是地理上的，尤其是在昆虫之间，它们经常进化分化成所谓的“同域”（sympatric）物种。此外，同域物种形成似乎对湖泊鱼类的适应辐射也很重要（Schluter & McPhail，1992），例子包括我在第 6 章中提到的非洲大湖的丽鱼。

[4] 美国版（2001）以此为名。这本书的英国原版书名直译是《孟德尔的恶魔》（*Mendel's Demon*, 2000）。不要把马克与马特 · 里德利（Matt Ridley，两人无亲属关系）混为一谈（尽管他们经常被混为一谈），后者也是马克的好友，也写过不少好书。一位期刊编辑曾在不知情的情况下让他们在同一期杂志上评论对方的书。两人都对对方的书大加赞赏。马克在评论的最后说，马特的书将是“我们共同履历上的又一亮点”。

[5] Ford（1975）. 必须承认，他还有点自命不凡。在提到一个简单的数学问题时，别人可能会说“就像我们在幼儿园学到的一样”，而福特的用词方式却与众不同，他会说“就像我们在保姆的膝盖上学到的一样”。

[6] 正是福特广受欢迎的《蝴蝶》一书（*Butterflies*，1945）将年轻的比尔 · 汉密尔顿引入了遗传学之门。艾伦 · 格拉芬（Alan Grafen，2005）在为汉密尔顿的三卷本回忆录撰写的传记增编中说：“能够启发这位年轻的生物学家，这本身就证明了福特撰写《蝴蝶》一书的努力是正确的。”

[7] 柯蒂斯在他的八卷本英国昆虫专著（1832）中亲自绘制了一幅

画，标注为“*Triphaena consequa*”。他是在苏格兰西部的布特岛发现该标本的。根据分类学的规则，如果发现了一个更早的命名，那么一个物种的正式拉丁名就会改变。1832 年的“*Triphaena consequa*”在今天可能有另一个名字。柯蒂斯著作的现代注释将“*Noctua comes ab. curtisii*”作为被柯蒂斯称为“*Triphaena consequa*”的物种的异名。“*Triphaena*”是分类学之父林奈为该属所起的早期名称，现在已恢复为正式名称。“ab.”是“反常形态”的缩写，与常见的浅色形态相比，你当然可以将深色形态描述为反常形态。我的结论是，柯蒂斯将画中的深色形态夜蛾标为“*Triphaena consequa*”，这正是福特所知的“*Triphaena*（*Noctua*）”的“*curtisii*”形态。

[8] Leigh（1971）.

[9] 分子遗传学家通常喜欢把秀丽隐杆线虫称为“线虫”，甚至是“蠕虫”，就好像没有其他的线虫或蠕虫一样。它实际上只是 5 万多种蠕虫和 3 万多种线虫中的一种。拉尔夫 · 布赫斯鲍姆（Ralph Buchsbaum）的无脊椎动物学教科书（1971）引述了令人难忘的情景：“如果宇宙中除了线虫之外的所有物质都被扫除，我们的世界仍将依稀可见，如果我们能作为无实体的灵魂研究这个世界，我们会发现它的山脉、丘陵、山谷、河流、湖泊和海洋都被线虫代表。城镇的位置是可以辨认的，因为每有一群人聚集，就会有相应的一些线虫聚集。树木仍然幽灵般地排列着，代表着我们的街道和高速公路。各种植物和动物的位置仍然是可以辨认的，而且，如果我们有足够的知识，在许多情况下，甚至它们的物种都可以通过检查它们以前的线虫寄生虫来确定。”除了线虫门，至少还有其他四个“蠕虫”门。

[10] 爱丁堡遗传学家、胚胎学家和理论生物学家 C. H. 沃丁顿（C. H. Waddington）于 1942 年提出了“表观遗传学”这一术语。表观遗传学是胚胎学中基因差异表达的研究——基因在不同细胞中是如何开启或关闭的——与遗传学相对，后者研究的是基因本身在连续几代人中的存在或缺失情况。最近，一些夸大其词的科普作者把这一领域搅得一团乱，他们把“表观遗传学”优先甚至专门用于那些罕见的、在我看来微不足道的特殊情况，即基因的表观遗传开启或关闭会延续到下一代。沃丁顿是从“后成说”（epigenesis）中引申出“表观遗传学”（epigenetics）的。“后成说”是胚胎学的一个历史学派，所有现代胚胎学家都认同这一学派，它与“预成说”（preformationism，现已消亡的理论，根据这一理论，

卵子或精子包含一个微型胚胎，随时准备扩张为完整的身体）相对立。我们现在知道，不同组织中的细胞含有相同的基因，但彼此又如此不同，因此，除了基因的开关差异（即沃丁顿意义上的表观遗传学）之外，似乎没有其他合乎逻辑的选择。

[11] 牛津大学的几代动物学家都不会忘记 E. B. 福特关于草甸棕色蝶（*Maniola jurtina*）奇怪边界现象的演讲。福特和他的同事发现，在一条横穿英格兰西南部的直线两侧，两个稳定的多态性之间突然出现了不连续性（Ford，1975）。在我看来，这是两组可供选择的"好伙伴"基因，类似于巴拉岛 / 奥克尼岛的分离现象，只是在这种情况下，神秘的分界线并没有地理上的解释。事实上，这条分界线每年都在变化。有一年，他们在徒步追踪分界线时，发现了一道树篱，似乎是分界线的标志。在我的记忆中，福特教授那声调低沉、极其精确的措辞仿佛就在耳边："在这一地点，事情显然变得非常关键。于是我们在树篱旁坐下，吃起了三明治。"我强烈怀疑照片中的树篱就是导致问题的树篱。福特肯定会不失时机地带领他的偶像 R. A. 费希尔亲眼看看。如果我猜得没错，这是一张具有历史意义的照片。

第 13 章

[1] Robinson（2023）.

[2] Margulis（1998）.

[3] Fine（1975），Ewald（1987，1994）.

[4] Kalluraya et al.（2023）. 这项工作是在马修 · 多尔蒂（Matthew Daugherty）的实验室完成的。

[5]"原始"（primitive）在生物学中有确切的含义。它不意味着祖先，也不是贬义词。它的意思是与祖先相似。文昌鱼（*Branchiostoma*）是一种现存动物，因此它显然不可能是同样现代的脊椎动物的祖先。但是，自它们的共同祖先出现以来，文昌鱼的变化比现代脊椎动物的变化要小。这就决定了它的原始性。

[6] Kalluraya et al.（2023）.

[7] Hughes et al.（2012）. Dawkins（1990）.

[8] 不是线虫门（nematodes）或纽形动物门（nemertines）。它们是三个不同的门，很容易因名称相似而混淆。这些名字均来源于

"nema"，这个希腊语词的意思是线。

[9] 你可能会问，为什么寄生虫，尤其是蠕虫，往往有如此复杂的生命周期，要经过中间宿主，有时多达五个中间宿主阶段，才能到达所谓的最终宿主。我认为这与植物借用动物来运输种子或花粉的原因类似。对于细菌或病毒来说，通过咳嗽或打喷嚏产生的飞沫在空气中传播是很好的途径，但蠕虫需要更大的载体，比如动物。猫不吃猫，但它们吃老鼠，而老鼠对蠕虫而言是方便的移动载体。

[10] Simon（2014）.

[11] Deutsch（2009）.

[12] Calman（1911）.

[13] Blaxter et al.（2023）.

[14] LePage（2023）.

[15] Dawkins（1982, pp. 210–212）.

[16] Pride（2020）. 我们每个人的体内都有大约 380 万亿个病毒，其中许多是噬菌体，它们通过捕食细菌为我们带来益处。噬菌体可能会使我们免受抗生素耐药细菌的侵袭。

[17] Arnold（2020）.

[18] Haig（2012）, Villafrreal（2016）, Chuong（2018）.

[19] Villarreal（2016）.

[20] 引文出自道金斯作品（Dawkins，1996）。

[21] Thomas（1974）.

[22] Pray & Zhaurova（2008）.

[23] Mills et al.（2007）.

致谢

以下各位阅读了各版本草稿的全部或部分内容，并提出了有益的建议：约翰·克雷布斯、尼克·戴维斯、简·塞夫（Jane Sefc）、迈克尔·罗杰斯（Michael Rodgers）、黄可仁、琼·斯蒂文森·欣德、戴维·黑格以及一丝不苟的凯伦·欧文斯（Karen Owens）。

亨利·贝内特·克拉克、迈克尔·汉塞尔、保拉·科比（Paula Kirby）、克莱尔·斯波蒂斯伍德、本·桑德卡姆、斯蒂芬·辛普森、彼得·斯莱特（Peter Slater）、迈克尔·沃德（Michael Ward）、拉莎·梅农、维克托·弗林、迈克尔·凯特尔韦尔、史蒂文·拜尔巴斯、尼古拉斯·凯特尔韦尔和罗恩·霍伊就一些具体问题提出了宝贵意见。我特别感谢爱德华·霍姆斯对第13章提出的建议和鼓励性意见。

除了出版商外，以下人士也不遗余力地提供了图片：田中启太、凯瑟琳·玛格（Kathryn Marguy）、丹尼尔·切卡欣（Danielle Czerkaszyn）、迈克尔·斯威特、阿尼尔·库玛·维尔马、侯赛因·拉蒂夫（Hussein Latif）、雅欣·克里希纳帕（Yathin Krishnappa）、蒂姆·库尔森（Tim Coulson）和克里斯托弗·巴恩哈特（Christopher Barnhart）。

在安东尼·奇塔姆（Anthony Cheetham）的首肯下，“宙斯之首”

（Head of Zeus）很好地服务了作者和艺术家。除了许多幕后工作人员，我们还应特别提及尼尔·贝尔顿（Neil Belton）、克莱蒙丝·雅克内（Clémence Jacquinet）和杰西·普莱斯（Jessie Price）。在美国出版事务方面，我很高兴与让·汤姆森·布莱克（Jean Thomson Black）及其同事合作。

图片出处

P 3　Bill Hamilton，经 Mary Bliss 博士许可转载
P 5　Minden Pictures / Alamy Stock Photo
P 8　Richard Dawkins
P 9　Richard Dawkins
P 15　Yathin Krishnappa
P 16　Max Allen / Alamy Stock Photo
P 17　Michael Carroll 摄 / Media Drum World / Alamy Stock Photo
P 18　blickwinkel / Alamy Stock Photo
P 19　（上图）Bill Coster IN / Alamy Stock Photo
P 19　（下图）Anil Kumar Verma
P 20　Brett Billing and Ryan Hagerty USFWS
P 21　reptiles4all / Shutterstock
P 22　（上图）yod 67 / Shutterstock
P 22　（下图）André Gilden / Alamy Stock Photo
P 23　（上图）Jiri Balek / Shutterstock
P 23　（左下）Michael Sweet 教授
P 23　（右下）Minden Pictures / Alamy Stock Photo
P 24　HWall / Shutterstock
P 25　（右上）Michael Sweet 教授
P 25　（下图）Minden Pictures / Alamy Stock Photo
P 26　（上图）Super Prin / Shutterstock

P 26　（下图）Azura Ahmad / Alamy Stock Photo

P 27　Cameron Radford

P 28　（上图）Alexis Srsa / Shutterstock

P 28　（左下）Michael Sweet 教授

P 28　（右下）Hussein Latif

P 29　3ffi / Shutterstock

P 30　Jamikorn Sooktaramorn / Shutterstock

P 43　Richard Dawkins，继 Joyce & Gauthier, 2003 之后

P 58　摘自 Gregory, RL，'Mind in Science. A History of Explanations in Psychology and Physics'，*Group Analysis: The International Journal of Group-Analytic Psychotherapy*（SAGE Publications, 1983）/© 1983, © SAGE Publications

P 66　Richard Dawkins

P 102　GagliardiPhotography / Shutterstock

P 107　重绘自 Kowalczyk, A., Chikina, M. 和 Clark, N.（2022）'Complementary Evolution of Coding and Noncoding Sequence Underlies Mammalian Hairlessness'，eLife 11：e76911

P 110　Cavalli-Sforza, L. L. and Feldman, M. W.，*Cultural Transmission and Evolution*（Princeton University Press, 1981）

P 111　根据 Frolová, P.，Horká, I. 和 Ďuriš, Z. 合著的文章（2022）中的图 2 重新绘制。'Molecular Phylogeny and Historical Biogeography of Marine Palaemonid Shrimps（Palaemonidae：Palaemonella–Cuapetes group）'，Scientific Reports, 12, 15237.

P 125　重绘自 D'Arcy Wentworth Thompson，'On Growth and Form'，Cambridge University Press, 1917

P 127　akg-images / Science Source

P 130　重绘自 Neil Shubin，*Some Assembly Required: Decoding Four Billion Years of Life, from Ancient Fossils to DNA* 中 Kalliopi Monoyios 绘制的插画。（Pantheon，2020）

P 134　重绘自 Joel W. Martin，Jørgen Olesen，Jens T. Høeg 编，*Atlas of Crustacean Larvae*, John Hopkins University, 2014

P 135　重绘自 Joel W. Martin，Jørgen Olesen，Jens T. Høeg 编，*Atlas of Crustacean Larvae*, John Hopkins University, 2014

P 136 Library Book Collection / Alamy Stock Photo

P 137 （左图）重绘自 Joel W. Martin，Jørgen Olesen，Jens T. Høeg 编，*Atlas of Crustacean Larvae*, John Hopkins University, 2014

P 137 （右图）重绘自 Joel W. Martin，Jørgen Olesen，Jens T. Høeg 编，*Atlas of Crustacean Larvae*, John Hopkins University, 2014，2006 年经 Dahms et al. 修改

P 154 Science History Images / Alamy Stock Photo

P 163 Zoonar GmbH / Alamy Stock Photo

P 164 （上两图）Roger Hanlon

P 164 （左下）Helmut Corneli / Alamy Stock Photo

P 164 （右下）FtLaud / Shutterstock

P 167 Bill Waterson / Alamy Stock Photo

P 197 Bentley, D. and Hoy, R.，'The Neurobiology of Cricket Song'（Scientific American, 1974）

P 209 Bård G. Stokke, NINA

P 210 Charles Tyler

P 212 Nick Davies 摄

P 215 （左图）W. B. Carr 摄

P 215 （右图）Rose Thorogood

P 245 Richard Dawkins and Yan Wong, *The Ancestor's Tale: A Pilgrimage to the Dawn of Life*, W&N, 2016

P 255 Zlir' a / Wikimedia Commons

P 265 Sulston et al.（1983），'The Embryonic Cell Lineage of the Nematode Caenorhabditis Elegans'，Developmental Biology（Elsevier）

P 266 重绘自 Athena Aktipis，*The Cheating Cell*, Princeton University Press, 2020

P 271 Wikimedia Commons

P 274 Kalluraya, C. A.，Weitzel, A. J.，Tsu, B. V.，Daugherty, M. D.，'Bacterial Origin of a Key Innovation in the Evolution of the Vertebrate Eye'（PNAS, Vol. 120 | No. 16, Figure 2, A）

P 279 The Reading Room / Alamy Stock Photo

参考文献

Adams, D (1980) *The Restaurant at the End of the Universe*. Picador, London.

Ågren, JA (2021) *The Gene's-Eye View of Evolution*. Oxford University Press, Oxford.

Aktipis, A (2020) *The Cheating Cell – how evolution helps us understand and treat cancer*. Princeton University Press, Princeton, NJ.

Alcock, J (1979) *Animal Behavior*. Sinauer, Sunderland, MA.

Andersson M (1994) *Sexual Selection*. Princeton University Press, Princeton, NJ.

Arnold, C (2020) The non-human living inside of you. *Nautilus*. Coldspring Harbor Laboratory, NY.

Balbus, SA (2014) Dynamical, biological and anthropic consequences of equal lunar and solar angular radii. *Proc. Roy. Soc. A*, 470.

Barash, DP (1982) *Sociobiology and Behavior*. Hodder & Stoughton, London.

Barkow, JH, Cosmides, L & Tooby, J (1992) *The Adapted Mind*. Oxford University Press, New York.

Barlow, GW (2000) *The Cichlid Fishes: nature's grand experiment in evolution*. Perseus, New York.

Barlow, HB (1961) Possible principles underlying the transformations of sensory messages. In WA Rosenblish {ed.), *Sensory Communication*. MIT Press, Cambridge, MA.

Barlow, HB (1963) The coding of sensory messages. In WH Thorpe & OL Zangwill (eds), *Current Problems in Animal Behaviour*. Cambridge University Press, Cambridge.

Barnhart, MC et al. (2008) Adaptations to host infection and larval parasitism in Unionoidea – *J.N. Am. Benthol. Soc.*, 27, 370–394.

Bateson, PPG & Hinde, RA (1982) *Current Problems in Sociobiology*. Cambridge University Press, Cambridge.

Beall, CM (2007) Two routes to functional adaptation: Tibetan and Andean high-altitude natives. *Proceedings of the National Academy of Sciences*, 104 (suppl. 1), 8655–8660.

Bennet-Clark, HC (1970) The mechanism and efficiency of sound production in mole crickets. *Journal of Experimental Biology*, 52, 619–652.

Bentley, D and Hoy, R (1974) The neurobiology of cricket song. *Scientific American*, 231, 34–44.

Blaxter, M et al. (2023) The genome sequence of the crab hacker barnacle, *Sacculina carcini* (Thompson, 1836). *Wellcome Open Research*, 8, 91.

Bodmer, WF & McKie, R (1994) *The Book of Man*. Little Brown, London.
Boonman, A et al. (2014) Nonecholocating fruit bats produce biosonar clicks with their wings. *Current Biology*, 24, 2962–2967.
Braaten, RF & Reynolds, K (1999) Auditory preference for conspecific song in isolation-reared zebra finches. *Animal Behaviour*, 58, 105–111.
Brenner, S (1974) The genetics of *Caenorhabditis elegans*. *Genetics*, 77, 71–94.
Brenner, S (2002) Nature's gift to science. *Nobel Lecture*, 8 Dec., reprinted (2003) in *ChemBioChem* 4, 683–687.
Brunhoff , J de (1935) *Babar's Travels*. Methuen, London.
Buchsbaum, R. (1971) *Animals Without Backbones, Volume 1*. Pelican, London.
Burt, A & Trivers, RL (2006) *Genes in Conflict*. Harvard University Press, Cambridge, MA.
Buss, DM (ed., 2005) *The Handbook of Evolutionary Psychology*. Wiley, New Jersey.
Cain, AJ (1989) The perfection of animals. *Biological Journal of the Linnean Society*, 36, 3–29. Reprinted from JD Carthy & CL Duddington (eds) (1966), *Viewpoints in Biology*, 4. Butterworth, Oxford.
Caldwell, RL & Dingle, H (1976) Stomatopods. *Scientific American*, Jan., 80–89.
Callaway, E (2015) Beloved *Brontosaurus* makes a comeback. *Nature Communications*, 7 April.
Calman, WT (1911) *Life of Crustacea*. Macmillan, New York.
Catchpole, CK & Slater, PJB (2008) *Bird Song*. Cambridge University Press, Cambridge.
Cavalli-Sforza, LL (2000) *Genes, Peoples and Languages*. Allen Lane, London.
Cavalli-Sforza, LL & Feldman, MW (1981) *Cultural Transmission and Evolution*. Princeton University Press, Princeton, NJ.
Chagnon, NA & Irons, W (eds, 1979) *Evolutionary Biology and Human Social Behavior: an anthropological perspective*. Duxbury Press, North Scituate, MA.
Charnov, EL (1982) *The Theory of Sex Allocation*. Princeton University Press, Princeton, NJ.
Chaucer, G (1382) *The Parlement of Foules*. Librarius.
Cheng, M-F (1986) Female cooing promotes ovarian development in Ring Doves. *Physiology and Behavior*, 37, 371–374.
Chun, Li (2020) Amazing reptile fossils from the marine Triassic of China. *Bulletin of the Chinese Academy of Sciences*, 24, 80–82.
Chuong, EB (2018) The placenta goes viral. Retroviruses control gene expression in pregnancy. *PLOS Biol.*, 16, October.
Clutton-Brock, TH et al. (1982) *Red Deer: behavior and ecology of two sexes*. Chicago University Press, Chicago.
Conway Morris, S (2003) *Life's Solution: inevitable humans in a lonely universe*. Cambridge University Press, Cambridge.
Conway Morris, S (2015) *The Runes of Evolution*. Templeton Press, Pennsylvania.
Cott, HB (1940) *Adaptive Coloration in Animals*. Methuen, London.
Coyne, JA (2009) *Why Evolution Is True*. Oxford University Press, Oxford.
Craik, KJW (1943) *The Nature of Explanation*. Cambridge University Press, Cambridge.
Crew, B (2014) Caterpillar an expert in mimicry. *Australian Geographic*, 17 April.
Cronin, H (1991) *The Ant and the Peacock*. Cambridge University Press, Cambridge.

Curtis, J (1832) British Entomology. J Pigott, London.
Daly, M & Wilson, M (1983) *Sex, Evolution and Behavior.* Willard Grant, Boston.
Darwin, C (1859) *On the Origin of Species.* Murray, London.
Darwin, C (1868) *The Variation of Animals and Plants under Domestication.* John Murray, London.
Darwin, C (1871) *The Descent of Man.* Appleton, New York.
Davies, NB (2015) *Cuckoo: cheating by nature.* Bloomsbury, London.
Dawkins, R (1971) Selective neurone death as a possible memory mechanism. *Nature*, 229, 118–119.
Dawkins, R (1976, 1989) *The Selfish Gene.* Oxford University Press, Oxford.
Dawkins, R (1982) *The Extended Phenotype.* Oxford University Press, Oxford.
Dawkins, R (1983) Universal Darwinism. In DS Bendall (ed.), *Evolution from Molecules to Man.* Cambridge University Press, Cambridge.
Dawkins, R (1988) The evolution of evolvability. In C Langton (ed.), *Artificial Life* Addison Wesley, Boston.
Dawkins, R (1990) Parasites, desiderata lists, and the paradox of the organism. In AE Keymer and AF Read (eds), *The Evolutionary Biology of Parasitism. Supplement to Parasitology*, 100, S63–S73.
Dawkins, R (1996) *Climbing Mount Improbable.* Viking, London.
Dawkins, R. (2004) Extended phenotype – but not too extended. *Biology & Philosophy*, 19, 377–396.
Dawkins, R (2009) *The Greatest Show on Earth.* Free Press, London.
Dawkins, R (2011) *The Magic of Reality.* Transworld, London.
Dawkins, R (2013) *An Appetite for Wonder.* Bantam, London.
Dawkins, R & Krebs, JR (1978) Animal signals: information or manipulation. In JR Krebs & NB Davies (eds), *Behavioural Ecology*, 282–309.
Dawkins, R & Krebs, JR (1979) Arms races between and within species. *Proc. Roy. Soc. Lond. B*, 205, 489–511.
Dawkins, R & Wong, Y. (2016) *The Ancestor's Tale: a pilgrimage to the dawn of life.* Second Edition, Weidenfeld & Nicolson, London.
Dennett, D (1991) *Consciousness Explained.* Little Brown, Boston.
Deutsch, J (2009) Darwin and the Cirripedes: insights and dreadful blunders. *Integrative Zoology*, 4, 316–322.
Deutsch J (2010) Darwin and barnacles. *Comptes Rendus Biologies*, 333, 99–106.
Deutsch, JS & Mouchel-Vielh, E (2003) Hox genes and the crustacean body plan. *BioEssays*, 25, 878–887.
Diamond, J & Bond, AB (2013) *Concealing Coloration in Animals.* Harvard University Press, Cambridge, MA.
Doolittle, WF & Sapienza, C (1980) Selfish genes, the phenotype paradigm and genome evolution. *Nature*, 284, 601–603.
Doudna, JA & Sternberg, SH (2017) *A Crack in Creation: gene editing and the unthinkable power to control evolution.* Houghton Mifflin Harcourt, Boston.
Ewald, PW (1987) Transmission modes and evolution of the parasitism–mutualism continuum. *Annals of the New York Academy of Sciences*, 503, 295–306.
Ewald, PW (1994) *Evolution of Infectious Disease.* Oxford University Press, New York.
Feigin, CY et al. (2023) Convergent deployment of ancestral functions during the evolution of mammalian flight membranes. *Science Advances*, 9.

Fine, PEF (1975) Vectors and vertical transmission: an epidemiological perspective. *Annals of the New York Academy of Sciences*, 266, 173–194.
Fisher, RA (1930, 1958) *The Genetical Theory of Natural Selection*. Dover, New York.
Ford, EB (1945) *Butterflies*. Collins, London.
Ford, EB (1975) *Ecological Genetics*. Chapman and Hall, London.
Fowler, HW (1968) *Modern English Usage*. Oxford University Press, Oxford.
Framond, L de et al. (2022) The broken-wing display across birds and the conditions for its evolution. *Proceedings of the Royal Society B*, 289.
Frank, L (2018) Can electrically stimulating your brain make you too happy? *Atlantic*, 21 March.
Frisch, K von (1950) *Bees – their vision, chemical senses, and language*. Cornell University Press, Ithaca, NY.
Gadagkar, R (1997) *Survival Strategies*. Harvard University Press, Cambridge, MA.
Gallagher, P (2020) Be still my heart: dolphins can detect babies in the womb. *Evie Magazine*, 1 Oct.
Garvey, KK (2014) Can a bee unscrew the sting? *Bug Squad*, 24 Feb.
Gilliard, ET (1969) *Birds of Paradise and Bower Birds*. Weidenfeld & Nicolson, London.
Gissler, CF (1884) The crab parasite, *Sacculina*. *American Naturalist*, 18, 225–229.
Glenner, H et al. (2008) Induced metamorphosis in crustacean y-larvae: towards a solution to a 100-year-old riddle. *BMC Biology*, 6, 21.
Gould, SJ (1991) *Bully for Brontosaurus*. Hutchinson, London.
Gould, SJ (1992) The confusion over evolution. *New York Review of Books*, 39 (19), 47–54.
Grafen, A (2005) William Donald Hamilton. In Mark Ridley (ed.), *Last Words*. Volume 3 of WD Hamilton (2005), *Narrow Roads of Gene Land*. Oxford University Press, Oxford.
Grafen, A & Ridley, Mark (2006) *Richard Dawkins: how a scientist changed the way we think*. Oxford University Press, Oxford.
Grant, P & Grant, R (2014) *Forty Years of Evolution*. Princeton University Press, Princeton, NJ.
Gregory, R (1981) *Mind in Science*. Weidenfeld & Nicolson, London.
Gregory, R (1998) *Eye and Brain*. Oxford University Press, Oxford.
Griffin, DR (1959) *Echoes of Bats and Men*. Anchor, New York.
Griffin, DR (1976) *The Question of Animal Awareness*. Rockefeller University Press, New York.
Haeckel, E (2017) *The Art and Science of Ernst Haeckel*. Taschen, Cologne.
Haig, D (1993) Genetic conflicts in human pregnancy. *Quarterly Review of Biology*, 68, 495–532.
Haig, D (2002) *Genomic Imprinting and Kinship*. Rutgers University Press, New Brunswick, NJ.
Haig, D (2012) Retroviruses and the placenta. *Current Biology*, 22, R609–R613.
Haig, D (2020) *From Darwin to Derrida: selfish genes, social selves, and the meanings of life*. MIT Press, Cambridge, MA.
Haldane, JBS (1932) *The Causes of Evolution*. Longmans, Green, London.
Haldane, JBS (1940) Man as a sea beast. In *Possible Worlds*. Evergreen Books, London.

Halliday, TR & Slater, PJB (eds, 1983) *Animal Behaviour*. Blackwell Scientific Publications, Oxford.

Hall-Craggs, J (1969) The aesthetic content of bird song. In RA Hinde (ed.), *Bird Vocalizations*. Cambridge University Press, Cambridge.

Hamilton, WD (1964) The genetical evolution of social behaviour, I. *Journal of Theoretical Biology*, 7, 1–16.

Hamilton, WD (1972) Altruism and related phenomena, mainly in social insects. *Annual Review of Ecology and Systematics*, 3, 193–232.

Hamilton, WD (1996, 2001, 2005) *Narrow Roads of Gene Land*. Oxford University Press, Oxford. Three volumes.

Hamilton, WD & May, RM (1977) Dispersal in stable habitats. *Nature*, 269, 578–581.

Hanlon, R (2007) Cephalopod dynamic camouflage. *Current Biology*, 17, R400–R404.

Hansell, MH (1968) The house building behaviour of the caddis-fly larva *Silo pallipes* fabricius: I. The structure of the house and method of house extension. *Animal Behaviour*, 16, 558–561.

Hansell, MH (1984) *Animal Architecture and Building Behaviour*. Longman, London.

Hansell, MH (2007) *Built by Animals: the natural history of animal architecture*. Oxford University Press, Oxford.

Hartshorne, C (1958) The relation of bird song to music. *Ibis*, 100, 421–445.

Hendrik, LK et al. (2022) A review of false heads in Lycaenid butterflies. *Journal of the Lepidopterists' Society*, 76, 140–148.

Hinde, RA (ed., 1969) *Bird Vocalizations*. Cambridge University Press, Cambridge.

Hinde, RA (1982) *Ethology*. Fontana, London.

Hinde, RA & Steel, E (1976) The effect of male song on an estrogen-dependent behavior pattern in the female canary (*Serinus canarius*). *Hormones and Behavior*, 7, 293–304.

Hofstadter, DR & Dennett, DC (1981) *The Mind's I*. Harvester Press, Brighton.

Horka, I et al. (2018) Multiple origins and strong phenotypic convergence in fish-cleaning palaemonid shrimp lineages. *Molecular Phylogenetics and Evolution*, 124, 71–81.

Hughes, DP et al. (2012) *Host Manipulation by Parasites*. Oxford University Press, Oxford.

Hull, DL (1981) The units of evolution: a metaphysical essay. In UJ Jensen & R Harré (eds), *The Philosophy of Evolution*. Harvester, London.

Huelsmann, M et al. (2019) Genes lost during the transition from land to water in cetaceans highlight genomic changes associated with aquatic adaptations. *Science Advances*, 5.

Huxley, JS (1923) *Essays of a Biologist*. Chatto & Windus, London.

Huxley, JS (1932) *Problems of Relative Growth*. Dial Press, New York.

Illingworth, S (2020) Tidal evolution. *The Poetry of Science*.

Jablonka, E (2004) From replicators to heritably varying phenotypic traits: the extended phenotype revisited. *Biology and Philosophy*, 19, 353–375.

Joyce, WG & Gauthier, JA (2003) Palaeoecology of Triassic stem turtles sheds new light on turtle origins. *Proc. Roy. Soc. Lond., B*, 271, 1–5.

Joyce, H (2021) *Trans: when ideology meets reality*. Oneworld, London.

Kaji, T et al. (2018) Parallel saltational evolution of ultrafast movements in snapping shrimp claws. *Current Biology*, 28, 106–113.
Kalluraya, CA et al. (2023) Bacterial origin of a key innovation in the evolution of the vertebrate eye. *Proc. Nat. Acad. Sci.*, 120.
Kettlewell, HBD (1973). *The Evolution of Melanism.* Oxford University Press, Oxford.
Kimura, M (1983) *The Neutral Theory of Molecular Evolution.* Cambridge University Press, Cambridge.
Kingdon, J (2003) *Lowly Origin.* Princeton University Press, Princeton, NJ.
King's College Sociobiology Group (1982). *Current Problems in Sociobiology.* Cambridge University Press, Cambridge.
Konishi, M & Nottebohm, F (1969) Experimental studies in the ontogeny of avian vocalizations. In RA Hinde (ed.), *Bird Vocalizations.* Cambridge University Press, Cambridge.
Kowalczyk, A et al. (2022) Complementary evolution of coding and noncoding sequence underlies mammalian hairlessness, *eLife*, 11, 7 Nov.
Krebs, JR (1977) The significance of song repertoires: the Beau Geste hypothesis. *Animal Behaviour*, 25, 475–478.
Krebs, JR & Davies, NB (eds, 1978, 1984, 1991) *Behavioural Ecology: an evolutionary approach.* Blackwell Scientific Publications, Oxford.
Krebs, JR & Davies, NB (1987) *An Introduction to Behavioural Ecology.* Blackwell Scientific Publications, Oxford.
Krebs, JR & Dawkins, R (1984) Animal signals: mindreading and manipulation. In JR Krebs & NB Davies (eds), *Behavioural Ecology* (Second Edition), Blackwell Scientific Publications, Oxford, 380–402.
Kringelbach, ML & Berridge, KC (2010) The functional anatomy of pleasure and happiness. *Discov. Med.*, 9, 579–587.
Kroodsma, DH & Miller, EH (eds, 1982) *Acoustic Communication in Birds.* Volume 2. Academic Press, New York.
Laland, K (2004) Extending the extended phenotype. *Biology and Philosophy*, 19, 313–325.
Land, MF (1980) Optics and vision in invertebrates. In H Autrum (ed.), *Handbook of Sensory Physiology*, 7, 471–592. Springer-Verlag, Berlin.
Le Boeuf, BJ (1974) Male–male competition and reproductive success in elephant seals. *American Zoologist*, 14, 163–176.
Le Boeuf, B & Reiter, J (1988) Lifetime reproductive success in northern elephant seals. In TH Clutton-Brock (ed.), *Reproductive Success.* Chicago University Press, Chicago, 344–362.
Le Duc, D et al. (2022) Genomic basis for skin phenotype and cold adaptation in the extinct Steller's sea cow. *Science Advances*, 8.
Lehrman, DS (1964) The reproductive behavior of ring doves. *Scientific American*, 211, 48–55.
Leigh, EG (1971) *Adaptation and Diversity.* Freeman, Cooper, San Francisco.
Lents, NH (2019) *Human Errors.* Houghton Mifflin, Boston/New York.
LePage, M (2023) Life-extending parasite makes ants live at least three times longer. *New Scientist*, 12 June.
Lettvin, JY et al. (1959) What the frog's eye tells the frog's brain. *Proceedings of the I.R.E.*, 47, 1940–1951.

Lettvin, JY et al. (1961) Two remarks on the visual system of the frog. In WA Rosenblith (ed.), *Sensory Communication*, MIT Press, Cambridge, MA.
Lewis, CS (1939) Bluspels and flalansferes: a semantic nightmare. In *Rehabilitations and Other Essays*. Oxford University Press, Oxford.
Lewontin, RC (1967) Spoken remark in *Mathematical Challenges to the Neo-Darwinian Interpretation of Evolution*. In PS Morgan & M Kaplan (eds), *Wistar Institute Symposium Monograph*, 5, 79.
Lewontin, RC (1979). Sociobiology as an adaptationist program. *Behavioral Science*, 24, 5–14.
Li, Y et al. (2010) The hearing gene *Prestin* unites echolocating bats and whales. *Current Biology*, 20, 55–56.
Lorenz, K (1966a) *On Aggression*. Methuen, London.
Lorenz, K (1966b) *Evolution and Modification of Behavior*. Methuen, London.
Low, B (2000) *Why Sex Matters*. Princeton University Press, Princeton, NJ.
Luo, K et al. (2019) Novel instance of brood parasitic cuckoo nestlings using bright yellow patches to mimic gapes of host nestlings. *Wilson Journal of Ornithology*, 131, 686–693.
McFarland, D (1985) *Animal Behaviour*. Pitman, London.
Manning, A & Stamp Dawkins, M (1998) *An Introduction to Animal Behaviour*. Cambridge University Press, Cambridge.
Margulis, L (1998). *The Symbiotic Planet*. Weidenfeld & Nicolson, London.
Marler, P & Slabbekoorn, H (eds, 2004) *Nature's Music: the science of birdsong*. Elsevier, Amsterdam.
Martin, JW et al. (eds), (2014) *Atlas of Crustacean Larvae*. Johns Hopkins University Press, Baltimore.
Maynard Smith, J (1978) *The Evolution of Sex*. Cambridge University Press.
Mayr, E (1963) *Animal Species and Evolution*. Harvard University Press, Cambridge, MA.
Meaney, G (2022) *Zoology's Greatest Mystery*. ISBN 9798424725319.
Miller, G (2000) *The Mating Mind*. Heinemann, London.
Mills, RE et al. (2007) Which transposable elements are active in the human genome? *Trends in Genetics*, 23, No 4.
Monroe, JG et al. (2022) Mutation bias reflects natural selection in *Arabidopsis thaliana*. *Nature*, 602, 101–105.
Nagel, T (1974) What is it like to be a bat? *Philosophical Review*, 83, 435–450.
Nikaido, M et al. (1999) Phylogenetic relationships among cetartiodactyls based on insertions of short and long interspersed elements: hippopotamuses are the closest extant relatives of whales. *Proceedings of the National Academy of Sciences*, 96, 10261–10266.
Noble, D (2017) *Dance to the Tune of Life: biological relativity*. Cambridge University Press, Cambridge.
O'Brien, HD et al. (2016) Unexpected convergent evolution of nasal domes between Pleistocene bovids and Cretaceous Hadrosaur dinosaurs. *Current Biology*, 26, 503–508.
Orgel, LE & Crick, FHC (1980) Selfish DNA: the ultimate parasite. *Nature*, 284, 604–607.
Østergaard, KH et al. (2013) Left ventricular morphology of the giraffe heart examined by stereological methods. *Anatomical Record*, 296, 611–621.

Owen, D (1980) *Camouflage and Mimicry*. Oxford University Press, Oxford.
Pääbo, S (2014) *Neanderthal Man: in search of lost genomes*. Basic Books, New York.
Packard, A & Wurtz, M (1994) An octopus, *Ocythoe*, with a swimbladder and triple jets. *Philosophical Transactions of the Royal Society B*, 344, 261–275.
Patek, SN (2015) The most powerful movements in biology. *American Scientist*, 103, 330–337.
Payne, RS (1972) The song of the whale. In P. Marler (ed.), *Marvels of Animal Behavior*, 144–167. National Geographic Society, Washington, D.C.
Payne, RS & McVay, S (1971) Songs of humpback whales. *Science*, 173, 585–597.
Perkins, S (2012) Porcupine quills reveal their prickly secrets. Science.org, 10 Dec.
Poulsen, CB et al. (2018) Does mean arterial blood pressure scale with body mass in mammals? Effects of measurement of blood pressure. *Acta Physiologica*, 222, e13010.
Pratt, HD (2005) *The Hawaiian Honeycreepers*. Oxford University Press, Oxford.
Pray, L & Zhaurova, K (2008) Barbara McClintock and the discovery of jumping genes (transposons). *Nature Education*, 1, 169.
Pride, D (2020) Viruses can help us as well as harm us. *Scientific American*, 323, 6, 46–53.,
Pringle, JWS (1951) On the parallel between learning and evolution. *Behaviour*, 3, 174–214.
Quackenbush, EM (1968) From Sonsorol to Truk: a dialect chain. PhD thesis, University of Michigan.
Radford, C et al. (2020) Artificial eyespots on cattle reduce predation by large carnivores. *Communications Biology*, 3, 430.
Reich, D (2018) *Who We Are and How We Got Here*. Oxford University Press, Oxford.
Ridley, Mark (2001) *The Cooperative Gene* (previously published (2000) in Britain as *Mendel's Demon*). Free Press, New York.
Ridley, Matt (2020) *How Innovation Works*. Fourth Estate, London.
Robinson, JM (2023) *Invisible Friends*. Pelagic, London.
Roeder, KD & Treat, A (1961) The detection and evasion of bats by moths. *American Scientist*, 49, 135–148.
Romer, AS (1933) *Man and the Vertebrates*. Volume 1. Reprinted by Penguin, London, 1954.
Rowland, T (2010) Running with the grunion. *Santa Barbara Independent*, 9 April.
Ruse, M (2010) Evolution and the idea of social progress. In DR Alexander & RL Numbers (eds), *Biology and Ideology from Descartes to Dawkins*. Chicago University Press, Chicago.
Sandkam, BA (2021) Extreme Y chromosome polymorphism corresponds to five male reproductive morphs of a freshwater fish. *Nature, Ecology and Evolution*, 5, 939–948.
Scally, A (2012) What have we got in common with a gorilla? *Sanger Institute Press Release*, 7 March.
Schluter, D & McPhail, JD (1992) Ecological character displacement and speciation in sticklebacks. *American Naturalist*, 140, 85–108.
Shaffner, SF (2004) The X chromosome in population genetics. *Nature Reviews (Genetics)*, 5, 43–51.

Sheldrake, M (2020) *Entangled Life*. Penguin, London.
Sheppard, PM (1975) *Natural Selection and Heredity*. Hutchinson, London.
Shubin, N (2020) *Some Assembly Required*. Pantheon, New York.
Simon, M (2014) Absurd creature of the week: the parasitic worm that turns snails into disco zombies. *Wired*, 18 Sept.
Simpson, GG (1953) *The Major Features of Evolution*. Simon & Schuster, New York.
Simpson, GG (1980) *Splendid Isolation*. Yale University Press, New Haven, CT.
Singer, C (1931) *A Short History of Biology*. Oxford University Press, Oxford.
Skelhorn, J. et al. (2010) Masquerade: camouflage without crypsis. *Science*, 327, 51.
Skinner, BF (1984) The phylogeny and ontogeny of behavior. *Behavioral and Brain Sciences*, 7, 669–677.
Smith, JLB (1956) *Old Fourlegs*. Longmans, Green, London.
Sober, E & Wilson, DS (1998) *Unto Others: the evolution and psychology of unselfish behavior*. Harvard University Press, Cambridge, MA.
Spottiswoode, C et al. (2011) Ancient host specificity within a single species of brood parasitic bird. *Proceedings of the National Academy of Sciences*, 108, 17738–17742.
Spottiswoode, C et al. (2022) Genetic architecture facilitates then constrains adaptation in a host–parasite coevolutionary arms race. *Proceedings of the National Academy of Sciences*, 119.
Sterelny, K (2001) *Dawkins vs. Gould: survival of the fittest*. Icon, Cambridge.
Sterelny, K & Kitcher, P (1988) The return of the gene. *The Journal of Philosophy*, 85, 339–361.
Stevenson, J (1969) Song as a reinforcer. In RA Hinde (ed.), *Bird Vocalizations*. Cambridge University Press, Cambridge.
Strömberg, CAE (2006) Evolution of hypsodonty in equids: testing a hypothesis of adaptation. *Paleobiology*, 32, 236–258.
Sykes, B (2001) *The Seven Daughters of Eve*. Bantam Press, London.
Symons, D (1979) *The Evolution of Human Sexuality*. Oxford University Press, New York.
Taborsky, M et al. (2021) *The Evolution of Social Behaviour*. Cambridge University Press, Cambridge.
Tanaka, KD et al. (2005) Yellow wing-patch of a nestling Horsfield's hawk cuckoo *Cuculus fugax* induces miscognition by host: mimicking a gape? *Journal of Avian Biology*, 36, 461–464.
Teeling, EC et al. (2000) Molecular evidence regarding the origin of echolocation and flight in bats. *Nature*, 403, 188–192.
Tenaza, RR (1975) Pangolins rolling away from predation risks. *Journal of Mammalogy*, 56, 257.
Thomas, L (1974) *The Lives of a Cell*. Futura, London.
Thompson, D'Arcy W (1942) *On Growth and Form*. Cambridge University Press, Cambridge.
Thorpe, WH (1961) *Bird Song*. Cambridge University Press, Cambridge.
Tinbergen, N (1951) *The Study of Instinct*. Oxford University Press, Oxford.
Tinbergen, N (1964) On adaptive radiation in gulls. *Zoologische Mededelingen*, 39, 209–223.

Tinbergen, N (1966) *Animal Behavior.* Time, New York.
Tov, E (undated) The Torah Scroll: how the copying process became sacred. TheTorah.com.
Trivers, RL (1972) Parental investment and sexual selection. In B Campbell (ed.), *Sexual Selection and the Descent of Man.* Aldine, Chicago.
Trivers, RL (1985) *Social Evolution.* Benjamin/Cummings, Menlo Park, CA.
Trivers, RL (2000) In memory of Bill Hamilton. *Nature*, 404, 828.
Trivers, RL (2011) *The Folly of Fools.* Basic Books, New York.
Turner, JS (2004) Extended phenotypes and extended organisms. *Biology and Philosophy*, 19, 327–352.
Tyson, N deGrasse (2014) *The Pluto Files.* WW Norton, New York.
Van der Linden, A (2016) No teeth, long tongue, no problem: adaptations for ant-eating. *That's Life.* thatslifesci.com.
Villarreal, LP (2016) Viruses and the placenta: the essential virus first view. *APMIS*, 124, 20–39.
Von Holst, E & von Saint Paul, U (1962) Electrically controlled behavior. *Scientific American*, 236, 50–59.
Waddington, CH (1942) The epigenotype. *Endeavour*, 1, 18–20.
Waddington, CH (1977) *Tools for Thought.* Jonathan Cape, London.
Wedel, MJ (2012) A monument of inefficiency: the presumed course of the recurrent laryngeal nerve in Sauropod dinosaurs. *Acta Palaeontologica Polonica*, 57, 251–256.
Weiner, J (1994) *The Beak of the Finch.* Jonathan Cape, London.
West, G (2017) *Scale.* Penguin, London.
Wickler, W (1968) *Mimicry in Plants and Animals.* Weidenfeld & Nicolson, London.
Williams, GC (1992) *Natural Selection: domains, levels and challenges.* Oxford University Press, New York.
Williams, GC (1966, reprinted 1996a) *Adaptation and Natural Selection.* Princeton University Press, Princeton, NJ.
Williams, GC (1996b) *Plan and Purpose in Nature.* Weidenfeld & Nicolson, London.
Wilson, EO (1975) *Sociobiology: the new synthesis.* Harvard University Press, Cambridge, MA.
Workman, L & Reader, L (2004) *Evolutionary Psychology: an introduction.* Cambridge University Press, Cambridge.
Wrangham, R (2009) *Catching Fire: how cooking made us human.* Profile Books, London.
Wren, PC (1924) *Beau Geste.* Murray, London.
Wynne-Edwards, VC (1962) *Animal Dispersion in Relation to Social Behaviour.* Oliver and Boyd, Edinburgh.
Yanai, I. & Lercher, M (2015) *The Society of Genes.* Harvard University Press, Cambridge, MA.
Yong, E. (2011) Lies, damned lies and honey badgers. *Discover*, 19 Sept.
Zahavi, A & Zahavi, A (1997) *The Handicap Principle: a missing piece of Darwin's puzzle.* Oxford University Press, Oxford.
Zimmer, C (2021) A new company with a wild mission: bring back the woolly mammoth. *New York Times*, 13 Sept.